CIÊNCIAS

Título original: EVERYTHING YOU NEED TO ACE SCIENCE IN ONE BIG FAT NOTEBOOK:
The Complete Middle School Study Guide

Copyright © 2016 por Workman Publishing Co., Inc.

Copyright da tradução © 2019 por GMT Editores Ltda.

Publicado mediante acordo com Workman Publishing Co., Inc., Nova York.

Todos os direitos reservados. Nenhuma parte deste livro pode ser utilizada ou reproduzida sob quaisquer meios existentes sem autorização por escrito dos editores.

tradução: Cláudio Biasi
preparo de originais: Fernanda Lizardo
revisão técnica: Cássio Barbosa, Fernando Alves de Souza, Nathália Azevedo e Nelson Tinoco
revisão: Luis Américo Costa e Tereza da Rocha
adaptação de capa e miolo: Ana Paula Daudt Brandão
ilustrações: Chris Pearce

edição: Michael Geisen
diagramação da série: Tim Hall
designers: Tim Hall e Kay Petronio
editores: Nathalie Le Du e Justin Krasner
editora de produção: Jessica Razler
gerente de produção: Julie Primavera
concepção: Raquel Jaramillo
impressão e acabamento: Geográfica e Editora Ltda.

CIP-BRASIL. CATALOGAÇÃO NA PUBLICAÇÃO
SINDICATO NACIONAL DOS EDITORES DE LIVROS, RJ

G779

O Grande Livro de Ciências do Manual do Mundo: Anotações incríveis e divertidas para você aprender sobre a vida, o Universo e tudo mais / ilustrações de Chris Pearce; tradução de Cláudio Biasi. Rio de Janeiro: Sextante, 2019.
528 p.: il.; 15,6 x 21 cm.

Tradução de: Everything you need to ace in science in one big fat notebook: the complete middle school study guide
ISBN 978-85-431-0866-7

1. Ciências - Estudo e ensino. 2. Física - Estudo e ensino (Ensino fundamental II). 3. Química - Estudo e ensino (Ensino fundamental II). 4. Biologia - Estudo e ensino (Ensino fundamental II). I. Geisen, Michael. II. Pearce, Chris. III. Biasi, Cláudio.

19-59687

CDD: 500
CDU: 5

Todos os direitos reservados, no Brasil, por
GMT Editores Ltda.
Rua Voluntários da Pátria, 45 – 14.º andar – Botafogo
22270-000 – Rio de Janeiro – RJ
Tel.: (21) 2538-4100
E-mail: atendimento@sextante.com.br
www.sextante.com.br

O GUIA DE ESTUDO COMPLETO PARA O ENSINO FUNDAMENTAL II

O GRANDE LIVRO DE CIÊNCIAS DO Manual do Mundo

Anotações **INCRÍVEIS** e **DIVERTIDAS** para você aprender sobre a **VIDA**, o **UNIVERSO** e tudo mais

SEXTANTE

APRESENTAÇÃO

Ao longo dos seus 14 anos de existência, o Manual do Mundo se tornou o maior canal de Ciência e Tecnologia em língua portuguesa do planeta, com mais de 16 milhões de inscritos. Acreditamos que isso se deve ao nosso "DNA" de explicar a ciência de forma clara, atraente e divertida.

Parece fácil, mas não é! Para criar nossos livros *50 experimentos para fazer em casa* e *Dúvida cruel*, pesquisamos, lemos diversas publicações científicas e ouvimos uma série de especialistas.

Por isso, quando a Editora Sextante nos apresentou os títulos da coleção americana Big Fat Notebook, nos identificamos logo de cara. Os livros seguem a nossa filosofia de ensinar de modo descontraído e são bem o que o Manual do Mundo teria gosto em fazer.

Firmamos uma parceria para avaliar todo o conteúdo e aprimorar ainda mais esta coleção. Nós a revisamos e atualizamos com a ajuda de especialistas em várias disciplinas, ou seja, ela é garantia de informação – e diversão – de qualidade.

Com um projeto lúdico, simulando o caderno de um aluno, todo colorido e ilustrado, *O Grande Livro de Ciências do Manual do Mundo* estimula a curiosidade e resgata o deslumbramento com o modo como as coisas funcionam.

Você vai aprender sobre as vantagens de um siri-robô, sobre planetas-anões, a formação de buracos negros, mamíferos que botam ovos... Além disso, descobrirá macetes engraçados para memorizar termos e poderá testar seus conhecimentos em exercícios com gabarito.

Tudo para você se divertir e ainda se dar bem nas provas!

Iberê Thenório & Mari Fulfaro

O GRANDE LIVRO DE CIÊNCIAS DO MANUAL DO MUNDO

OLÁ!

Estas são as anotações das minhas aulas de ciências. Quer saber quem sou eu? Bom, algumas pessoas diziam que eu era o aluno mais esperto da turma.

Escrevi tudo que você precisa para arrasar em **CIÊNCIAS**, dos EXPERIMENTOS aos ECOSSISTEMAS, incluindo apenas o que é realmente importante — ou seja, aquilo que costuma cair nas provas!

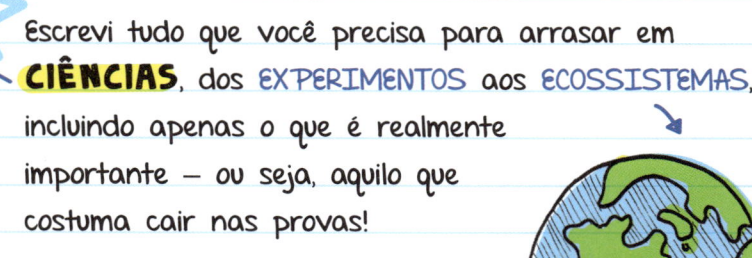

Tentei manter tudo bem organizado, por isso quase sempre:

- Destaco os termos técnicos em **AMARELO**.
- Ilumino as definições com marcador verde.
- Uso CANETA AZUL para pessoas, lugares, datas e termos importantes.
- Faço um desenho bem legal de Charles Darwin e tudo que for preciso para mostrar visualmente as grandes ideias.

É ISSO AÍ!

ZZZ... O QUÊ?

Se você não ama de paixão os livros da escola e fazer anotações durante as aulas não é o seu forte, este livro é para você. Ele trata de todos os assuntos importantes. (Mas, se o professor dedicar uma aula inteira a um assunto que não aparece no livro, faça as anotações você mesmo.)

Agora que eu já tirei 10 em tudo, este livro é **SEU**. Como não preciso mais dele, a missão deste livro é ajudar **VOCÊ** a aprender e a se lembrar de tudo que precisa para se dar bem nas provas.

SUMÁRIO

UNIDADE 1: INVESTIGAÇÃO CIENTÍFICA 1

1. Pensando como um cientista **2**
2. Experimentos científicos **11**
3. Relatório científico e análise de resultados **31**
4. Sistema internacional de unidades **37**
5. Segurança no laboratório e instrumentos científicos **47**

UNIDADE 2: MATÉRIA, REAÇÕES QUÍMICAS E SOLUÇÕES 59

6. Matéria, propriedades e fases **60**
7. Tabela periódica, estrutura atômica e compostos químicos **71**
8. Fluidos e soluções **83**

UNIDADE 3: MOVIMENTO, FORÇA e TRABALHO **91**

9. Movimento **92**
10. Força e as leis do movimento de Newton **99**
11. Gravidade, atrito e outras forças no dia a dia **109**
12. Trabalho e máquinas **119**

UNIDADE 4: ENERGIA **129**

13. Formas de energia **130**
14. Energia térmica **137**
15. Ondas luminosas e ondas sonoras **143**
16. Eletricidade e magnetismo **159**
17. Fontes de energia elétrica **175**

UNIDADE 5: O ESPAÇO SIDERAL: O UNIVERSO e o SISTEMA SOLAR **183**

18. O Sistema Solar e a exploração do espaço **184**
19. O sistema Sol-Terra-Lua **197**
20. Estrelas e galáxias **209**
21. A origem do Universo e do Sistema Solar **219**

UNIDADE 6: A TERRA, o TEMPO, a ATMOSFERA e o CLIMA 227

22. Minerais, rochas e a estrutura da Terra **228**
23. A crosta terrestre em movimento **239**
24. Intemperismo e erosão **251**
25. A atmosfera terrestre e o ciclo da água **259**
26. O tempo **269**
27. O clima **281**

UNIDADE 7: A VIDA: CLASSIFICAÇÃO e CÉLULAS 291

28. Organismos e classificação biológica **292**
29. Teoria celular e estrutura celular **303**
30. Transporte celular e metabolismo **313**
31. Reprodução celular e síntese de proteínas **321**

UNIDADE 8: PLANTAS e ANIMAIS 333

32. Estrutura e reprodução das plantas **334**
33. Animais invertebrados **345**
34. Animais vertebrados **355**
35. Homeostase e o comportamento de plantas e animais **365**

UNIDADE 9: O CORPO HUMANO e os SISTEMAS CORPÓREOS 373

36. Sistemas esquelético e muscular **374**
37. Sistemas nervoso e endócrino **385**
38. Sistemas digestório e excretor **397**
39. Sistemas respiratório e cardiovascular **405**
40. Sistemas imunológico e linfático **415**
41. Reprodução e desenvolvimento humano **423**

UNIDADE 10: A HISTÓRIA da VIDA: HEREDITARIEDADE, EVOLUÇÃO e FÓSSEIS 433

42. Hereditariedade e genética **434**
43. Evolução **445**
44. Fósseis e a idade das rochas **457**
45. A história da vida na Terra **465**

UNIDADE 11: ECOLOGIA: HABITATS, INTERDEPENDÊNCIA e RECURSOS 475

46. Ecologia e ecossistemas **476**
47. Interdependência e os ciclos de energia e matéria **485**
48. Sucessão ecológica e biomas **497**
49. Recursos naturais e conservação **509**

Unidade 1

Investigação científica

Capítulo 1

PENSANDO COMO UM CIENTISTA

Os RAMOS da CIÊNCIA e COMO SE RELACIONAM

A **CIÊNCIA DA VIDA**, ou **BIOLOGIA**, estuda os seres vivos, como as plantas, os animais e até os organismos unicelulares.

A **CIÊNCIA DA TERRA** trata da Terra e de outros astros (planetas, estrelas, etc.). Estuda os componentes não vivos e sua história.

A **CIÊNCIA FÍSICA** trata da matéria e da energia, os componentes básicos do Universo. Ela abrange a **FÍSICA** (que estuda as propriedades da matéria e da energia, estabelecendo relações entre elas) e a **QUÍMICA** (que estuda a matéria e suas transformações).

Fazer ciência é pensar no Universo como um mundo de Lego:

1. A **FÍSICA** estuda uma peça de Lego e todas as suas propriedades, como seu movimento e sua energia.

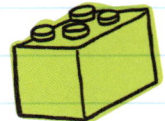

2. A **QUÍMICA** estuda o modo como as peças de Lego se encaixam para formar estruturas maiores.

3. A **CIÊNCIA DA VIDA** estuda todos os seres vivos feitos com peças de Lego.

AU AU!

UAU!

4. A **CIÊNCIA DA TERRA** estuda todos os componentes não vivos do mundo de Lego.

PESQUISA CIENTÍFICA

A ciência é um meio de encontrar respostas para as dúvidas sobre o mundo à nossa volta. Os cientistas são como detetives: analisam evidências para resolver enigmas complexos. Eles colhem evidências realizando experimentos e fazendo observações. O processo adotado pelos cientistas para investigar um assunto é chamado **PESQUISA CIENTÍFICA**. Formular explicações para um fenômeno e testá-las são etapas básicas do MÉTODO CIENTÍFICO.

De maneira geral, uma pesquisa científica começa com um questionamento sobre o mundo ao redor e o jeito como ele funciona. Uma vez formulada a pergunta, a etapa seguinte é reunir todas as informações possíveis a respeito da investigação, fazendo uma pesquisa prévia, realizando observações e conduzindo experimentos.

A PESQUISA PRÉVIA consiste em verificar o que já se conhece sobre o assunto, para assim tentar prever o que irá acontecer no experimento. Essa previsão é chamada **HIPÓTESE**. Os cientistas fazem **OBSERVAÇÕES** e as comparam às previsões a fim de testar as hipóteses. Para fazer observações, é preciso usar os sentidos (visão, olfato, tato, audição, paladar, com ou sem a ajuda de instrumentos) para então descrever um evento. Algumas observações são **QUANTITATIVAS**, ou seja, obtidas por meio de **MEDIÇÕES**. Outras são **QUALITATIVAS** e se baseiam nas características de um objeto. As descobertas da pesquisa científica são chamadas **CONCLUSÕES**.

PESQUISA CIENTÍFICA: a estratégia adotada para investigações científicas

HIPÓTESE: uma previsão ou explicação que pode ser testada

OBSERVAÇÃO: uso dos sentidos e de instrumentos científicos para descrever alguma coisa ou um evento

CONCLUSÃO: as descobertas da investigação científica

QUANTITATIVAS: informações ou dados baseados nas medições de alguma coisa

QUALITATIVAS: informações baseadas nas características de alguma coisa

Uma **MEDIDA** envolve um **NÚMERO** e uma **UNIDADE**:
3 METROS, 45 MINUTOS, 25 GRAUS CELSIUS, 1 LITRO, 50 QUILOGRAMAS

Um MODELO é uma representação de algo considerado pequeno, grande ou caro demais para ser observado na vida real. Os modelos científicos são muito úteis, pois simplificam as coisas para que estas fiquem mais fáceis de serem observadas e compreendidas. Existem vários tipos de modelo:

MODELOS FÍSICOS, como um globo terrestre ou um diorama

MODELOS COMPUTACIONAIS, como uma simulação das mudanças climáticas ou simulações em 3D de pessoas e lugares

MODELOS MATEMÁTICOS, como a equação de uma curva ou a previsão dos custos futuros de uma empresa a partir de seu histórico de custos

OPS! CUIDADO AÍ EMBAIXO!

Um experimento não é um fracasso quando não se desenvolve conforme o previsto. Descobrir o que não funciona é uma etapa importante para descobrir o que funciona.

Ideias, teorias e leis científicas

Depois de fazer muitas observações, os cientistas desenvolvem ideias para explicar como e por que as coisas acontecem. As ideias científicas começam como PREVISÕES, que podem ser confirmadas ou não pelos resultados experimentais.

Depois que uma hipótese é validada por meio de muitos experimentos e observações, os cientistas podem criar uma TEORIA. Uma teoria é uma explicação que já foi exaustivamente testada e se baseia em muitas observações.

Uma LEI científica, assim como uma teoria, se baseia em muitas observações. Uma lei é uma regra que descreve o modo como um objeto se comporta, mas não necessariamente explica a razão desse comportamento. Por exemplo, ISAAC NEWTON observou que os objetos tendem a cair em direção ao solo. Para descrever tal comportamento, formulou a LEI DA GRAVITAÇÃO UNIVERSAL. Ela descreve o movimento dos corpos sob a ação da força da gravidade, porém não explica por que os objetos se comportam dessa forma.

LEI: descreve O QUE acontece em certas circunstâncias

TEORIA: explica POR QUE alguma coisa acontece — com base em anos de testes e observações

VERIFIQUE SEUS CONHECIMENTOS

1. Quais são os três principais ramos da ciência e o que cada um deles estuda?

2. Quais são as etapas fundamentais da pesquisa científica?

3. O que é uma hipótese?

4. Se suas observações não confirmam sua hipótese, o que você deve fazer?

5. Como as evidências são usadas na pesquisa científica?

6. Aponte as diferenças e semelhanças entre teoria e lei.

7. O que são modelos e por que são adotados na ciência?

8. Dê um exemplo de modelo físico, de modelo computacional e de modelo matemático.

RESPOSTAS

CONFIRA AS RESPOSTAS

1. São: ciência da vida, ciência da Terra e ciência física. A ciência da vida (ou biologia) é o estudo dos seres vivos; a ciência da Terra é o estudo da Terra e de outros astros; a ciência física é o estudo da matéria e da energia.

2. Faça uma pergunta, realize uma pesquisa prévia, formule uma hipótese, teste a hipótese, analise os resultados, tire uma conclusão e divulgue os resultados. Ou, se sua hipótese for refutada, formule outra hipótese e comece tudo de novo.

3. É uma previsão que pode ser testada.

4. Você deve formular uma nova hipótese com base nas observações e começar de novo.

5. As evidências (observações e dados) podem validar ou refutar uma hipótese.

6. Uma teoria explica por que alguma coisa acontece. Uma lei descreve o que acontece em determinadas circunstâncias, mas nem sempre explica a razão de tal comportamento.

7. Um modelo é uma representação de alguma coisa. Os modelos são adotados na ciência para nos ajudar a estudar algo difícil de ser observado na vida real.

8. Modelos físicos: mapas, globos e dioramas.
   Modelos computacionais: simulação das mudanças climáticas; simulações em 3D de pessoas e lugares.
   Modelos matemáticos: a equação de uma curva ou a previsão dos custos futuros de uma empresa a partir de seu histórico de custos.

A questão 8 possui mais de uma resposta correta.

Capítulo 2

EXPERIMENTOS CIENTÍFICOS

O planejamento de um experimento científico

Alguns pontos de partida para planejar um experimento:

1. **OBSERVAR** algo que desperte sua curiosidade.

2. **MODIFICAR** um experimento anterior para formular o seu projeto.

3. **REPETIR** experimentos anteriores para ver se você alcança os mesmos resultados.

Um experimento requer uma lista detalhada de etapas (um **PROCEDIMENTO**) e uma lista dos materiais necessários para executá-lo. Qualquer cientista deve ser capaz de repetir o experimento apenas com base na descrição do procedimento. Isso permite que outros colegas cientistas verifiquem se seus resultados estão corretos.

PROCEDIMENTO: uma lista detalhada dos passos necessários para realizar o experimento

Em um EXPERIMENTO CONTROLADO, você o executa mais de uma vez: na primeira delas, sem nenhuma modificação (essa fase é chamada **CONTROLE**); na segunda vez, modificando apenas um fator a ser investigado.

CONTROLE: um experimento no qual todos os fatores são mantidos constantes. O controle é usado como padrão de comparação.

Nos experimentos controlados, os fatores que permanecem inalterados são chamados **CONSTANTES** e não afetam o resultado. Já as VARIÁVEIS são fatores que podem modificar os resultados: um experimento controlado permite testar a influência das variáveis.

CONSTANTES: todos os fatores do experimento que permanecem inalterados

Com o intuito de testar apenas um fator do experimento, todos os outros são mantidos constantes. Isso garante que as modificações observadas sejam causadas apenas por aquela variável.

As variáveis podem ser de dois tipos:

VARIÁVEL INDEPENDENTE é o fator que você altera em um experimento.

VARIÁVEL DEPENDENTE é o fator que é influenciado pela variável independente; o resultado de seu experimento.

EXEMPLO: O experimento do peixinho dourado

Os peixinhos dourados do professor vivem somente duas semanas. Os alunos então formularam a hipótese de que eles estariam morrendo por não receberem a quantidade adequada de alimento. Sendo assim, planejaram um experimento para testar esse fator isoladamente, mantendo constantes todas as outras variáveis (tipo de peixe, tamanho do aquário, qualidade da água, temperatura da água, tipo de alimento e localização do aquário).

CONSTANTES
1. Tipo de peixe
2. Tamanho do aquário
3. Qualidade da água
4. Temperatura da água
5. Tipo de alimento
6. Localização do aquário

Nesse experimento, a variável independente é a frequência com que o peixe é alimentado (uma vez por dia ou em dias intercalados) e a variável dependente é a saúde do peixe após duas semanas.

COMIDA: TODO DIA — EXPERIMENTO

COMIDA: DIA SIM, DIA NÃO (COMO ANTES) — CONTROLE

COLETA de DADOS

Bons dados são específicos e detalhados. Dados com descrições quantitativas (ou medidas) costumam ser úteis. Bons dados também são precisos. Observe e meça tudo com cuidado. Como é fácil se esquecer de alguma coisa, é melhor anotar os dados e observações durante o experimento em vez de deixar para o final. Sem dados confiáveis, as conclusões não servem para nada!

ANÁLISE e APRESENTAÇÃO dos DADOS

Eis alguns meios comuns de organizar e exibir os dados:

As **TABELAS** apresentam os dados em linhas e colunas. Como os números ficam lado a lado, as tabelas podem ser lidas rapidamente e os números podem ser comparados com facilidade. A tabela é o melhor meio de registrar os dados DURANTE um experimento.

	semana 1	semana 2	semana 3
PLANTA 1	3 cm	5,5 cm	7 cm
PLANTA 2	2,5 cm	5 cm	7,5 cm

CRESCIMENTO DAS PLANTAS

Uma vez que você reuniu os dados numa tabela, transformá-los em um GRÁFICO facilita a visualização das informações.

Os **GRÁFICOS DE LINHA** mostram a relação entre duas variáveis: uma associada ao eixo x (o eixo horizontal) e a outra ao eixo y (vertical). Uma ESCALA em cada eixo mostra os intervalos entre as medidas. A escala deve aumentar em INTERVALOS REGULARES, como, por exemplo: 2, 4, 6, 8... ou 5, 10, 15, 20... (e não 2, 5, 7, 15...)

Os gráficos de linha ajudam a mostrar como uma variável afeta outra, ou, em outras palavras, como o valor da variável independente influencia o valor da variável dependente. Geralmente, a variável independente é associada ao eixo x e a variável dependente é associada ao eixo y. Os gráficos de linha funcionam bem em experimentos que mostram uma mudança contínua ao longo do tempo, como o crescimento de uma planta ou a aceleração de um carro de corrida.

O **GRÁFICO DE PONTOS** é um tipo de gráfico de linha que mostra a relação entre dois conjuntos de dados. Tais gráficos são traçados a partir de dados representados por meio de PARES ORDENADOS em uma tabela (que são simplesmente pares de números, só que a ordem dos números é importante).

EXEMPLO: Depois de um teste de matemática, a professora Fabiana perguntou aos alunos quantas horas haviam estudado. Anotou a resposta de cada um juntamente com a respectiva nota obtida na prova.

NOME	QUANTIDADE DE HORAS DE ESTUDO	NOTA OBTIDA NA PROVA
Teresa	4,5	90
Laura	1	60
Sofia	4	92
Miguel	3,5	88
Mônica	2	76
Davi	5	100
Eva	3	90
Luana	1,5	72
Rebeca	3	70
Sabrina	4	86

Para mostrar os dados de Teresa, marcamos o ponto cujo valor no eixo x é 4,5 e cujo valor no eixo y é 90.

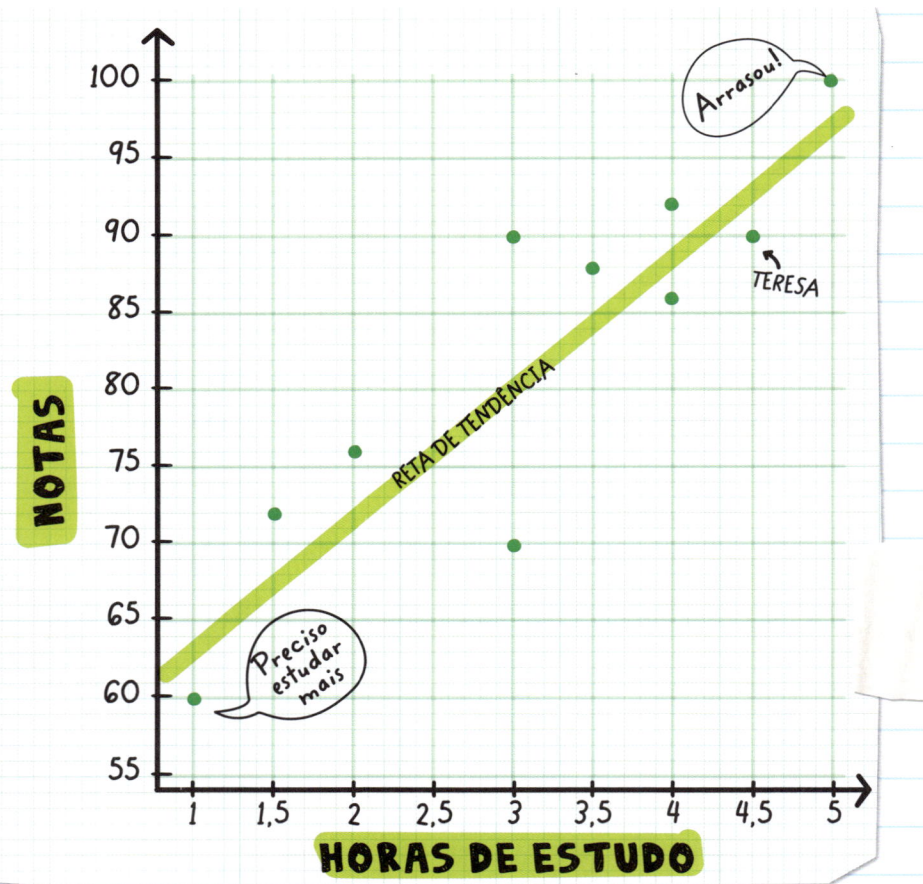

Ao representar os dados num gráfico de pontos, a professora e seus alunos puderam verificar se existe uma relação entre a quantidade de horas de estudo e a nota obtida na prova. As notas, em geral, são maiores para os alunos que estudaram por mais tempo. Isso mostra que existe uma relação entre a nota da prova e a quantidade de horas de estudo.

Eva estudou 3 horas e tirou 90. Rebeca também estudou 3 horas, mas tirou 70. O gráfico de pontos mostra a relação geral entre os dados, enquanto pares ordenados individuais (Eva ou Rebeca) não mostram a tendência geral. Nessa situação, Eva e Rebeca podem ser consideradas **PONTOS FORA DA CURVA**, uma vez que não seguem o padrão.

Podemos traçar no gráfico uma linha reta que descreve aproximadamente a relação entre as horas de estudo e a nota da prova. Essa reta é chamada RETA DE TENDÊNCIA, pois é a melhor descrição da relação entre os pontos. No exemplo que estamos examinando, nenhum dos pontos está sobre a reta de tendência, mas tudo bem! Isso acontece porque a reta de tendência é o curso que melhor descreve a relação entre todos os pontos do gráfico.

Os **HISTOGRAMAS** apresentam os dados na forma de retângulos de diferentes alturas. Cada um deles representa uma parte diferente de uma categoria ou variável, como tipo de animal de estimação ou sabor de sorvete preferido. Quanto mais alto o retângulo, maior o número.

O **GRÁFICO CIRCULAR** pode ser imaginado como uma pizza cortada em fatias. (Os gráficos circulares também são chamados GRÁFICOS DE PIZZA.) ←NHAM!

Um gráfico deve conter um título e informações como a escala e as unidades para que as pessoas possam interpretar os dados.

TIRANDO CONCLUSÕES

Os resultados confirmam a hipótese? Em caso negativo, como mudar a hipótese para ajustá-la aos resultados? Às vezes as conclusões não são evidentes de imediato e você vai ter de DEDUZIR, ou seja, usar observações e fatos para chegar a uma conclusão sobre algo que não pode ser observado diretamente.

Assim, por exemplo, se você quer descobrir o que o *Tyrannosaurus rex* comia, pode investigar os excrementos fossilizados encontrados perto

dos fósseis dele. Se nesses excrementos existirem restos de ossos, você pode deduzir que o tiranossauro era carnívoro. Para fazer deduções, pode ser necessário buscar novas informações e fazer pesquisas complementares.

As conclusões servem também para levá-lo a questionar os experimentos e os resultados. Será que houve erros de medição? Será que o procedimento foi seguido corretamente? A precisão dos equipamentos utilizados é satisfatória? Mesmo que o experimento tenha sido realizado sem erros, o resultado pode não ser exatamente o mesmo todas as vezes. É difícil assegurar que as constantes sejam sempre idênticas. Em outras palavras, variáveis indesejadas podem afetar os resultados. Para garantir a precisão dos resultados, um experimento deve ser repetido várias vezes.

EXEMPLO: Experimento do fertilizante

Marcos queria investigar os efeitos de um fertilizante. Comprou três plantas iguais e aplicou o fertilizante diariamente à planta 1, uma vez por semana à planta 2 e usou a planta 3 como controle (ou seja, não usou fertilizante nela).

Marcos regou as plantas diariamente e as colocou no parapeito de uma janela para que recebessem a mesma quantidade de luz (ou seja, a luz solar e a quantidade de água foram constantes).

Marcos mediu a altura das plantas uma vez por semana e registrou os dados numa tabela. Para analisá-los, fez um gráfico com a altura de cada planta em função do tempo.

ALTURA DAS PLANTAS

PLANTA	SEMANA 0 (INÍCIO)	SEMANA 1	SEMANA 2	SEMANA 3
1	6 cm	8 cm	10 cm	12 cm
2	6 cm	7 cm	8 cm	9 cm
3	6 cm	6,5 cm	7 cm	7,5 cm

ALTURA DA PLANTA (cm)

LEGENDA:
— = Planta 1
— = Planta 2
— = Planta 3

SEMANA #

Com base nos dados e no gráfico, Marcos concluiu que plantas que recebem fertilizante todos os dias crescem cerca de quatro vezes mais depressa do que plantas que não recebem fertilizante. Diante da constatação de que a planta 1 cresceu mais depressa do que a planta 2, também concluiu que o uso do fertilizante diariamente faz a planta crescer mais depressa do que se o fertilizante for administrado apenas uma vez por semana.

PROJETOS DE ENGENHARIA

A **ENGENHARIA** é o ramo da ciência que estuda o projeto, a construção e o uso de máquinas e estruturas para resolver problemas do mundo real.

> **ENGENHARIA:**
> o ramo da ciência que estuda o projeto, a construção e o uso de máquinas e estruturas para resolver problemas do mundo real

Assim como os cientistas recorrem à pesquisa para investigar dúvidas, os ENGENHEIROS adotam os PROJETOS DE ENGENHARIA para resolver problemas práticos por meio de invenções, projetos e inovações. Assim, por exemplo, os engenheiros podem desenvolver uma pavimentação capaz de captar energia solar e usá-la para iluminar as estradas. Tal inovação pode tornar as viagens noturnas mais seguras e, ainda por cima, usar uma energia renovável de baixo custo. Para alcançar uma solução como essa, os engenheiros costumam seguir um certo roteiro.

Os principais ramos da engenharia são:

ENGENHARIA MECÂNICA: trata de questões gerais relacionadas à mecânica, como o projeto de sistemas, máquinas e ferramentas mecânicos; estuda forças e movimentos

ENGENHARIA QUÍMICA: trabalha com matérias-primas e produtos químicos; investiga novos materiais e processos

ENGENHARIA CIVIL: envolve o projeto e a construção de prédios, estradas, pontes, represas e outras estruturas

ENGENHARIA ELÉTRICA: estuda a eletricidade e projeta sistemas elétricos e eletrônicos, como geradores de eletricidade e computadores

Existem muitos outros ramos da engenharia: aeroespacial, biomédica, automotiva, geológica, de produção, de computação, etc.

Assim como a pesquisa científica envolve etapas específicas para responder a uma pergunta com confiança, os projetos de engenharia envolvem uma série de etapas. Tudo começa com uma necessidade que pode ser atendida pelo projeto. Por exemplo: os oceanógrafos podem querer explorar o fundo do mar, no entanto os mergulhadores têm dificuldade para se movimentar nas correntes oceânicas. A partir dessa premissa, um engenheiro pode fazer uma PESQUISA PRÉVIA do problema, determinar as ESPECIFICAÇÕES DO PROJETO (requisitos necessários para iniciá-lo) e identificar as RESTRIÇÕES que

ESPECIFICAÇÕES DO PROJETO: os requisitos que o projeto precisa satisfazer possam afetá-lo. Assim um engenheiro pode investigar que tipo de informação os oceanógrafos desejam buscar no fundo do mar. Entre as especificações do projeto podem estar a profundidade que os mergulhadores precisam atingir e a velocidade máxima das correntes oceânicas na região. O engenheiro também precisa conhecer as restrições, como a verba disponível e os materiais que podem ser usados em águas profundas.

RESTRIÇÕES: limitações (que podem ser físicas, sociais ou financeiras)

Depois que o problema é definido e todas as informações necessárias são coletadas, o passo seguinte consiste em propor soluções. Na pesquisa científica formula-se uma hipótese, mas na engenharia define-se um PROJETO — que determina os recursos para solucionar o problema específico. Os engenheiros muitas vezes avaliam vários projetos alternativos para escolher a melhor opção. Assim, por exemplo, o engenheiro que deseja resolver o problema de exploração do fundo do mar pode propor um traje motorizado para os mergulhadores ou um robô submarino que transmita informações para a superfície. Ele se pergunta: qual das abordagens parece ser a melhor? Por quê?

Como escolher a melhor solução? Os projetistas geralmente consideram os seguintes critérios universais para fazer essa escolha:

ROBUSTEZ (resistência) • **CUSTO**
ESTÉTICA (aparência) • **RECURSOS** • **TEMPO**
MÃO DE OBRA NECESSÁRIA • **SEGURANÇA** • **APRUMO**

Em seguida, os engenheiros projetam e constroem um **PROTÓTIPO** da solução escolhida, que é como o rascunho de um texto (a ideia aproximada do que será a solução final). Os engenheiros fazem desenhos técnicos e executam muitos cálculos para construir um protótipo simples que possa ser adaptado com facilidade de acordo com seu desempenho. Um engenheiro pode concluir que um robô submarino semelhante a um siri talvez seja a melhor solução (as várias pernas lhe conferem estabilidade e ele pode carregar câmeras e um equipamento de sonar para enviar informações à superfície).

PROTÓTIPO: um modelo preliminar que pode ser facilmente ajustado

SIRI-ROBÔ

Depois que o projeto é finalizado, os engenheiros constroem um protótipo simples, usando os desenhos como uma planta.

É possível criar projetos de várias formas – com desenhos, modelos computacionais, esboços sequenciais, etc. É também possível criar protótipos a partir de muitos materiais, como aparas de madeira, blocos de brinquedo, papelão ou mesmo imprimindo as peças numa impressora 3D!

Em seguida, é hora de testar como o protótipo se sai no mundo real! Os engenheiros testam o produto várias vezes para ver como se comporta em diferentes condições. Coletam dados para verificar se ele de fato resolve o problema. Se o protótipo não funcionar direito, os engenheiros partem em busca de novas soluções ou aperfeiçoam o protótipo. Muitas vezes eles consertam somente os aspectos nos quais o projeto não atende às expectativas. Com base nos resultados de testes do protótipo no mundo real, encontram meios de melhorar o design e fazem ajustes, ou até fabricam um protótipo novo. Depois de repassar as etapas várias vezes, fazendo melhorias a cada passagem, esperam encontrar uma solução viável.

> Assim como um experimento não é um desastre quando o resultado não é o esperado, um protótipo que não funciona no mundo real também pode levar a novas descobertas e ideias. Saber o que NÃO funciona é uma parte importante da descoberta do que VAI funcionar.

Finalmente, os engenheiros constroem um produto final. Do mesmo jeito como se faz com a versão final de um texto, eles vão executando pequenos ajustes no projeto até que esteja perfeito. Em seguida, se baseiam no design definitivo para criar um produto final e o apresentam ao público (e possivelmente vendem a invenção!).

PROJETOS DE ENGENHARIA

1. Defina o problema.
2. Faça uma pesquisa prévia.
3. Determine as especificações e restrições do projeto.
4. Defina o projeto em si. Discuta as ideias, avalie possíveis soluções e escolha a que parecer mais promissora.
5. Projete um protótipo.
6. Construa um protótipo.
7. Teste o protótipo.
8. Avalie o protótipo. Ele resolve o problema?
9B. NÃO?
9A. SIM? Construa um produto final e o apresente ao público.

VERIFIQUE SEUS CONHECIMENTOS

Associe o termo à definição correta:

1. Procedimento
2. Variável independente
3. Variável dependente
4. Constantes
5. Controle
6. Dedução

A. Fator que depende da variável independente. Costuma ser o resultado de um experimento.

B. Um experimento no qual todos os fatores são mantidos constantes.

C. O fator no experimento que é mudado intencionalmente pelo cientista.

D. Fatores de um experimento que permanecem inalterados.

E. Uma lista dos passos necessários para realizar um experimento.

F. A adoção de evidências para tirar conclusões a respeito de fatos que não foram observados diretamente.

Em um parque existem 25 pombos, 15 esquilos, 5 coelhos e 5 gatos.

7. Faça uma tabela com os dados.
8. Desenhe um histograma para representar os dados.
9. Por que não é possível traçar um gráfico de linha usando apenas essas informações?

RESPOSTAS

CONFIRA AS RESPOSTAS

1. E
2. C
3. A
4. D
5. B
6. F

7. **ANIMAIS NO PARQUE**

ANIMAL	NÚMERO de ANIMAIS
POMBOS	25
ESQUILOS	15
COELHOS	5
GATOS	5

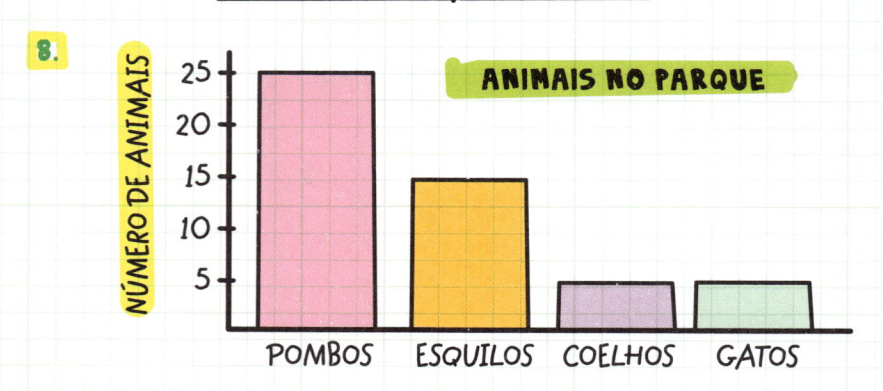

8.

ANIMAIS NO PARQUE

(gráfico de barras: POMBOS 25, ESQUILOS 15, COELHOS 5, GATOS 5 — eixo: NÚMERO DE ANIMAIS)

9. Porque não existe uma variável independente, como o tempo ou a distância, para ser associada ao número de animais de cada espécie.

Capítulo 3

RELATÓRIO CIENTÍFICO E ANÁLISE DE RESULTADOS

É importante compartilhar os resultados com outros cientistas para que estes possam aprender com o próprio trabalho, criticá-lo e dar continuidade a ele. É assim que o conhecimento científico se expande. Existem muitos meios de comunicar seu experimento e suas descobertas. O mais comum é redigir um RELATÓRIO CIENTÍFICO.

REDIGINDO um RELATÓRIO CIENTÍFICO

Os relatórios científicos costumam conter as seguintes informações:

TÍTULO: informa ao leitor o assunto da investigação

OBJETIVO: uma breve descrição para responder à pergunta "Qual é o objetivo deste experimento?" ou "Quais perguntas estou tentando responder?"

INTRODUÇÃO: definição de palavras-chave e explicação de conceitos importantes

HIPÓTESE: as previsões a serem testadas

MATERIAIS E EQUIPAMENTOS: uma lista dos materiais e equipamentos necessários para executar o experimento. Você pode incluir um esboço ou uma descrição do equipamento.

PROCEDIMENTO: uma descrição passo a passo de como executar o experimento

Lembre-se de dar um título a todos os diagramas, gráficos e tabelas, e de identificar os eixos dos gráficos.

RESULTADOS: todas as medições e observações feitas durante o experimento. Os dados devem ser apresentados de modo organizado, com o auxílio de tabelas, gráficos e desenhos. As medições devem ter sido feitas com o máximo de **PRECISÃO** e **EXATIDÃO** possível.

PRECISÃO: é a consistência e o rigor de suas medições

EXATIDÃO: é a proximidade entre os resultados das medições e seus valores reais

CONCLUSÃO: um resumo do que você concluiu com o experimento; se o resultado confirmou ou não sua hipótese; possíveis erros e sugestões para novos experimentos

Às vezes medições exatas não são possíveis ou práticas (talvez você não tenha os instrumentos adequados ou o resultado numérico pode ser uma dízima periódica ou um número irracional). Se for o caso, você pode adotar uma **ESTIMATIVA** ou um **ARREDONDAMENTO**.

ESTIMATIVA: uma avaliação aproximada do valor de uma grandeza, com base no bom senso e na observação

ARREDONDAMENTO: substituição do valor exato de um número por um valor aproximado. Por exemplo: se você arredondar um valor até a segunda casa decimal e o algarismo da terceira casa decimal for igual ou maior do que cinco, o valor deve ser arredondado para cima; se for menor do que cinco, deve ser arredondado para baixo.

AVALIANDO RESULTADOS CIENTÍFICOS

Ao ler as descobertas de outro cientista, pense criticamente a respeito do experimento. Pergunte-se: as observações foram registradas durante ou após o experimento? As conclusões fazem sentido? Os dados validam a hipótese de forma conclusiva ou existem outras formas de interpretá-los? Os resultados podem ser reproduzidos? As fontes de informação são confiáveis?

Você também deve se perguntar se o cientista ou grupo que executou o experimento foi IMPARCIAL. Ser imparcial significa não ter nenhum interesse pessoal envolvido no resultado do experimento. Assim, por exemplo, se uma empresa farmacêutica financia um experimento para testar a eficácia de um novo remédio, existe um conflito de interesses: para a citada empresa, é muito melhor que o experimento demonstre que o produto é eficaz. Por conta disso, os envolvidos podem acabar não sendo objetivos, tendendo a apresentar uma conclusão positiva para beneficiar a empresa farmacêutica. Ao avaliar os resultados de uma pesquisa, verifique se existem possíveis conflitos de interesses.

VERIFIQUE SEUS CONHECIMENTOS

1. Explique a diferença entre precisão e exatidão.

2. Qual é o papel de uma hipótese em um relatório científico?

3. Qual é o papel de um procedimento em um relatório científico?

4. Quais itens você deve incluir na conclusão?

5. Cite algumas razões para não confiar nos resultados de uma pesquisa científica.

6. Descreva uma situação na qual você precisaria adotar uma estimativa ou um arredondamento.

7. Defina "conflito de interesses".

CONFIRA AS RESPOSTAS

1. Precisão é a consistência e o rigor de suas medições e exatidão é a proximidade entre os resultados das medições e seus valores reais.

2. Uma hipótese descreve as previsões que você estava testando.

3. Um procedimento é uma lista dos passos necessários para realizar o experimento.

4. Um resumo do que você aprendeu com o experimento; se o resultado confirmou ou não sua hipótese; possíveis erros; sugestões para novos experimentos.

5. Se a pessoa ou o grupo que conduz o experimento demonstra preferência pelos resultados; se as conclusões não fazem sentido; se os dados se mostram despropositados e/ou difíceis de serem reproduzidos.

6. Qualquer situação em que uma medição exata não seja possível ou na qual o resultado numérico seja uma dízima periódica ou um número irracional.

7. Existe um conflito de interesses quando a pessoa ou o grupo que conduz o experimento denota preferência pelos resultados.

Capítulo 4
SISTEMA INTERNACIONAL DE UNIDADES

O **SI** tem uma unidade básica ou unidade padrão para cada tipo de medida.

> **SI** é o acrônimo de *SYSTÈME INTERNATIONAL*, que significa "Sistema Internacional" em francês. Que chique!

UNIDADES BÁSICAS DO SI:

GRANDEZA MEDIDA	UNIDADE DO SI (símbolo)
comprimento (ou distância)	metro (m)
massa	quilograma (kg)
força	newton (N)
capacidade	metro cúbico (m³)
temperatura	Kelvin (K)
tempo	segundo (s)
corrente elétrica	ampère (A)
quantidade	mol (mol)
intensidade luminosa	candela (cd)

Como é desejável que as unidades do SI sejam capazes de descrever tanto a circunferência do bíceps de alguém quanto a circunferência da Terra, precisamos conseguir adaptar a unidade de acordo com o que está sendo medido. Assim, os cientistas definiram um conjunto de prefixos que multiplicam a unidade básica por fatores de 10. Mudando o prefixo, é possível usar a mesma unidade do SI para medir valores grandes e pequenos.

PREFIXO DO SI (símbolo)	MULTIPLICADOR
giga- (G)	1.000.000.000
mega- (M)	1.000.000
quilo- (k)	1.000
hecto- (h)	100
deca- (da)	10
base [unidade básica]	1
deci- (d)	0,1
centi- (c)	0,01
mili- (m)	0,001
micro- (μ)	0,000001
nano- (n)	0,000000001

95% dos países do mundo adotam o SI na vida cotidiana.

Mnemônico para os prefixos SI:
Grande **M**onarca **K**evin
Hoje **D**eve **B**eber **D**emais.
Certamente **M**erece
Morte **N**octurna.

CONVERSÃO de UNIDADES do SI

Como o sistema de prefixos do SI se baseia em potências de 10, é muito fácil converter de uma unidade para outra. Se você estiver convertendo para uma unidade menor, é só deslocar a vírgula decimal para a direita tantas casas quanto for a diferença decimal. Se estiver convertendo para uma unidade de medida maior, desloque a vírgula decimal para a esquerda tantas casas quanto for a diferença decimal:

EXEMPLOS

0,001 quilômetro
=
1 metro
=
100 centímetros

0,0033 quilômetro
=
3,3 metros
=
330 centímetros

USE O BOM SENSO

Procure adotar uma unidade que esteja de acordo com o que está sendo medido. Se você medir o volume do oceano com a mesma unidade que usou para medir o volume de um copo de leite, o resultado será um número enorme. (Ou seja: o volume do oceano deve ser medido com uma unidade muito maior.)

TIPOS DE MEDIDA

COMPRIMENTO: a distância entre dois pontos
VOLUME: a quantidade de espaço ocupada por um objeto
MASSA: a quantidade de matéria em um líquido, sólido ou gás
PESO: a força exercida por determinada massa

> Quando você mede o peso de uma pessoa, na verdade está medindo a força que a pessoa exerce sobre a Terra.

MASSA E PESO NÃO SÃO A MESMA COISA!

Massa é a quantidade de matéria num objeto; peso é a força aplicada pela massa. O peso depende da gravidade (uma força), mas o mesmo não acontece com a massa. Assim, por exemplo, como a Lua possui gravidade inferior à da Terra, os objetos pesam menos na Lua do que na Terra, porém a massa permanece a mesma. O peso é que muda.

DENSIDADE: a quantidade de massa contida num volume
TEMPERATURA: quão quente ou frio é um corpo. Embora a unidade de temperatura do SI seja o Kelvin, a unidade de temperatura mais adotada pelos cientistas é o grau Celsius (°C).

> Se a temperatura for em Kelvin, não use o símbolo de grau.

AFUNDA OU FLUTUA?

Um objeto mais denso afunda em qualquer meio menos denso do que ele. Quando o óleo é despejado em água, flutua porque o óleo é menos denso do que a água. Como uma pedra afunda na água, sabemos que é mais densa do que a água. Uma vez que a água tem uma densidade de aproximadamente 1,0, então a densidade do óleo tem de ser menor do que 1 (<1) e a densidade de uma pedra tem de ser maior do que 1 (>1).

Eis as fórmulas para converter graus Celsius em Kelvin e vice-versa:

temperatura em graus Celsius
temperatura em Kelvin

$$T_{(K)} = T_{(°C)} + 273,15 \quad \text{OU} \quad T_{(°C)} = T_{(K)} - 273,15$$

No Brasil, adotamos graus Celsius para medir a temperatura, mas em outros países, como os Estados Unidos, a temperatura é medida em graus Fahrenheit. Eis as fórmulas para converter graus Celsius em graus Fahrenheit e vice-versa:

$$T_{(°F)} = \left(T_{(°C)} \times \frac{9}{5}\right) + 32 \quad \text{OU} \quad T_{(°C)} = \left(T_{(°F)} - 32\right) \times \frac{5}{9}$$

temperatura em graus Fahrenheit
temperatura em graus Celsius

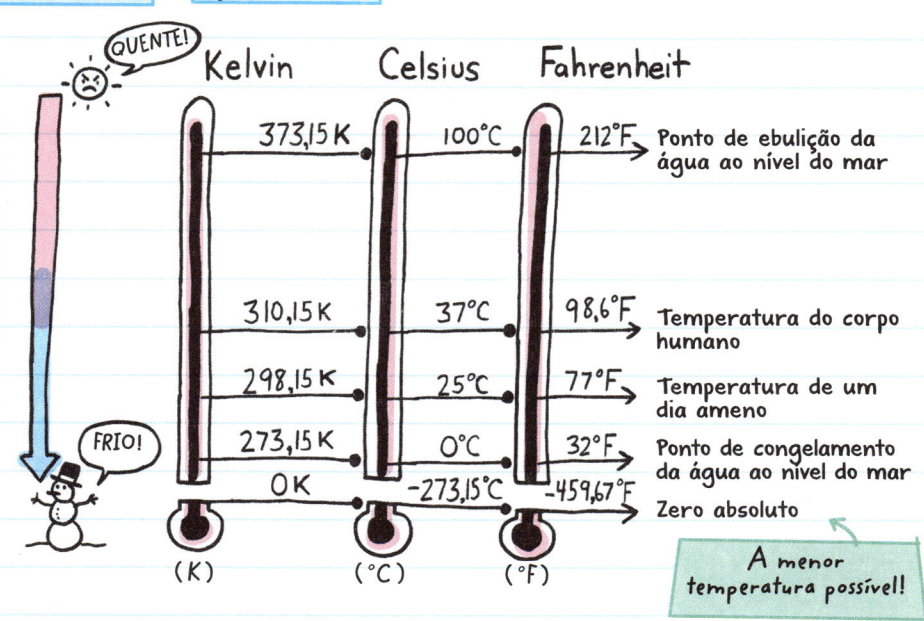

QUENTE!

Kelvin	Celsius	Fahrenheit	
373,15 K	100 °C	212 °F	Ponto de ebulição da água ao nível do mar
310,15 K	37 °C	98,6 °F	Temperatura do corpo humano
298,15 K	25 °C	77 °F	Temperatura de um dia ameno
273,15 K	0 °C	32 °F	Ponto de congelamento da água ao nível do mar
0 K	−273,15 °C	−459,67 °F	Zero absoluto

FRIO!

(K)   (°C)   (°F)

A menor temperatura possível!

TEMPO: o período entre eventos ou a duração de um evento. A unidade de tempo do SI é o segundo. Existem outras unidades de tempo, como minuto, hora, dia, mês e ano.

INSTRUMENTOS DE MEDIDA

Distância

METRO: um tipo de régua que possui 1 metro de comprimento (100 cm). É mais comprida do que uma régua comum.

RODA DE MEDIÇÃO: usada para medir grandes distâncias, é só rolar a roda de medição no chão; toda vez que você percorrer um metro, a roda fará um estalido. É fácil: basta contar os estalidos.

FITA MÉTRICA: usada para medir distâncias mais complicadas de se mensurar usando um metro ou uma roda de medição, como a circunferência de um objeto, por exemplo.

Volume

PROVETA: um cilindro com marcações de graduação para indicar a quantidade de fluido que contém. Faça a leitura do volume na base do **MENISCO** e execute a leitura na altura dos olhos.

MENISCO: a superfície curva de um líquido num tubo

37 ml

menisco

altura dos olhos

VOLUME DE SÓLIDOS: para obter o volume de um sólido retangular, meça altura, largura e

42

comprimento usando um instrumento para medir distâncias, daí multiplique os três valores:

$$\text{volume} = \text{comprimento} \times \text{largura} \times \text{altura}$$

VOLUME DE SÓLIDOS IRREGULARES: O melhor meio de medir o volume de um sólido irregular é colocando-o na água e calculando o volume de água deslocado. A diferença entre o volume novo e o volume antigo é igual ao volume do objeto. (Da próxima vez que entrar na banheira, preste atenção na água que você desloca, pois é o seu volume!)

VOLUME DESLOCADO

SÓLIDO

Massa

BALANÇA ELETRÔNICA: ponha o objeto no prato e leia o valor da massa.

BALANÇA DE DOIS PRATOS: compara a massa de objetos nos pratos em cada lado da balança. Para descobrir a massa, coloque algo de massa conhecida num dos pratos e, no outro, ponha o objeto de massa desconhecida. Se os pratos ficarem nivelados, as massas são iguais.

> Se você estiver medindo algo que precise estar num recipiente, meça primeiro a massa do recipiente vazio; então, depois de terminar a medição, subtraia a massa do recipiente.

BALANÇA TRÍPLICE ESCALA: funciona como a balança de dois pratos, mas, em vez de ter um prato de cada lado, tem um prato num dos lados e, no outro, três hastes, cada uma delas com pesos corrediços.

Densidade

Como a densidade é a quantidade de matéria que existe em determinado volume, você pode calculá-la medindo o volume e a massa de um objeto e adotando a fórmula:

$$\text{densidade} = \frac{\text{massa}}{\text{volume}}$$

Tempo

Para descobrir quanto tempo se passou, você pode usar um relógio ou um cronômetro e subtrair o tempo inicial do tempo final.

Temperatura

TERMÔMETRO: usado para medir a temperatura. Termômetros podem ser digitais ou analógicos, estes contendo um líquido cujo volume muda de acordo com a temperatura. Ao medir a temperatura, atente para que o bulbo na ponta do termômetro fique imerso no líquido a ser medido e não encoste nas paredes ou no fundo do recipiente.

VERIFIQUE SEUS CONHECIMENTOS

1. Quais são as unidades do SI de massa, comprimento e temperatura?

2. Que instrumento é mais adequado para se medir a altura de um cachorro?

3. O que você deve olhar para ler o volume de um líquido?

4. Qual é o instrumento mais prático para se medir a massa de um objeto?

5. Como se obtém o volume de um objeto sólido retangular?

6. Explique a diferença entre massa e peso.

7. Converta 50 centímetros para quilômetros.

8. Defina "volume" e cite alguns volumes comuns.

9. Se o ponto de ebulição da água é 100°C ao nível do mar, qual é o ponto de ebulição em Kelvin?

10. Você coloca um clipe de papel num copo de refrigerante e ele afunda. Qual é mais denso: o clipe de papel ou o refrigerante? Qual é a densidade mais provável do clipe de papel: 2,8; 1,0 ou 0,3 g/ml?

RESPOSTAS 45

CONFIRA AS RESPOSTAS

1. Quilograma, metro, Kelvin.

2. Um metro.

3. A base do menisco.

4. A balança eletrônica.

5. Medindo o comprimento, a largura e a altura do objeto e multiplicando os três valores (volume = comprimento x largura x altura).

6. Massa é a quantidade de matéria num objeto e peso é a força aplicada pela massa.

7. 0,0005 quilômetro.

8. Volume é a quantidade de espaço que um objeto ocupa, como, por exemplo, o volume de líquido numa lata de refrigerante, o volume de uma porção de cereal na tigela ou o volume de uma mochila.

9. 373,15 Kelvin.

10. O clipe de papel é mais denso; 2,8 g/ml.

A questão 8 possui mais de uma resposta correta.

Capítulo 5

SEGURANÇA NO LABORATÓRIO E INSTRUMENTOS CIENTÍFICOS

SEGURANÇA no LABORATÓRIO

A coisa mais importante é pensar antes de agir. Ser atento e cuidadoso ao realizar experimentos ajuda a prevenir acidentes.

REGRAS GERAIS DE SEGURANÇA NO LABORATÓRIO

SEM CAMISA, SEM SAPATOS, SEM CIÊNCIA!

Certifique-se de que haja a presença de um professor ou outro adulto e siga as instruções à risca.

Use equipamentos de segurança (avental e/ou jaleco, óculos de segurança e luvas) para proteger os olhos, a pele e a roupa de queimaduras, contato com produtos químicos e explosões. Evite usar roupas folgadas que possam se prender ou pegar fogo.

Use sapatos fechados para proteger os pés caso alguma coisa caia ou derrame.

Se tiver cabelos compridos, prenda-os para não enroscarem em nada nem pegarem fogo caso haja fontes de calor.

Lave as mãos depois de manipular produtos químicos e organismos vivos ou mortos.

Não coma ou beba no laboratório para não misturar substâncias laboratoriais tóxicas com os alimentos.

Mantenha o laboratório limpo e organizado. Guarde tudo que não estiver usando, como mochila e casaco.

Não corra nem arremesse objetos: alguém pode sair ferido.

EQUIPAMENTOS DE SEGURANÇA

Saiba como usá-los e onde estão guardados!

LAVA-OLHOS: use-o se um produto químico respingar em seus olhos. Lave os olhos imediatamente por 15 minutos. Alguns laboratórios dispõem de chuveirinhos para esse fim.

LUVAS TÉRMICAS E PINÇAS: use-as para manipular objetos quentes.

EXTINTORES DE INCÊNDIO: use-os para apagar incêndios causados por centelhas elétricas, reações químicas ou escapamento de gás.

COBERTORES ANTICHAMA: use-os para abafar pequenos incêndios. Se as roupas de uma pessoa estiverem pegando fogo, envolva-a com o cobertor e estimule-a a rolar no chão.

CHUVEIROS: use-os caso haja contato de um produto químico diretamente com a pele ou através da roupa. Tire a roupa contaminada e fique debaixo do chuveiro por 15 minutos.

ACIDENTES ACONTECEM

CUIDADO! Mesmo que você adote todas as medidas de segurança, as coisas podem dar errado. Se houver um acidente, não deixe de relatar ao professor ou supervisor do laboratório.

QUEIMADURAS SUPERFICIAIS: lave o local da queimadura com água fria corrente durante pelo menos 5 minutos.

INCÊNDIOS: peça ajuda a um adulto imediatamente. Um incêndio não é como uma vela de aniversário: soprar NÃO irá apagá-lo e pode até fazer o fogo se espalhar. No caso de um incêndio causado por curto-circuito, não adianta usar água.

PESSOAS COM ROUPAS EM CHAMAS: faça-as rolar no chão, de preferência enroladas no cobertor antichama. Peça ajuda a um adulto.

VAZAMENTOS DE ÁGUA: enxugue o chão para que ninguém escorregue.

PRODUTOS QUÍMICOS E VIDROS QUEBRADOS NO CAMINHO: não deixe ninguém se aproximar. Peça ajuda a um adulto.

DESCARTE DE LIXO

A maioria dos laboratórios possui latas de lixo com indicação do tipo de lixo a ser descartado. Se você não tiver certeza de onde deve descartar alguma coisa, pergunte ao supervisor presente.

Rejeitos perigosos

Existem seis tipos principais de rejeito perigoso que podem ser encontrados num laboratório. Cada tipo tem um símbolo.

1. LIXO BIOLÓGICO: sangue, mofo, animais mortos, dejetos de animais ou qualquer objeto contaminado por esses materiais.

2. LIXO TÓXICO: substâncias venenosas, tais como alguns produtos químicos, soluções e produtos de limpeza.

3. LIXO RADIOATIVO: qualquer material contaminado por radiação (emissão de energia na forma de ondas ou partículas) produzida por um equipamento do laboratório ou por raios X. É pouco provável que você encontre esse tipo de lixo no laboratório da escola.

A MENOS QUE VOCÊ ESTEJA TENTANDO CRIAR UMA TARTARUGA NINJA EXPONDO UMA TARTARUGA COMUM A RADIAÇÃO

4. LIXO INFLAMÁVEL: substâncias que pegam fogo com facilidade, como gasolina, alguns solventes e álcool.

5. LIXO CORROSIVO: produtos altamente corrosivos, como alguns ácidos, bases e pilhas velhas.

6. OBJETOS PERFURANTES E CORTANTES: agulhas, lâminas, cacos de vidro, etc.

AO TRABALHAR COM...

Aquecimento

Nunca deixe uma fonte de calor sem supervisão.

Nunca aqueça um material num recipiente fechado: ele pode explodir.

Use luvas e pinças para manipular recipientes quentes.

Produtos químicos

Nunca prove ou cheire diretamente um produto químico.

Ao manipular produtos químicos, use luvas e avental ou jaleco e evite contato direto com a pele. (Pode causar uma queimadura. AI!)

Sempre coloque rótulos nos recipientes que contêm produtos químicos e nunca use nenhum produto de recipientes sem rótulo.

Materiais biológicos

Não deixe de usar luvas e roupas protetoras. Se você não tomar cuidado, **MATERIAIS BIOLÓGICOS** poderão transmitir **BACTÉRIAS** e doenças. ECA!

Não deixe de lavar as mãos, mesmo depois de usar luvas.

MATERIAIS BIOLÓGICOS: materiais extraídos de seres vivos ou mortos

Manipule organismos vivos com cuidado e não deixe de lhes fornecer alimento e habitat adequados. É importante tratar todos os organismos vivos de modo ético.

BACTÉRIAS: organismos unicelulares que possuem paredes celulares mas não possuem núcleos organizados

A IDEIA DA TARTARUGA NINJA MUTANTE NÃO É BOA.

Eletricidade

Não use fios com o isolamento danificado (isso pode causar um incêndio).

Use tomadas elétricas aterradas ou que estejam no mínimo a 2 metros de qualquer fonte de água (como a pia, por exemplo), pois a água é um condutor de eletricidade.

Mantenha os equipamentos elétricos secos; a presença de água nas tomadas ou nos equipamentos pode provocar choques.

Mantenha os fios fora do caminho para que ninguém tropece neles.

INSTRUMENTOS e FERRAMENTAS LABORATORIAIS

Placa quente

A **PLACA QUENTE** é como uma boca de fogão com um botão para controlar a temperatura. Geralmente, tubos de ensaio com líquidos são aquecidos em banho-maria.

USE SOMENTE COM A SUPERVISÃO DE UM ADULTO.

O **BICO DE BUNSEN** também é usado para aquecer objetos. Ao CONTRÁRIO da placa quente, o bico de Bunsen produz uma chama alimentada a gás. Entretanto, tal como a placa quente, só deve ser usado sob a supervisão de um adulto.

Suporte ajustável

Bico de Bunsen

O **SUPORTE UNIVERSAL** é usado para sustentar béqueres, balões e tubos de ensaio. Costuma ser usado na hora de aquecer, misturar ou medir substâncias químicas.

Em um laboratório, usamos muitos tipos de vidraria. Elas costumam ser duráveis e resistentes ao calor, mas, se forem aquecidas ou resfriadas muito depressa, podem rachar ou quebrar.

O **BÉQUER** parece uma xícara de vidro com um bico para facilitar o despejo de líquidos. É possível fazer medições de volume aproximadas usando as marcações do béquer, mas elas não são muito precisas.

O **FRASCO ERLENMEYER** é como um béquer, mas possui uma boca estreita, que pode ser fechada com uma rolha de laboratório. Assim como no béquer, as marcações laterais fornecem apenas uma estimativa do volume.

O **TUBO DE ENSAIO** é um tubo de vidro arredondado numa das pontas; parece um dedo oco feito de vidro.

As **ROLHAS DE LABORATÓRIO** são tampas de borracha que encaixam na boca dos tubos de ensaio e frascos. Às vezes, as rolhas possuem um furo central para permitir a passagem de um tubo de vidro que pode ser usado para conectar o balão ou tubo de ensaio a outro recipiente.

Uma **ESCOVA DE LIMPEZA** pode ser usada para remover a sujeira dos tubos de ensaio estreitos.

O **BASTÃO DE VIDRO** é uma vareta usada para mexer líquidos.

O **FUNIL DE VIDRO** é geralmente usado para transferir líquidos de um recipiente para outro. Como o funil é largo na parte de cima e estreito na parte de baixo, o líquido é colhido numa área maior e concentrado numa área menor para ser transferido.

O **MICROSCÓPIO** é um instrumento que permite observar coisas pequenas. Um microscópio é, basicamente, uma lupa muito poderosa.

Para ser examinada no microscópio, a amostra geralmente é colocada numa LÂMINA, que é uma placa de vidro retangular que às vezes possui uma pequena depressão central para acomodar a amostra.

Nos laboratórios, costuma-se usar o **MICROSCÓPIO COMPOSTO**, que é um microscópio com duas lentes que permite uma ampliação superpoderosa. Em geral, é possível mudar a ampliação escolhendo uma lente diferente num sistema de rotação, que deixa algumas lentes mais próximas da lâmina. Só tenha cuidado para não quebrar a lâmina ao mudar a lente!

VERIFIQUE SEUS CONHECIMENTOS

1. Qual é o nome do equipamento usado para aquecer objetos com uma chama?

2. Qual é o equipamento usado para proteger os olhos quando se está trabalhando no laboratório?

3. Não _ _ _ _ ou beba no laboratório!

4. Qual é o nome do instrumento parecido com um béquer, mas que possui uma boca mais estreita?

5. Qual é o tipo de lixo que inclui organismos vivos ou mortos?

6. Um suporte _ _ _ _ _ _ _ _ _ _ pode ser usado para aquecer objetos usando o bico de Bunsen.

7. Qual é o equipamento usado para abafar pequenos incêndios e socorrer pessoas cujas roupas estão em chamas?

8. Nunca deixe uma fonte de calor _ _ _ _ _ _ _ _ _ _ _ _ _.

9. Qual é o nome da placa de vidro retangular normalmente usada para sustentar a amostra que está sendo observada no microscópio?

RESPOSTAS

CONFIRA AS RESPOSTAS

1. Bico de Bunsen.
2. Óculos de segurança.
3. coma.
4. Frasco Erlenmeyer.
5. Lixo biológico.
6. universal.
7. Cobertor antichama.
8. sem supervisão.
9. Lâmina.

Unidade 2

Matéria, reações químicas e soluções

Capítulo 6
MATÉRIA, PROPRIEDADES E FASES

MATÉRIA e ÁTOMOS

MATÉRIA é tudo o que podemos ver, tocar, cheirar ou sentir. Em outras palavras, tudo o que possui massa e ocupa espaço (incluindo o ar e quase tudo o mais).

A menor unidade da matéria se chama **ÁTOMO**. Se você dividir um objeto de metal em um zilhão de partes, o menor pedaço que ainda estiver conservando as propriedades do metal será chamado átomo.

> **MATÉRIA**
> tudo aquilo que possui massa e ocupa espaço
>
> **ÁTOMO**
> a menor unidade da matéria

> A palavra *átomo* vem do grego e significa "aquilo que não pode ser dividido".

(E os gregos nem tinham um acelerador de partículas!)

MODELOS ATÔMICOS

> Lembre-se: um "modelo" é uma representação daquilo que não podemos ver facilmente.

Os átomos são compostos de partículas menores:

PRÓTONS (partículas de carga positiva)

NÊUTRONS (partículas eletricamente neutras, ou seja, que não têm carga elétrica)

ELÉTRONS (partículas de carga negativa e massa muito pequena)

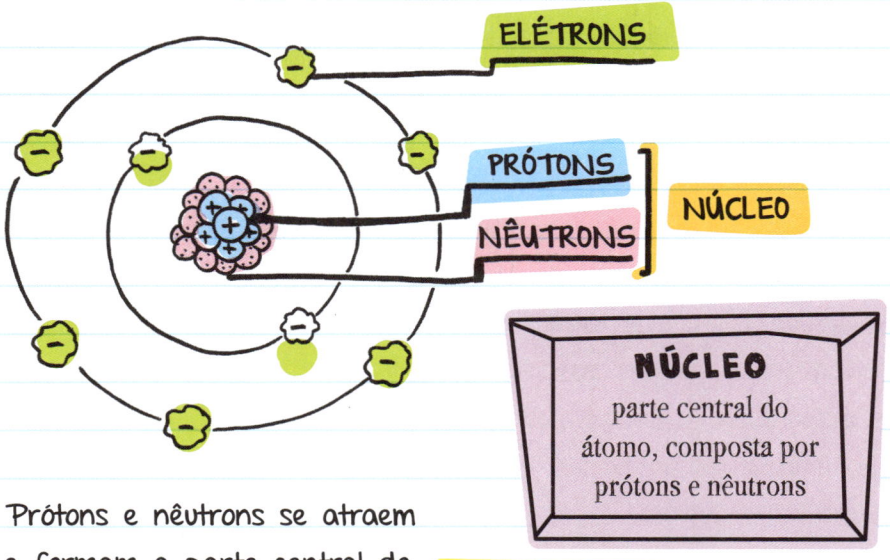

- ELÉTRONS
- PRÓTONS
- NÊUTRONS
- NÚCLEO

Prótons e nêutrons se atraem e formam a parte central do átomo, chamada **NÚCLEO**, que possui uma carga total positiva. Os elétrons orbitam o núcleo, mas tão depressa que não é possível determinar suas posições exatas.

NÚCLEO
parte central do átomo, composta por prótons e nêutrons

O **MODELO ATÔMICO MODERNO** envolve uma **NUVEM DE ELÉTRONS** em vez de elétrons isolados, como no modelo acima. Ele permite calcular os locais onde é mais provável encontrar um elétron em órbita. A probabilidade de encontrar elétrons é maior nas regiões mais densas da nuvem.

Uma breve história dos modelos atômicos

JOHN DALTON foi um dos primeiros cientistas a proporem que os elementos são compostos de átomos indestrutíveis. Ele imaginava que havia partículas tão pequenas que não poderíamos vê-las. Chamou tais partículas de átomos e sua teoria ficou conhecida como TEORIA ATÔMICA DA MATÉRIA.

JOSEPH JOHN (J. J.) THOMSON descobriu a existência de partículas negativas (elétrons) nos átomos e as imaginou distribuídas no interior de uma esfera de carga positiva, como passas incrustadas num bolinho.

VOCÊ É NEGATIVO DEMAIS.

ERNEST

J. J.

ERNEST RUTHERFORD concluiu que todo átomo possui uma parte central, pequena e pesada, de carga positiva, a qual chamou de núcleo. Descobriu que os elétrons giram em torno do núcleo num espaço quase vazio e batizou as partículas positivas do núcleo de prótons. Um aluno de Rutherford, JAMES CHADWICK, propôs a existência de partículas livres de carga no núcleo, as quais chamou de nêutrons.

PROPRIEDADES FÍSICAS e QUÍMICAS e TRANSFORMAÇÕES

A aparência, a consistência, o cheiro e o gosto de um objeto são PROPRIEDADES FÍSICAS. É fácil classificar a matéria a partir de tais características. Algumas propriedades físicas mais comuns usadas para diferenciar a matéria são:

COR **TAMANHO** **DENSIDADE**

MALEABILIDADE (facilidade com que algo pode ser prensado, moldado ou comprimido)

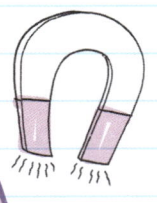

MAGNETISMO (se algo é magnético ou não)

PONTO DE EBULIÇÃO ou **PONTO DE FUSÃO** (a temperatura na qual algo evapora ou derrete)

SOLUBILIDADE (facilidade com que algo se dissolve em outra substância)

TRANSFORMAÇÃO FÍSICA é qualquer mudança das propriedades físicas da matéria, como tamanho, formato ou estado (sólido, líquido ou gasoso/vapor). O produto final de qualquer transformação física é composto da mesma matéria que antes. Por exemplo: você pode transformar gelo, neve e vapor em água; basta aquecer ou resfriar a substância. Gelo, vapor e água são a mesma matéria em estados diferentes.

PROPRIEDADES QUÍMICAS descrevem a capacidade de um objeto de se submeter a diferentes transformações químicas.

Alguns exemplos de propriedades químicas:

INFLAMABILIDADE (facilidade com que algo pega fogo)

REATIVIDADE (facilidade com que algo reage a oxigênio, água, luz, etc.)

Quando uma propriedade química muda, é porque a matéria passou por uma **TRANSFORMAÇÃO QUÍMICA**. A ferrugem de um portão de ferro ou um tronco queimando (e produzindo cinzas) são exemplos de transformações químicas. Alguns sinais de transformação química podem incluir:

> **TRANSFORMAÇÃO QUÍMICA**
> acontece quando a matéria se transforma em novas substâncias com novas propriedades

MUDANÇA DE COR — Exemplo: quando você corta uma maçã ao meio e sua polpa escurece em contato com o ar.

MUDANÇA DE ENERGIA — As substâncias reagem, liberando energia na forma de luz e calor.

> Pense em fogos de artifício.

MUDANÇA DE ODOR

> Pense em comida estragada.

FORMAÇÃO DE UM GÁS OU DE UM SÓLIDO — Muitas vezes, quando você combina duas substâncias, como, por exemplo, vinagre e bicarbonato de sódio, aparecem bolhas de gás. Isso é sinal de que os ingredientes passaram por uma transformação química.

> **MATERIAIS SINTÉTICOS** são materiais que não existem na natureza, porém são feitos de matérias-primas naturais que passaram por transformações químicas. Exemplo: o poliéster é uma fibra sintética feita de ar, água, carvão e petróleo. Um ácido e um álcool reagem quimicamente para formar as fibras de poliéster.

Conservação de massa

Embora os objetos mudem de aparência ou de composição quando sofrem transformações físicas ou químicas, uma coisa não se modifica: a quantidade de matéria presente. Esse conceito é chamado de **CONSERVAÇÃO DE MASSA**. A massa não pode simplesmente desaparecer: ela continua existindo, mesmo que num formato diferente, que pode ser até um gás. Os átomos apenas se reorganizaram para formar outros materiais.

> **CONSERVAÇÃO DE MASSA:**
> A quantidade de massa no começo de uma reação é igual à quantidade de massa após a reação.

> **REAGENTE:** material que é transformado durante uma reação física ou química
>
> **PRODUTO:** material resultante de uma reação física ou química
>
> O reagente possui a mesma massa que o produto
>
> REAGENTE — PRODUTO
> MASSA

ESTADOS da MATÉRIA

A matéria costuma ser encontrada em três ESTADOS (ou FASES): sólido, líquido e gasoso. A disposição e o comportamento das partículas determinam o estado da matéria. A atração entre as partículas é o que as mantém próximas umas das outras, e a energia do movimento permite que as partículas superem tais forças atrativas.

Os **SÓLIDOS** — como o gelo, a madeira e o metal — são considerados matéria com formato e volume constantes. As partículas estão muito próximas e não se movimentam livremente, por isso sua estrutura física é fixa. Mesmo assim, as partículas de um sólido vibram, porém não o bastante para superar a força de atração entre elas.

Os **LÍQUIDOS** são capazes de fluir e assumem o formato do recipiente que os contém, mas mesmo assim possuem volume constante. As partículas dos líquidos estão suficientemente livres para se movimentar, só que sofrem a atração de outras partículas, que é responsável pelo fenômeno da **VISCOSIDADE**. A viscosidade é a resistência de um líquido ao fluxo.

Os **GASES** não possuem forma e volume constantes; sendo assim, moldam-se totalmente ao recipiente onde estão contidos e, diferentemente dos líquidos, sempre ocupam totalmente seus recipientes. As partículas dos gases estão muito distantes umas das outras e se movimentam muito depressa. Elas são tão velozes que são capazes de superar as forças de atração entre as partículas, as quais permitem que as moléculas se distanciem por conta própria. Se você soltar o gás de um balão de festa, esse gás certamente vai se dispersar no ar.

ESTADO	CARACTERÍSTICAS	MOVIMENTO DAS PARTÍCULAS
SÓLIDO	Forma e volume constantes.	Vibram, mas possuem posições fixas.
LÍQUIDO	A forma pode mudar, mas o volume é fixo. Pode fluir.	Movimentam-se livremente: não possuem posições fixas.
GASOSO	A forma e o volume dependem do recipiente. Pode fluir.	Movimentam-se em alta velocidade. Estão muito distantes entre si.

MUDANÇAS de FASE

Um estado não é permanente. Mudanças de temperatura e pressão modificam a matéria, num processo chamado MUDANÇA DE FASE.

FUSÃO é o processo no qual a matéria muda do estado sólido para o estado líquido. O **PONTO DE FUSÃO** é a temperatura na qual um sólido vira líquido. O aquecimento exerce tal transformação porque aumenta o movimento das partículas. Conforme as partículas vão recebendo cada vez mais calor, vão se movimentando cada vez mais depressa, até passarem a se movimentar livremente.

Ao nível do mar:
Acima de 100°C, a água é um vapor.
Entre 0°C e 100°C, a água é um líquido.
Abaixo de 0°C, a água é um sólido.

SOLIDIFICAÇÃO é o processo no qual a matéria muda do estado líquido para o sólido. O **PONTO DE SOLIDIFICAÇÃO** é a temperatura na qual um líquido se transforma em sólido. O resfriamento transforma os líquidos em sólidos porque diminui o movimento das partículas. Elas vão se movimentando cada vez mais devagar, até que não são mais capazes de circular livremente.

VAPORIZAÇÃO é o processo no qual a matéria passa do estado líquido para o gasoso. Quando a vaporização ocorre devagar, à temperatura ambiente, é chamada **EVAPORAÇÃO**; quando é produzida por um aumento da temperatura, é chamada **EBULIÇÃO**. Quando a água ferve, é porque alcançou a temperatura na qual ela passa de líquido para vapor, ou seja, seu **PONTO DE EBULIÇÃO**. O aquecimento faz as partículas do líquido se movimentarem mais depressa. Quando elas chegam a uma velocidade suficiente para superar as forças de atração entre si, o líquido vira vapor.

CONDENSAÇÃO é o processo no qual a matéria passa do estado gasoso para o líquido. Quando você enche um copo com uma bebida gelada, gotículas de água se formam na superfície do copo. Quando o vapor d'água do ar esfria e perde energia, as partículas passam a se movimentar mais devagar. Com isso, as forças de atração fazem as partículas se aglutinarem, formando um líquido.

Algumas substâncias passam diretamente do estado sólido para o gasoso. Esse processo é chamado **SUBLIMAÇÃO**. O gelo seco, por exemplo, sublima quando o CO_2 no estado sólido se transforma diretamente em CO_2 no estado gasoso. O processo oposto, no qual uma substância passa diretamente do estado gasoso para o sólido, é também chamado **SUBLIMAÇÃO**. A geada é um exemplo.

VAPOR

sublimação — sublimação — condensação — vaporização — fusão — solidificação

SÓLIDO **LÍQUIDO**

VERIFIQUE SEUS CONHECIMENTOS

1. Qual é a partícula do átomo dotada de carga positiva?

2. Descreva o modelo de Thomson para o átomo.

3. Se você transforma ovos, farinha e leite em panquecas, que tipo de transformação os ingredientes sofrem? Se você prepara uma vitamina de banana, morango e iogurte, que tipo de transformaçnao os ingredientes sofrem?

4. Se você queima um pedaço de papel, a massa dos produtos da queima é maior ou menor do que a massa inicial?

5. Cite algumas coisas que não são matéria.

6. Em termos de partículas e volume, qual é a diferença entre um líquido e um gás?

7. O que acontece no ponto de ebulição de uma substância?

8. Compare os movimentos das moléculas de um sólido, de um líquido e de um gás.

9. O que é viscosidade? Qual destes líquidos possui maior viscosidade: água ou ketchup?

10. Defina vaporização e condensação. Dê um exemplo de cada.

RESPOSTAS

CONFIRA AS RESPOSTAS

1. O próton.
2. Thomson acreditava que os elétrons eram distribuídos uniformemente no interior de uma esfera de carga positiva, como passas num bolinho.
3. Os ingredientes das panquecas passam por uma transformação química: eles se transformam em algo diferente, com outras propriedades químicas. No caso da vitamina, os ingredientes passam por uma transformação física (os materiais são os mesmos, apenas triturados e misturados).
4. É igual. A massa é conservada.
5. Pensamentos, a luz, o vácuo.
6. Embora ambos sejam capazes de fluir, as partículas de um líquido não se separam por completo. Por isso, o volume de um líquido é fixo, enquanto o volume de um gás não é fixo.
7. No ponto de ebulição, uma substância muda do estado líquido para o gasoso.
8. Em um sólido, as partículas vibram, mas têm posições fixas. Em um líquido, as partículas fluem, mas não se separam por completo, pois não possuem energia suficiente para superar as forças de atração entre as moléculas. Em um gás, as partículas se movimentam livremente.
9. Viscosidade é a resistência ao fluxo. O ketchup resiste mais ao fluxo e, portanto, possui maior viscosidade do que a água.
10. Vaporização é a transformação de um líquido em gás, como acontece quando a água ferve. Condensação é o oposto: a transformação de um gás em líquido, como acontece quando pequenas gotas se formam na superfície de um copo contendo bebida gelada.

A questão 5 possui mais de uma resposta correta.

Capítulo 7

TABELA PERIÓDICA, ESTRUTURA ATÔMICA E COMPOSTOS QUÍMICOS

A TABELA PERIÓDICA

Átomos diferentes possuem números diferentes de prótons e elétrons: daí vêm as diferenças nas propriedades físicas da matéria. Tipos diferentes de átomo são chamados **ELEMENTOS QUÍMICOS**. Existem 118 elementos conhecidos. Cada elemento é composto por átomos específicos.

> **ELEMENTO QUÍMICO**
> um tipo de átomo

> **TABELA PERIÓDICA**
> uma tabela com todos os elementos

Todos esses elementos químicos são apresentados num quadro chamado **TABELA PERIÓDICA**, que lista e organiza os elementos químicos em quadradinhos. Cada um deles é associado a um **SÍMBOLO QUÍMICO**, formado por uma ou duas letras. A primeira letra é maiúscula e a segunda (quando presente) é minúscula. Assim, por exemplo, o oxigênio é representado por O e o zinco é representado por Zn.

> **SÍMBOLO QUÍMICO**
> uma ou duas letras que representam um elemento

A TABELA PERIÓDICA

← PERÍODO →

Legenda:
- 3 — Número atômico
- Li — Símbolo químico
- Lítio — Nome do elemento
- 6,941 — Massa atômica

↑ GRUPO ↓

Grupo →	1	2	3	4	5	6	7	8	9
1	1 H Hidrogênio 1,008								
2	3 Li Lítio 6,94	4 Be Berílio 9,0122							
3	11 Na Sódio 22,990	12 Mg Magnésio 24,305							
4	19 K Potássio 39,098	20 Ca Cálcio 40,078	21 Sc Escândio 44,956	22 Ti Titânio 47,867	23 V Vanádio 50,942	24 Cr Crômio 51,996	25 Mn Manganês 54,938	26 Fe Ferro 55,845	27 Co Cobalto 58,933
5	37 Rb Rubídio 85,468	38 Sr Estrôncio 87,62	39 Y Ítrio 88,906	40 Zr Zircônio 91,224	41 Nb Nióbio 92,906	42 Mo Molibdênio 95,95	43 Tc Tecnécio	44 Ru Rutênio 101,07	45 Rh Ródio 102,91
6	55 Cs Césio 132,91	56 Ba Bário 137,33		72 Hf Háfnio 178,49	73 Ta Tântalo 180,95	74 W Tungstênio 183,84	75 Re Rênio 186,21	76 Os Ósmio 190,23	77 Ir Irídio 192,22
7	87 Fr Frâncio	88 Ra Rádio		104 Rf Rutherfórdio	105 Db Dúbnio	106 Sg Seabórgio	107 Bh Bóhrio	108 Hs Hássio	109 Mt Meitnério

57 La Lantânio 138,91	58 Ce Cério 140,12	59 Pr Praseodímio 140,91	60 Nd Neodímio 144,24	61 Pm Promécio	62 Sm Samário 150,36
89 Ac Actínio	90 Th Tório 232,04	91 Pa Protactínio 231,04	92 U Urânio 238,03	93 Np Neptúnio	94 Pu Plutônio

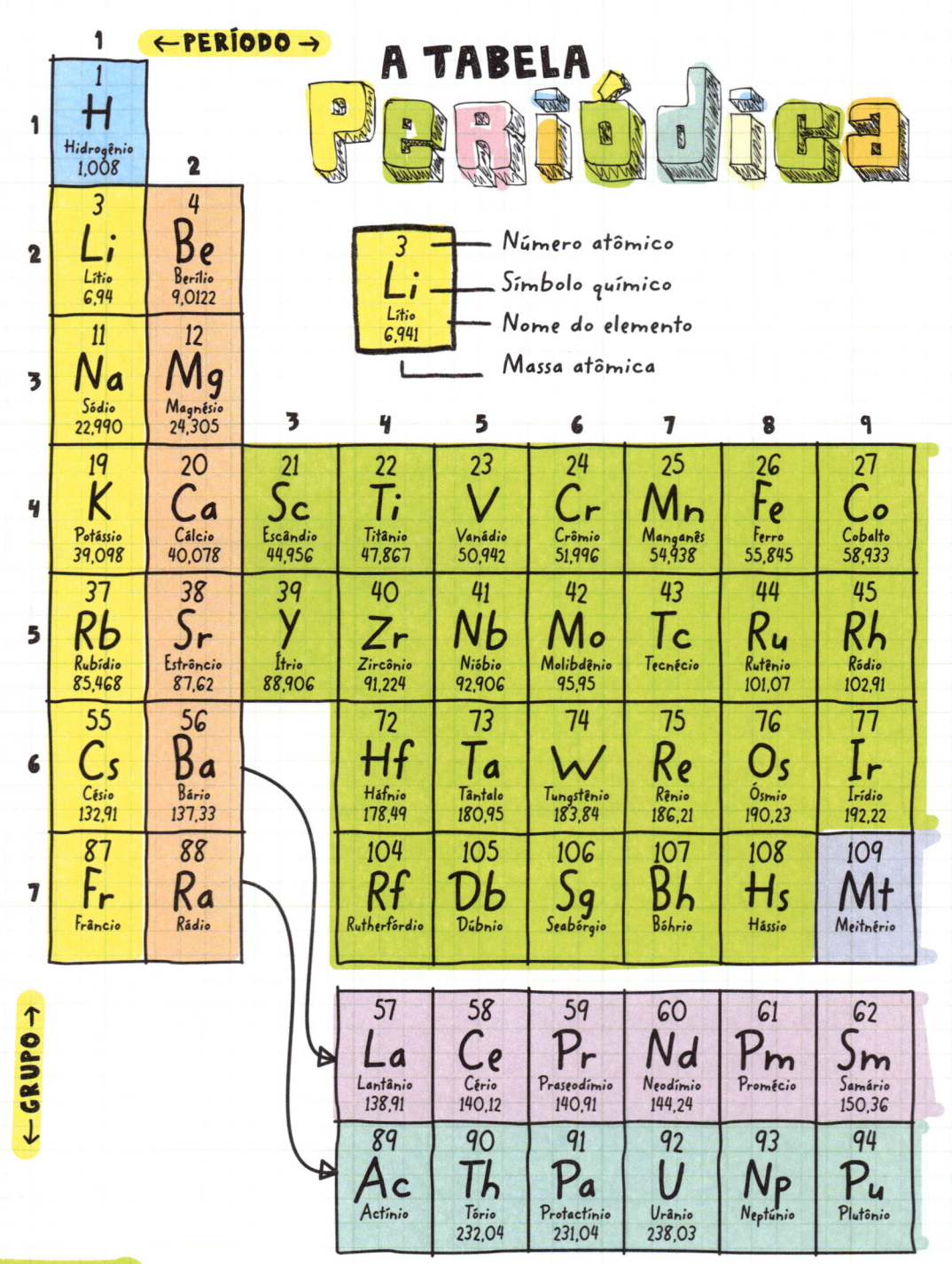

Legenda

- → METAIS ALCALINOS
- → METAIS ALCALINO-TERROSOS
- → LANTANÍDEOS
- → ACTINÍDEOS
- → METAIS DE TRANSIÇÃO
- → PROPRIEDADES DESCONHECIDAS
- → METAIS PÓS-TRANSIÇÃO
- → SEMIMETAIS
- → OUTROS NÃO METAIS
- → HALOGÊNIOS
- → GASES NOBRES

10	11	12	13	14	15	16	17	18
								2 He Hélio 4,0026
			5 B Boro 10,81	6 C Carbono 12,011	7 N Nitrogênio 14,007	8 O Oxigênio 15,999	9 F Flúor 18,998	10 Ne Neônio 20,180
			13 Al Alumínio 26,982	14 Si Silício 28,085	15 P Fósforo 30,974	16 S Enxofre 32,06	17 Cl Cloro 35,45	18 Ar Argônio 39,95
28 Ni Níquel 58,693	29 Cu Cobre 63,546	30 Zn Zinco 65,38	31 Ga Gálio 69,723	32 Ge Germânio 72,630	33 As Arsênio 74,922	34 Se Selênio 78,971	35 Br Bromo 79,904	36 Kr Criptônio 83,798
46 Pd Paládio 106,42	47 Ag Prata 107,87	48 Cd Cádmio 112,41	49 In Índio 114,82	50 Sn Estanho 118,71	51 Sb Antimônio 121,76	52 Te Telúrio 127,60	53 I Iodo 126,90	54 Xe Xenônio 131,29
78 Pt Platina 195,08	79 Au Ouro 196,97	80 Hg Mercúrio 200,59	81 Tl Tálio 204,38	82 Pb Chumbo 207,2	83 Bi Bismuto 208,98	84 Po Polônio	85 At Astato	86 Rn Radônio
110 Ds Darmstádtio	111 Rg Roentgênio	112 Cn Copernício	113 Nh Nihônio	114 Fl Fleróvio	115 Mc Moscóvio	116 Lv Livermório	117 Ts Tennesso	118 Og Oganessônio

63 Eu Európio 151,96	64 Gd Gadolínio 157,25	65 Tb Térbio 158,93	66 Dy Disprósio 162,50	67 Ho Hólmio 164,93	68 Er Érbio 167,26	69 Tm Túlio 168,93	70 Yb Itérbio 173,05	71 Lu Lutécio 174,97
95 Am Amerício	96 Cm Cúrio	97 Bk Berquélio	98 Cf Califórnio	99 Es Einstênio	100 Fm Férmio	101 Md Mendelévio	102 No Nobélio	103 Lr Laurêncio

Cada quadradinho possui informações sobre o elemento: o número superior é o **NÚMERO ATÔMICO** e o número inferior é a **MASSA ATÔMICA**.

A tabela periódica é organizada em linhas e colunas. Cada linha é chamada **PERÍODO** e cada coluna é chamada **GRUPO** ou **FAMÍLIA**. Os elementos são organizados pela ordem do número atômico. Por isso, à medida que você vai avançando na tabela, cada elemento vai ganhando um elétron e um próton a mais. O hidrogênio, por exemplo, possui 1 de cada, o hélio possui 2 de cada, e assim por diante. Os elementos de um mesmo grupo (coluna) possuem propriedades físicas e químicas semelhantes.

3
Li
Lítio
6,941

— Número atômico
— Símbolo químico
— Nome do elemento
— Massa atômica

← também o número de elétrons

NÚMERO ATÔMICO
o número de prótons que um átomo contém. Os elementos são diferenciados por seus números atômicos porque cada elemento possui um número diferente de prótons.

MASSA ATÔMICA
a massa média de um átomo típico do elemento em questão

PERÍODO
uma linha de elementos na tabela periódica

GRUPO ou FAMÍLIA
uma coluna de elementos na tabela periódica. Grupos de elementos possuem propriedades físicas e químicas semelhantes.

Para lembrar que um período é horizontal e um grupo é vertical, pense: um período é composto de frases e as frases são redigidas na HORIZONTAL.

Estrutura atômica e níveis de energia

DMITRI IVANOVICH MENDELEEV, um cientista russo, inventou a tabela periódica em 1869.

O núcleo de um átomo contém prótons de carga positiva, nêutrons desprovidos de carga e uma nuvem de elétrons de carga negativa, a qual envolve o núcleo. Os elétrons giram em torno do núcleo em velocidades muito elevadas. Como os elétrons estão em constante movimento, é difícil especificar o posicionamento deles, mas é mais provável encontrar um elétron em determinadas regiões. A maioria dessas regiões forma anéis em torno do núcleo, afinal os elétrons orbitam o núcleo.

Cada um desses anéis corresponde a um NÍVEL DE ENERGIA. Os níveis de menor energia estão mais próximos do núcleo e os níveis de maior energia estão mais distantes dele. Como os elétrons são atraídos para o núcleo (lembre-se de que as cargas positivas e negativas se atraem), os elétrons mais próximos do núcleo são mais difíceis de se remover. O nível de energia mais próximo do núcleo pode acomodar até 2 elétrons. Cada nível de energia acima desse pode acomodar uma quantidade limitada de elétrons. Por exemplo, o primeiro nível de um átomo de oxigênio possui 2 elétrons, e o segundo, 6.

oxigênio = 8 elétrons

Isótopos

Todos os átomos de um elemento possuem o mesmo número de prótons, no entanto o número de nêutrons pode variar. Quanto maior o número de nêutrons, maior a massa do átomo!

> **ISÓTOPOS**
> átomos do mesmo elemento que possuem uma quantidade diferente de nêutrons

Átomos do mesmo elemento que possuem uma quantidade diferente de nêutrons são chamados **ISÓTOPOS**. A massa atômica é a massa média dos átomos de um elemento, levando-se em conta a abundância relativa dos isótopos.

Elementos neutros e íons

Em um ELEMENTO NEUTRO, o número de elétrons é igual ao número de prótons: a carga negativa dos elétrons compensa exatamente a carga positiva dos prótons.

Em princípio, todos os átomos são neutros. Assim, se você conhece o número atômico de um elemento, sabe também qual é o seu número de prótons, bem como o de elétrons. Você também pode descobrir o número de nêutrons do isótopo mais abundante de um elemento: basta subtrair o número atômico da massa atômica.

3
Li
Lítio
6,941

← Número atômico: número de prótons. Também é o número de elétrons.

← Massa atômica

$6{,}941 \cong 7$ (Arredonde a massa atômica para o número inteiro mais próximo)
$7 - 3 = 4$ (Subtraia o número atômico da massa atômica)

O isótopo mais abundante do lítio tem 4 nêutrons.

massa atômica − número atômico = número de nêutrons

Arredondando a massa média para 7, o número total de nêutrons e prótons é 7. O número atômico indica que existem 3 prótons, portanto deve haver 4 nêutrons.

A partir de todas essas informações, podemos desenhar um modelo do átomo:

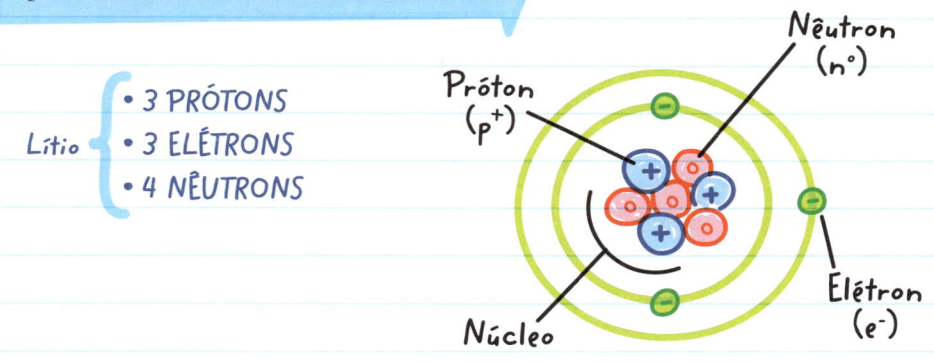

Lítio
- 3 PRÓTONS
- 3 ELÉTRONS
- 4 NÊUTRONS

Nêutron (n^0)
Próton (p^+)
Núcleo
Elétron (e^-)

Se um átomo possui uma carga elétrica, é chamado ÍON e possui um número de elétrons maior ou menor do que o de prótons. Se um átomo tem carga negativa, apresenta excesso de elétrons (e menos prótons). Se tem carga positiva, apresenta mais prótons (e menos elétrons).

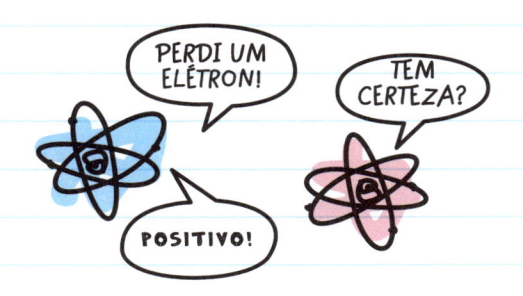

PERDI UM ELÉTRON!
TEM CERTEZA?
POSITIVO!

MOLÉCULAS e COMPOSTOS QUÍMICOS

Quando dois ou mais átomos se combinam, formam **MOLÉCULAS**.

As moléculas frequentemente se combinam a outras moléculas para formar **COMPOSTOS QUÍMICOS**.

A molécula mais simples possui dois átomos e é chamada **MOLÉCULA DIATÔMICA**.

O prefixo DI significa "dois".

O nitrogênio e o oxigênio são frequentemente encontrados na forma de moléculas diatômicas: N_2 e O_2.

Podemos usar modelos simples, como os mostrados abaixo, para representar a composição atômica de diferentes moléculas, ou podemos usar um computador para gerar modelos tridimensionais.

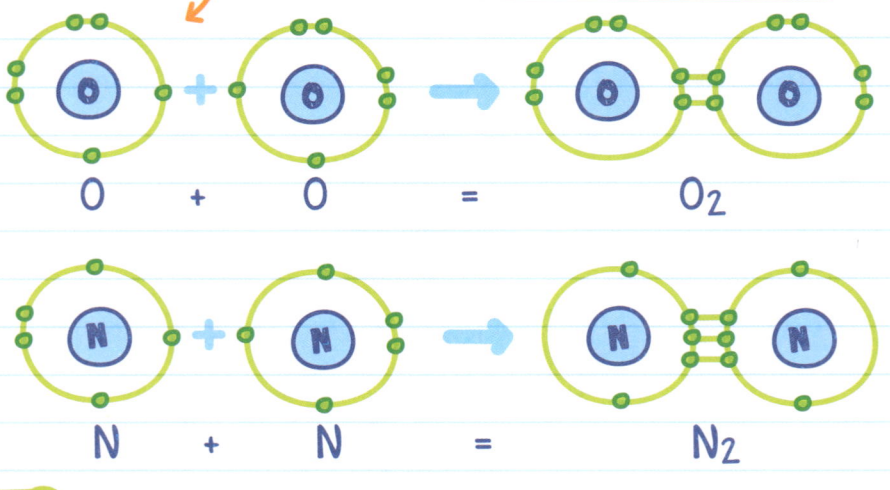

O + O = O_2

N + N = N_2

> As propriedades das moléculas e dos compostos químicos são diferentes das propriedades dos elementos que os compõem: a água é muito diferente de um punhado de átomos de hidrogênio e oxigênio separados.

POR QUE os ÁTOMOS FORMAM MOLÉCULAS e COMPOSTOS QUÍMICOS

Os átomos sempre querem estar num estado com a menor energia possível. Muitos átomos reduzem sua energia se combinando a outros átomos. Isso envolve ceder, receber ou compartilhar elétrons com outros átomos.

Os elétrons se movimentam em várias direções, mas estão limitados a diferentes CAMADAS ELETRÔNICAS em torno do núcleo. Quando elétrons de átomos diferentes se emparelham, formam uma LIGAÇÃO QUÍMICA. Tal ligação é a força que mantém os átomos unidos. Apenas os elétrons da última camada (a CAMADA DE VALÊNCIA) formam ligações.

Os ELÉTRONS DE VALÊNCIA são os únicos a interagir e determinam como um átomo vai se comportar numa reação química.

Cada camada (n) é numerada.

Oxigênio = 8 elétrons

6 elétrons de valência

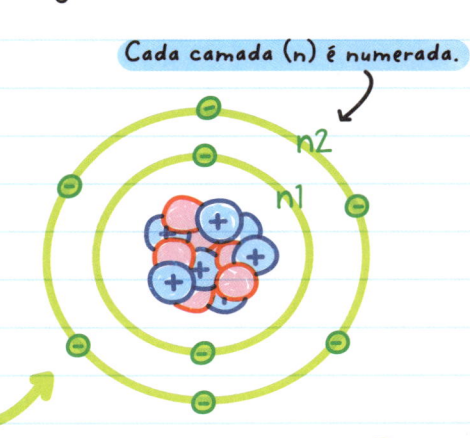

Como escrever uma fórmula química

Cada composto contém uma proporção específica de elementos. Uma FÓRMULA QUÍMICA é como se fosse a receita de um composto químico: descreve os ingredientes e suas quantidades. Numa fórmula química, cada elemento é escrito usando seu símbolo químico, que é formado por uma ou duas letras, com um índice inferior que especifica o número de átomos.

EXEMPLO: Como o açúcar contém 12 átomos de carbono, 22 átomos de hidrogênio e 11 átomos de oxigênio, sua fórmula química é $C_{12}H_{22}O_{11}$.

VERIFIQUE SEUS CONHECIMENTOS

1. Quantos elementos químicos são conhecidos?

2. Os elementos são diferenciados pelo _____ _____ porque cada elemento possui um número diferente de prótons.

3. Qual é o nome dado a uma coluna de elementos na tabela periódica? O que tais elementos têm em comum?

4. Quando dois ou mais átomos se combinam, o que eles formam?

5. O que é a massa atômica de um elemento?

6. Se o número atômico de um elemento é 6 e a massa atômica é 15, quantos nêutrons estão presentes?

7. O que é um isótopo?

8. O que é uma ligação química?

9. Por que os átomos formam ligações?

RESPOSTAS

CONFIRA AS RESPOSTAS

1. 118.

2. número atômico

3. O nome de uma coluna de elementos na tabela periódica é grupo. Grupos de elementos possuem propriedades físicas e químicas semelhantes.

4. Uma molécula ou um composto químico.

5. A massa atômica de um elemento é a massa média dos átomos dele, levando-se em conta a abundância relativa dos isótopos.

6. Nove nêutrons (15 − 6 = 9).

7. Isótopos são átomos do mesmo elemento que possuem um número diferente de nêutrons.

8. Uma ligação química se forma quando elétrons de átomos diferentes se emparelham.

9. Átomos formam ligações químicas a fim de reduzir a energia dos elétrons e assim se tornarem mais estáveis.

Capítulo 8
FLUIDOS E SOLUÇÕES

SUBSTÂNCIAS, MISTURAS e SOLUÇÕES

Uma SUBSTÂNCIA é qualquer espécie de matéria formada por átomos de elementos específicos em proporções específicas. Ela não pode ser reduzida a partes mais simples nem alterada por mudanças físicas. Por exemplo: a água (H_2O) é uma substância. Não importa por qual processo físico ela passe (como congelamento ou fervura), sua composição continuará sendo H_2O.

Uma MISTURA é composta por duas ou mais substâncias entre as quais não existem ligações químicas. O molho para salada é uma mistura de várias substâncias, como azeite, ervas e suco de limão.

UMA SALADA TAMBÉM É UM EXEMPLO DE MISTURA.

Existem dois tipos de mistura:

1. MISTURA HETEROGÊNEA é uma mistura na qual há duas ou mais fases. Uma salada é um exemplo de mistura heterogênea; por mais que você misture, cada pedacinho dela continuará sendo diferente.

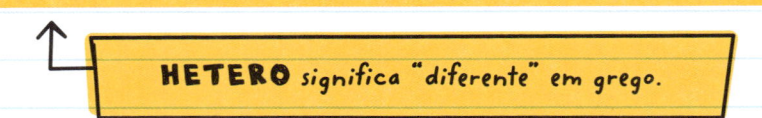

HETERO significa "diferente" em grego.

2. MISTURA HOMOGÊNEA é uma mistura na qual há uma só fase e não é possível distinguir as partes. Açúcar dissolvido na água, por exemplo, é uma mistura homogênea: você não consegue ver o açúcar e a água, somente um líquido que contém moléculas de ambas as substâncias.

HOMO significa "mesmo"/"igual" em grego.

As misturas homogêneas também são chamadas **SOLUÇÕES**. Uma solução é composta por um **SOLUTO** e um **SOLVENTE**. O soluto é a substância em menor quantidade e o solvente é a substância em maior quantidade. Assim, por exemplo, alguns refrescos são uma solução feita de um pó (o soluto) em água (o solvente).

SOLUÇÃO
uma mistura homogênea

SOLUTO
a substância em menor quantidade

SOLVENTE
a substância em maior quantidade

SOLUTO

SOLVENTE

SOLUBILIDADE

SOLUBILIDADE é a capacidade de uma substância de se dissolver em outra substância. Muitos fatores afetam a solubilidade:

A temperatura é um fator. Geralmente, os solutos sólidos são mais solúveis em solventes a temperaturas mais elevadas, razão pela qual é mais fácil dissolver açúcar em água quente.

GASES TAMBÉM PODEM SER DISSOLVIDOS EM LÍQUIDOS!

Solutos gasosos, como a carbonatação, são o oposto dos solutos sólidos. Os gases são mais solúveis em líquidos a temperaturas mais baixas. As bebidas carbonatadas retêm o gás por mais tempo quando estão geladas porque o gás é mais solúvel em líquidos frios.

A **PRESSÃO** e a **CONCENTRAÇÃO** de outros solventes numa solução também afetam a solubilidade.

CONCENTRAÇÃO

A CONCENTRAÇÃO de uma solução refere-se à quantidade de soluto nela contida. Uma SOLUÇÃO CONCENTRADA possui grande quantidade de soluto, ao passo que uma SOLUÇÃO DILUÍDA contém pouco soluto. No caso de uma limonada, por exemplo, uma solução concentrada é mais azeda do que uma solução diluída.

A caixa de uma embalagem de suco costuma conter uma indicação da concentração de suco de fruta. Se a concentração de suco de fruta num refrigerante é 7%, isso significa que 7% da bebida são feitos de suco e o restante são outras substâncias, como, por exemplo, água e açúcar.

PRESSÃO

Um FLUIDO é qualquer substância capaz de fluir, como um líquido ou um gás. Todo fluido exerce PRESSÃO, ou seja, empurra as paredes do recipiente que o contém. Assim, por exemplo, o ar no interior de um balão exerce uma força de dentro para fora sobre as paredes do balão, o que o mantém inflado. Ao mesmo tempo, a atmosfera exerce uma força (de fora para dentro) sobre as paredes do balão. Quando a pressão interna é maior do que a pressão externa, o balão permanece inflado. A pressão é proporcional à força e à área sobre a qual a força é aplicada. Quanto maior a força, maior a pressão; e quanto maior a área, menor a pressão:

$$\left\{ \text{pressão} = \frac{\text{força}}{\text{área}} \right\}$$

As unidades mais usadas para medir a pressão são o PASCAL (Pa), que é a unidade de pressão do SI, e a ATMOSFERA (atm). Uma atmosfera é a pressão que a atmosfera exerce sobre a Terra ao nível do mar. Quanto maior a altura, menor a quantidade de moléculas de ar acima de você e menor a pressão. A mudança de pressão entre as altitudes é o que faz sua orelha entupir ao subir uma serra, por exemplo. É por isso também que a água ferve a uma temperatura mais baixa nas montanhas: a pressão que mantém as moléculas unidas é menor, por isso elas conseguem se dissipar com mais facilidade.

POUCO PESO DO AR ACIMA DE VOCÊ

MUITO PESO DO AR ACIMA DE VOCÊ

A pressão exercida sobre um objeto depende da quantidade de moléculas de água ou de ar acima dele. Imagine uma grande pilha de livros. Como os livros no fundo da pilha possuem mais livros por cima, sentem mais pressão. Essa é a mesma razão pela qual você sente mais pressão no fundo do mar durante um mergulho do que estando na superfície.

VERIFIQUE SEUS CONHECIMENTOS

1. Defina "substância".

2. Um prato de feijão com arroz é uma mistura _____.

3. Se a força exercida permanece a mesma, a pressão aumenta quando a área _____.

4. Quanto mais fundo você mergulha no mar, _____ é a pressão.

5. Qual é o conceito de concentração numa solução?

6. Qual é a palavra que descreve qualquer substância capaz de fluir, como água, ar e óleo?

RESPOSTAS

CONFIRA AS RESPOSTAS

1. Uma substância é qualquer espécie de matéria formada por átomos de elementos específicos em proporções específicas.

2. heterogênea

3. diminui

4. maior

5. Concentração refere-se à quantidade de soluto contida numa solução.

6. Fluido.

Unidade 3

Movimento, força e trabalho

Capítulo 9

MOVIMENTO

MOVIMENTO

MOVIMENTO é a mudança de posição de um corpo em relação a outro corpo. O movimento está em todos os lugares. Virar a página deste livro é movimento, a rotação da Terra em torno do Sol também é movimento. Toda vez que muda de posição, VOCÊ está em movimento.

MOVIMENTO RELATIVO

Se você estiver parado ao lado da estrada e um caminhão passar a 50 km/h, para você, o caminhão vai parecer estar se movendo a 50 km/h na estrada. No entanto, se você estivesse num outro carro se deslocando a 50 km/h ao lado do caminhão, o caminhão pareceria imóvel. O MOVIMENTO É RELATIVO: é sempre descrito em relação a um PONTO DE REFERÊNCIA.

Por exemplo: a Terra gira a aproximadamente 1,6 mil km/h no equador, mas não percebemos sua rotação. Por quê? Porque tudo o que vemos à nossa volta está girando junto com a Terra. Assim, do nosso ponto de referência, nada está se movendo.

VELOCIDADE ESCALAR e VELOCIDADE VETORIAL

VELOCIDADE ESCALAR é a rapidez com que um corpo se movimenta, considerando uma distância percorrida em certo intervalo de tempo.

Em unidades do SI, a distância é medida em metros (m), o tempo é medido em segundos (s) e a velocidade escalar é medida em metros por segundo (m/s).

Quando um corpo está em movimento, ele nem sempre mantém a mesma velocidade escalar: esta pode variar, aumentando ou diminuindo entre o ponto de partida e o de chegada. Quando isso acontece, adotamos a VELOCIDADE MÉDIA, que é a distância total percorrida pelo corpo dividida pelo tempo total da viagem. A VELOCIDADE INSTANTÂNEA é a velocidade escalar em um determinado momento. Assim, por exemplo, uma velocista olímpica que corre a prova de 100 metros rasos em 10 segundos não corre o tempo todo a 10 m/s; esta é apenas sua velocidade MÉDIA. Quando está se aproximando da linha de chegada, ela geralmente corre muito mais depressa.

$$\text{velocidade média} = \frac{\text{distância percorrida}}{\text{intervalo de tempo}}$$

VELOCIDADE VETORIAL

A VELOCIDADE VETORIAL é parecida com a velocidade escalar, só que inclui a direção e o sentido. Se você estiver correndo a 2 m/s e de repente der meia-volta e correr 2 m/s no sentido oposto, sua velocidade escalar permanecerá a mesma, mas a velocidade vetorial será diferente. Primeiro, você estará andando a +2 m/s, e depois de dar meia-volta, a -2 m/s. A velocidade terá o mesmo módulo e a mesma direção, porém o sentido será contrário.

VELOCIDADE ESCALAR

2 metros/segundo

2 metros/segundo

-2 metros/segundo

+2 metros/segundo

VELOCIDADE VETORIAL

VELOCIDADE VETORIAL é **VELOCIDADE ESCALAR** levando em conta direção e sentido.

QUANDO UM CARRO DOBRA UMA ESQUINA, ESTÁ MUDANDO DE VELOCIDADE VETORIAL, MESMO QUE A VELOCIDADE ESCALAR PERMANEÇA.

ACELERAÇÃO

A taxa de variação da velocidade ao longo do tempo do trajeto é chamada ACELERAÇÃO. Toda vez que um corpo muda de velocidade, está acelerando. É possível acelerar de várias formas:

AUMENTANDO A VELOCIDADE ESCALAR

REDUZINDO A VELOCIDADE ESCALAR

MUDANDO DE DIREÇÃO

A fórmula para a aceleração média é:

$$\text{aceleração média} = \frac{\text{velocidade final} - \text{velocidade inicial}}{\text{intervalo de tempo}}$$

As velocidades inicial e final costumam ser medidas em metros por segundo (m/s) e o tempo é medido em segundos (s). A aceleração é, portanto, medida em metros por segundo ao quadrado (m/s^2).

Como a velocidade vetorial leva em conta a direção, o mesmo vale para a aceleração. É por isso que, quando o seu carro dobra uma esquina (mesmo que mantenha a velocidade escalar), você sente o efeito da aceleração como uma força que parece empurrá-lo para fora da curva.

ARGH!

Uma aceleração positiva tem o mesmo sentido que o movimento do objeto, e significa que a velocidade escalar do corpo está aumentando. Uma aceleração negativa tem o sentido contrário ao do movimento do corpo, e significa que a velocidade escalar do corpo está diminuindo. A aceleração negativa também é chamada DESACELERAÇÃO.

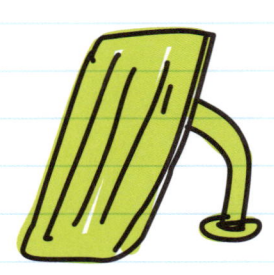

PEDAL DO FREIO
("desacelerador")
−

PEDAL DO ACELERADOR
("acelerador")
+

VERIFIQUE SEUS CONHECIMENTOS

1. Qual é a fórmula da velocidade escalar média?

2. Um golfinho nada 56 metros em 8 segundos e uma morsa nada 30 metros em 6 segundos. Qual dos dois é mais veloz, o golfinho ou a morsa?

3. Explique por que todo movimento é relativo. Dê um exemplo.

4. O que é necessário para conhecer a velocidade vetorial de um objeto?

5. Se você dá uma volta completa num quarteirão mantendo o ritmo das passadas, quantas vezes sua velocidade vetorial muda e quantas vezes sua velocidade escalar muda?

6. Se um motorista de caminhão está dirigindo a 30 quilômetros por hora e faz uma curva em U, e aí passa a dirigir a 30 quilômetros por hora no sentido contrário, o que mudou após a troca de sentido, a velocidade escalar ou a velocidade vetorial? Por quê?

7. Se uma abelha está voando em círculos com velocidade escalar constante, ela está acelerando?

8. Quais são as três diferentes formas de acelerar?

RESPOSTAS

CONFIRA AS RESPOSTAS

1. velocidade média = $\dfrac{\text{distância percorrida}}{\text{intervalo de tempo}}$

2. velocidade do golfinho = $\dfrac{56 \text{ m}}{8 \text{ s}}$ = 7 m/s

velocidade da morsa = $\dfrac{30 \text{ m}}{6 \text{ s}}$ = 5 m/s

O golfinho é mais veloz.

3. O movimento é relativo porque é sempre medido em relação a um ponto de referência. Assim, por exemplo, não percebemos que a Terra está girando porque tudo o que nos cerca está em rotação junto com ela (e isto inclui a gente mesmo).

4. O módulo, a direção e o sentido do movimento.

5. Sua velocidade vetorial muda quatro vezes (porque você muda de direção a cada dobra de esquina no quarteirão). Como você está mantendo o ritmo das passadas, sua velocidade escalar não muda.

6. A velocidade vetorial do motorista mudou porque o sentido do movimento mudou. Mas a velocidade escalar permaneceu.

7. Sim, a abelha está acelerando. Como a aceleração é a mudança de velocidade vetorial por unidade de tempo e a abelha está sempre mudando de direção, ela também está sempre mudando de velocidade vetorial e, portanto, está acelerando.

8. Aumentar a velocidade escalar, reduzir a velocidade escalar ou mudar de direção.

A questão 3 possui mais de uma resposta correta.

Capítulo 10
FORÇA E AS LEIS DO MOVIMENTO DE NEWTON

FORÇA

O que faz um corpo se mover? O que faz um carro acelerar? O que faz as rodas de uma bicicleta girarem? A resposta é: uma FORÇA. Uma força é um empurrão ou um puxão, e é preciso uma força para mudar o movimento de um objeto. A força que você exerce sobre os pedais de uma bicicleta faz as rodas girarem. Em um carro, a força responsável pelo movimento é produzida pelo motor.

A força sempre possui um MÓDULO (valor), uma direção e um sentido. As forças podem colocar um objeto em movimento ou mudar a velocidade do movimento. O movimento não precisa ser o deslocamento de um lugar a outro: pode ser até a mudança de forma de um objeto. Pense no que acontece quando você amassa uma lata vazia: você ainda não jogou a lata no lixo, mas já produziu um movimento ao modificar o formato da lata.

Força resultante

Às vezes existe mais de uma força agindo sobre um objeto. Assim, por exemplo, quando você retira um ímã da geladeira, existem duas forças na mesma direção em ação: a força magnética que segura o ímã na geladeira e a força que você exerce ao puxá-lo. A combinação de todas as forças que atuam sobre um objeto é chamada FORÇA RESULTANTE, calculada pela soma de todas essas forças.

FORÇA + FORÇA = FORÇA RESULTANTE

A força, assim como a velocidade e a aceleração, possui uma direção e um sentido. Por isso, para calcular a força resultante, é preciso levar em consideração esses fatores. Se duas forças estiverem na mesma direção e no mesmo sentido, devem ser somadas; se estiverem na mesma direção, mas em sentidos opostos, devem ser subtraídas.

ISAAC NEWTON

Como **ISAAC NEWTON** foi o responsável por decifrar o funcionamento da força, a unidade que mede as forças leva o seu nome. Sua unidade no SI é o **newton (N)**. Um newton é a força necessária para produzir uma aceleração de 1 m/s² num objeto com massa de 1 kg:

$$1N = 1kg \times 1\frac{m}{s^2}$$

Por mera coincidência, a força necessária para sustentar uma maçã é aproximadamente 1 N!

FORÇA e MOVIMENTO

Isaac Newton descobriu muita coisa a respeito de forças e movimentos, e assim formulou as LEIS DO MOVIMENTO, que descrevem o movimento de todos os corpos do Universo.

> **PRIMEIRA LEI DE NEWTON:**
> "Um corpo em movimento retilíneo e uniforme permanece em movimento retilíneo e uniforme e um corpo em repouso permanece em repouso a menos que haja uma força resultante agindo sobre ele."

Assim, por exemplo, uma bola de futebol que está no chão fica parada até que uma força externa, como um chute, atue sobre ela. Uma vez em movimento, ela permanecerá em movimento até que uma força, como o atrito contra a grama, a resistência do ar, a gravidade ou outro jogador, atue sobre ela. Se você chutar uma bola no espaço sideral, ela seguirá em movimento até que a gravidade de uma estrela ou um planeta atue sobre ela, por exemplo.

Inércia e momento

A matéria não "gosta" de mudar o que está fazendo. Se estiver em movimento, vai "querer" continuar em movimento; se estiver em repouso, vai "querer" continuar em repouso. INÉRCIA é a resistência da matéria a mudanças em relação ao movimento. Ou seja, a matéria permanece em repouso ou em movimento constante até que sofra a ação de uma força. É por isso que a primeira lei de Newton também é chamada LEI DA INÉRCIA.

QUERIDA, HORA DE ACORDAR!

AI, QUE INÉRCIA...

Corpos com mais massa possuem mais inércia. Compare interceptar uma bola de tênis com interceptar uma bola de basquete: se ambas estiverem na mesma velocidade, será mais fácil interromper o movimento da bola de tênis, pois ela possui menos massa do que a bola de basquete.

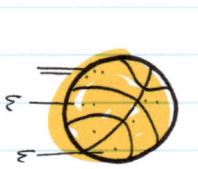

Já o MOMENTO mede o grau de dificuldade para se modificar a inércia de um corpo. Você pode calcular o momento com a fórmula a seguir:

$$\{\text{momento} = \text{massa} \times \text{velocidade}\}$$

Conservação do momento

Se não há perda de energia durante uma colisão (talvez por meio do atrito ou da liberação de calor), o momento de um grupo de corpos antes e depois de uma colisão é o mesmo. Por exemplo: quando você joga sinuca, parte do momento da bola branca é transferida para a bola contra a qual ela se choca, mas o momento total do sistema permanece (a não ser pela pequena quantidade de energia que se transforma em calor quando as bolas colidem). A LEI DE CONSERVAÇÃO DO MOMENTO pode ser usada para prever a velocidade vetorial de corpos de qualquer massa e a qualquer velocidade tanto antes quanto após uma colisão.

SEGUNDA LEI de NEWTON

> **SEGUNDA LEI DE NEWTON:**
> "A aceleração de um corpo é igual à força resultante à qual o corpo está sujeito dividida pela sua massa."

A segunda lei de Newton diz que quanto maior a força aplicada a um corpo, maior a aceleração deste. Diz também que quanto maior a massa de um corpo, maior a força necessária para obter a mesma aceleração. A relação entre força e aceleração pode ser expressa da seguinte forma:

A força resultante às vezes é representada como F_{res}.

$$\text{aceleração} = \frac{\text{força resultante}}{\text{massa}}$$

Podemos também adotar recursos algébricos para expressar a força resultante em função da massa e da aceleração:

$$\text{força resultante} = \text{massa} \times \text{aceleração}$$

Compare empurrar um carrinho de supermercado a empurrar um automóvel. Se você aplicar a mesma força em ambos os objetos, o carrinho de supermercado vai sair em disparada, enquanto o automóvel não vai nem se mexer. Quando a mesma força é aplicada em dois corpos, um com maior massa e outro com menor massa, obviamente a aceleração do primeiro será menor.

Uma força pode fazer a velocidade de um corpo aumentar ou diminuir. Uma boa maneira de diferenciar os dois casos é a seguinte:

Se a força resultante (e, portanto, a aceleração) estiver no **MESMO SENTIDO** que a velocidade, a velocidade do corpo **AUMENTA**.

Se a força resultante estiver no **SENTIDO CONTRÁRIO** ao da velocidade, a velocidade do corpo **DIMINUI**.

Quando você está andando de bicicleta a favor do vento, sua força e a força do vento estão no mesmo sentido, assim você ganha velocidade.

> Preste atenção na fórmula a seguir:
> $$aceleração = \frac{velocidade\ final - velocidade\ inicial}{intervalo\ de\ tempo}$$
> A aceleração está relacionada à força porque velocidade é movimento, e força causa movimento.

Quando você está andando de bicicleta contra o vento, sua força e a força do vento estão em sentidos opostos, assim você perde velocidade.

AS FORÇAS SE SOMAM

AS FORÇAS SE SUBTRAEM

FORÇAS DESEQUILIBRADAS
produzem uma força resultante

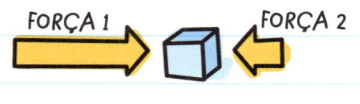

FORÇA 1 → ← FORÇA 2

FORÇA RESULTANTE →

FORÇAS EQUILIBRADAS
se cancelam mutuamente, de modo que a força resultante é nula

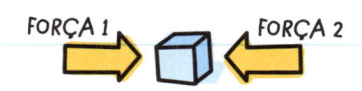

FORÇA 1 → ← FORÇA 2

FORÇA RESULTANTE = 0

TERCEIRA LEI de NEWTON

TERCEIRA LEI DE NEWTON:
"As forças atuam aos pares: para cada ação existe uma reação de módulo e direção iguais, mas sentido contrário."

Imagine segurar uma bola de boliche perto do peito e arremessá-la. Você provavelmente será capaz de impulsioná-la um pouco, mas ela também vai fazer seu corpo dar um tranco para trás. A terceira lei de Newton trata de forças de módulo e direção iguais e em sentidos opostos que atuam em coisas diferentes (peito e bola).

Significado: a força aplicada à bola de boliche é igual à força aplicada ao seu corpo; o sentido da força aplicada à bola de boliche (para a frente) é contrário ao sentido da força aplicada ao seu corpo (para trás).

Essas forças são chamadas PARES AÇÃO-REAÇÃO e possuem o mesmo módulo, porém sentidos opostos. Quando aterrissa numa cama elástica, por exemplo, você exerce uma força na superfície da cama e a cama elástica exerce uma força de módulo igual e em sentido contrário sobre seu corpo, e essa força, por sua vez, impulsiona você para cima.

A terceira lei de Newton também se aplica às corridas. Quando você bate o pé no chão, exerce uma força sobre a Terra e a Terra exerce sobre você uma força de módulo igual e em sentido contrário, o que gera o impulso. Mas, se você exerce uma força sobre a Terra, então por que a Terra não se desloca? Lembre-se da segunda lei de Newton:

"A aceleração de um corpo é igual à força resultante à qual o corpo está sujeito dividida pela sua massa."

Como a Terra possui muito mais massa do que nós, a mesma força que nos faz acelerar praticamente não afeta a Terra (mas essa força continua existindo).

VERIFIQUE SEUS CONHECIMENTOS

1. Descreva a diferença entre corpos sobre os quais atuam forças desequilibradas e forças equilibradas.

2. Você e seu irmão estão brincando de cabo de guerra. Você puxa a corda com uma força de 15 N e seu irmão puxa a corda no sentido oposto com uma força de 10 N. Qual é a intensidade da força resultante?

3. Qual é a primeira lei de Newton?

4. Se um carro de 2.000 kg acelera a 3 m/s^2, qual é a força que o motor aplicou ao carro?

5. Qual é a segunda lei de Newton?

6. Qual é a unidade de força do SI e seu equivalente em termos de massa e aceleração?

7. Qual é a terceira lei de Newton?

8. Explique por que, quando você dá um salto, seu corpo é impulsionado para o alto, mas o chão não se desloca perceptivelmente.

RESPOSTAS

CONFIRA AS RESPOSTAS

1. Quando um corpo está sujeito a forças desequilibradas, existe uma força resultante. Quando um corpo está sujeito a forças equilibradas, as forças se cancelam mutuamente e não existe uma força resultante.

2. 15 N − 10 N = 5 N

3. Corpos em movimento continuam em movimento até que sofram a ação de uma força resultante, e corpos em repouso continuam em repouso até que sofram a ação de uma força resultante.

4. $F = m \times a = (2.000 \text{ kg}) \times (3 \frac{m}{s^2}) = 6.000 \text{ N}$

5. A aceleração de um corpo é igual à força resultante à qual o corpo está sujeito dividida pela sua massa.

6. O newton. $1 \text{ N} = 1 \text{ kg} \times 1 \frac{m}{s^2}$

7. As forças atuam aos pares: para cada ação existe uma reação de módulo e direção iguais, mas sentido contrário.

8. Embora a força que você aplica à Terra seja igual à força que a Terra aplica a você, você e a Terra apresentam acelerações diferentes, pois as massas são muito diferentes. A força que a Terra exerce sobre você é grande o bastante para impulsionar você para cima, mas a força que você exerce sobre a Terra não é suficientemente grande para deslocar a Terra de maneira perceptível.

Capítulo 11
GRAVIDADE, ATRITO E OUTRAS FORÇAS NO DIA A DIA

Em todos os lugares de nossa vida cotidiana, vemos forças em ação.

> **GRAVIDADE**
> a força de atração entre corpos dotados de massa

GRAVIDADE

A força da **GRAVIDADE** não é apenas a força que vemos quando os corpos caem no chão: ela afeta todos os corpos. É a força de atração entre tudo o que possui massa. A intensidade da força da gravidade depende da massa e da distância entre os corpos. Massas maiores exercem maior gravidade e corpos mais próximos se atraem com mais intensidade. Mas, se a gravidade afeta todos os objetos, por que não somos atraídos por um prédio quando passamos por ele? A força da gravidade entre os objetos na Terra é tão ínfima que não chegamos a senti-la: ela é desprezível em comparação à força da gravidade da Terra em si.

> A GRAVIDADE SEMPRE ATRAI, NUNCA REPELE.

> Por que os planetas na órbita do Sol não são atraídos até o ponto de colidirem contra ele? Porque, além de serem atraídos pelo Sol, os planetas também se movimentam *lateralmente*. Se você fizer um ioiô girar em volta do seu corpo, você o estará atraindo em sua direção, assim como a gravidade do Sol faz com os planetas, no entanto, o movimento lateral vai manter o ioiô numa trajetória circular.

A gravidade também é responsável por manter a Terra em órbita em torno do Sol. O Sol possui uma quantidade de massa tão grande que exerce uma força gravitacional no Sistema Solar inteiro, mantendo não só a Terra, mas todos os planetas, em sua órbita.

PESO

O PESO é uma medida da força gravitacional. É como nomeamos a força que a Terra exerce sobre os corpos presentes no planeta. O peso depende tanto da aceleração da gravidade quanto da massa do objeto. Se você compara o peso de dois objetos numa balança, o objeto dotado de maior quantidade de massa obviamente será o mais pesado.

A massa não depende da localização, mas o peso sim, dado que a força da gravidade pode mudar dependendo de onde você estiver. Assim, por exemplo, a força da gravidade é menor na Lua do que na Terra. Como a força da gravidade depende da massa e a Lua é muito menor do que a Terra, a força gravitacional da Lua também é menor. Por causa disso, o mesmo objeto vai pesar menos na Lua do que na Terra (o peso na Lua é cerca de um sexto do peso na Terra).

Como a força da gravidade puxa você em direção ao centro da Terra, existe uma aceleração constante em direção à superfície terrestre. A aceleração da gravidade na Terra é aproximadamente $9,8 \frac{m}{s^2}$. Por isso, quando você arremessa um objeto para o alto, ele vai perdendo velocidade até parar no ar e depois vai cair em direção à superfície terrestre, acelerando até se chocar contra o solo.

Esta é uma **ACELERAÇÃO NEGATIVA**.

ATRITO

A primeira lei de Newton afirma que um objeto em movimento continua em movimento a menos que sofra a ação de uma força resultante. Tente lançar este livro sobre a mesa, de modo que ele deslize. A velocidade vai diminuindo até o livro parar. Qual é a força que faz com que isso aconteça? É o ATRITO! É a força contrária ao movimento entre superfícies que se tocam, e sempre age em direção oposta ao movimento. Quando você anda de skate, as rodas vão perdendo velocidade devido ao atrito com a calçada e aos rolamentos nas rodas.

Superfícies mais ásperas produzem mais atrito. É mais difícil fazer uma lixa deslizar do que um papel sulfite, pois a lixa possui uma superfície mais áspera. Mas é possível reduzir a força do atrito passando graxa numa superfície, por exemplo. Até o nosso corpo tem meios de reduzir o atrito: temos fluidos nos joelhos e em outras articulações que diminuem o atrito entre os ossos (e assim há menor risco de lesões).

O atrito existe também com o ar e a água, por exemplo. O termo mais técnico para o atrito com o ar é RESISTÊNCIA DO AR.

Quando você deixa uma pena cair, ela fica oscilando de um lado a outro porque a resistência do ar atua contra o movimento de queda. Como o atrito é a força que atua contra o movimento entre superfícies em contato, objetos com uma superfície maior também vão possuir uma resistência do ar maior.

ALGUNS TIPOS DE ATRITO SÃO:

ATRITO ESTÁTICO: é a força de atrito entre superfícies que não estão deslizando. O atrito estático é o resultado da adesão de moléculas de uma superfície às moléculas da outra superfície.

NENHUM MOVIMENTO

FORÇA → ← ATRITO ESTÁTICO

ATRITO CINÉTICO: é a força de atrito entre superfícies que estão deslizando. Quando você está empurrando uma caixa, a força de atrito que resiste ao movimento é o atrito cinético. Mas, como as superfícies nem sempre estão ligadas como no atrito estático, o atrito cinético é menor do que o atrito estático.

MOVIMENTO DE DESLIZAMENTO

FORÇA → ← ATRITO CINÉTICO

ATRITO DE ROLAMENTO: é o atrito entre superfícies quando um objeto, tal como uma roda ou uma bola, rola livremente numa superfície. O atrito entre as rodas de um skate e a calçada é um atrito de rolamento. Como o atrito de rolamento é menor do que o atrito cinético, é bem mais fácil movimentar um objeto sobre rodas!

MOVIMENTO DE ROLAMENTO

← FORÇA ATRITO DE ROLAMENTO

VELOCIDADE TERMINAL

Quando um objeto está caindo em direção ao chão, existem duas forças atuando sobre ele: a força da gravidade e a resistência do ar, que se opõe ao movimento. A força da gravidade faz a velocidade do objeto aumentar, o que por sua vez aumenta a resistência do ar. Quando a resistência do ar se iguala à força da gravidade, a força resultante é zero: as forças se equilibram. Sem uma força resultante, o objeto para de acelerar e passa a cair em velocidade constante. VELOCIDADE TERMINAL é a velocidade na qual a resistência do ar é igual à força da gravidade. Essa velocidade depende de muitos fatores, como o tamanho da área da superfície do objeto, sua quantidade de massa, a orientação do objeto e até a densidade do ar.

FORÇAS MAGNÉTICAS e ELÉTRICAS

Quando você brinca com ímãs, pode sentir uma força de atração ou de repulsão. Um ÍMÃ é um material que atrai o ferro, o aço ou mesmo outros ímãs. Os ímãs possuem um polo positivo e um polo negativo. POLOS DIFERENTES SE ATRAEM e POLOS IGUAIS SE REPELEM. Por isso, quando você aproxima um polo positivo de um polo negativo, as FORÇAS MAGNÉTICAS são de atração;

← Também chamados de polo norte (N) e sul (S).

ATRAÇÃO

REPULSÃO

Se você tenta encostar um polo negativo em outro polo negativo ou um polo positivo em um polo positivo, você sente uma força de repulsão (os polos se repelem mutuamente).

FORÇAS ELÉTRICAS são como as forças magnéticas no sentido de que são causadas por cargas positivas e negativas na matéria. Uma diferença é que não existem polos magnéticos isolados

> **FORÇAS ELÉTRICAS** são as forças de atração entre cargas opostas e as forças de repulsão entre cargas iguais

(todo ímã tem um polo norte e um polo sul), enquanto existem cargas elétricas isoladas, tanto positivas como negativas. As forças elétricas e magnéticas diminuem quando a distância aumenta e aumentam quando as cargas são aproximadas entre si.

ELETROMAGNETISMO é a interação entre eletricidade e magnetismo. Toda carga elétrica em movimento produz uma região magnética ao redor dela, o CAMPO MAGNÉTICO. Um fio que conduz eletricidade, por exemplo, é envolvido por um campo magnético. Você pode criar um ELETROÍMÃ enrolando um fio que conduz eletricidade em uma barra de ferro. Como acontece com qualquer ímã, uma extremidade da barra de ferro corresponderá a um polo norte e a outra a um polo sul.

> O polo norte e o polo sul da barra são determinados pelo sentido da corrente elétrica. Se você inverte a corrente, os polos trocam de posição!

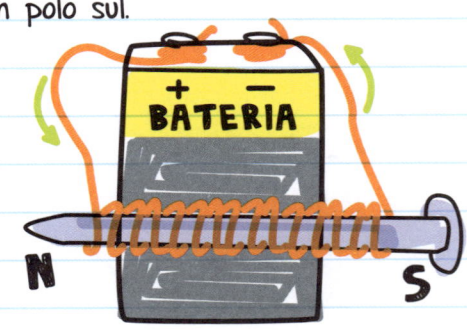

FORÇA CENTRÍPETA

Como a velocidade tem um módulo e uma direção, um objeto em movimento circular está o tempo todo alterando sua velocidade, ou seja, está acelerando. Como um objeto em movimento circular está acelerando, precisa haver uma força resultante externa atuante sobre ele (de acordo com a segunda lei de Newton, força = massa x aceleração). A força resultante que mantém um objeto em movimento circular é chamada **FORÇA CENTRÍPETA**.

> **FORÇA CENTRÍPETA**
> a força que faz com que um objeto siga uma trajetória curva ou circular; ela aponta para o centro de rotação

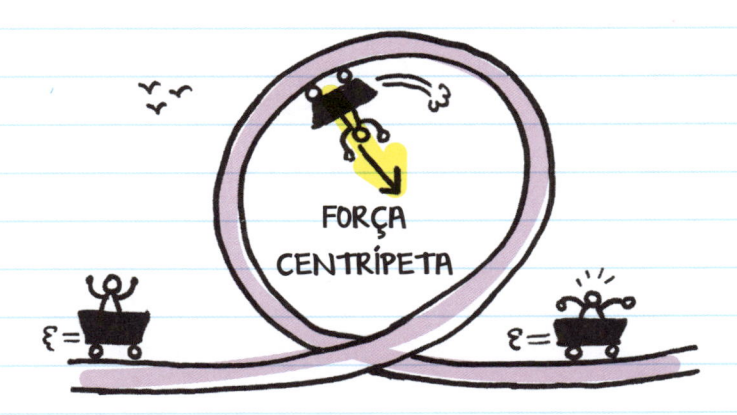

Uma força centrípeta sempre aponta em direção ao centro do movimento circular.

FORÇA CENTRÍPETA

Uma força centrípeta se manifesta de diversas formas. A Lua se movimenta numa órbita circular em torno da Terra por causa da força centrípeta da gravidade. Se você faz um ioiô descrever uma trajetória circular, a força de tração do barbante é a força centrípeta que mantém o ioiô em um movimento circular.

EMPUXO e DENSIDADE

A força que mantém um patinho de borracha boiando se chama FORÇA DE EMPUXO. A força de empuxo é uma força para cima, exercida por um fluido sobre um corpo que está imerso total ou parcialmente nele.

EBA, EMPUXO!

A força de empuxo está relacionada à densidade do fluido e à quantidade de fluido que o corpo desloca. Quanto mais denso o fluido e quanto maior a quantidade de fluido deslocada, maior é a força de empuxo. O módulo da força de empuxo é igual ao módulo do peso do volume do fluido que foi deslocado. Essa relação ficou conhecida como PRINCÍPIO DE ARQUIMEDES.

3 KG DE ÁGUA

LEMBRE-SE: um corpo colocado em um fluido **FLUTUA** se for menos denso do que o fluido e **AFUNDA** se for mais denso do que o fluido.

VERIFIQUE SEUS CONHECIMENTOS

1. Qual é a força responsável pela atração entre os corpos dependendo da massa?

2. Por que um elefante exerce maior gravidade do que um tigre?

3. Quando você empurra um carrinho de supermercado, o atrito que se opõe ao movimento é chamado atrito de _____.

4. O que é a força centrípeta?

5. A força centrípeta sempre aponta para o _____ da trajetória circular do movimento.

6. Por que uma pena balança de um lado a outro enquanto cai?

7. A força da gravidade diminui quando a _____ entre os corpos aumenta.

8. Nas forças magnéticas e elétricas, polos e cargas iguais se _____ e polos e cargas diferentes se atraem.

9. Quando a resistência do ar é igual à força da gravidade, um objeto em queda atinge a velocidade _____.

10. Qual é o nome da força para cima exercida pela água sobre um barco?

11. Qual é a força de empuxo exercida sobre um cão imerso em água que desloca uma porção de água cujo peso é 4,5 N?

RESPOSTAS

CONFIRA AS RESPOSTAS

1. A força da gravidade.

2. Porque um elefante possui mais massa do que um tigre.

3. rolamento

4. Força centrípeta é a força que mantém um objeto num movimento circular.

5. centro

6. Por causa da resistência do ar.

7. distância

8. repelem

9. terminal

10. Força de empuxo.

11. 4,5 N.

Capítulo 12

TRABALHO E MÁQUINAS

A definição científica de **TRABALHO** é diferente do modo como usamos a palavra no dia a dia: na ciência, trabalho é a medida da energia transferida pela aplicação de uma força sobre um objeto que se desloca. Rebocar um carro é um exemplo de trabalho, porque a energia transferida do rebocador para o carro faz com que ele se movimente. Erguer um livro da mesa também é trabalho: você aplica uma força para cima e o livro se movimenta para cima. O valor do trabalho depende tanto do módulo da força aplicada quanto da distância percorrida sob o efeito da força.

> trabalho = força x distância

O trabalho é medido em joules (J), a força é medida em newtons (N) e a distância é medida em metros (m).

Para calcular o trabalho, levamos em consideração apenas forças na direção do movimento. Se você estiver segurando um cesto de roupa suja, por exemplo, não estará realizando um trabalho enquanto caminha pela sala, mas quando sobe uma escada, sim. Por quê? Porque a força aplicada ao cesto de roupa suja para equilibrar a força da gravidade é vertical: quando você anda pela sala, o movimento é horizontal

> **TRABALHO**
> aplicação de uma força ao longo de um percurso. A força deve estar na mesma direção que o movimento.
>
> **TRABALHO = FORÇA × DISTÂNCIA**

(e não vertical) e, portanto, você não pode levar em conta essa distância percorrida horizontalmente no cálculo do trabalho. Já quando sobe uma escada, a força é vertical (você tem de vencer a força da gravidade) e o movimento também tem uma componente vertical, de modo que você está realizando "trabalho"!

Às vezes a força é aplicada apenas parcialmente no sentido do movimento. Por exemplo, se você não consegue levantar um saco de lixo, você o ergue apenas um pouco e aí o arrasta (a fim de diminuir o atrito), de modo que você aplica a força em duas direções: vertical e horizontal. No entanto, como o saco só está se movimentando horizontalmente no chão, apenas a componente horizontal da força realiza "trabalho".

POTÊNCIA

POTÊNCIA é a rapidez com que o trabalho é realizado. Máquinas mais potentes realizam trabalho mais depressa.

$$\text{potência} = \frac{\text{trabalho}}{\text{tempo}}$$

A potência é medida em watts (W) e o tempo é medido em segundos (s).

MÁQUINAS SIMPLES

O homem inventou as MÁQUINAS para facilitar o trabalho. Ao pensar em máquinas, tendemos a pensar num trator ou carro, mas a máquina pode ser muito mais simples. Consideramos "máquina" tudo aquilo que facilita o trabalho: até uma RAMPA é uma máquina. Uma máquina simples não reduz a quantidade total de trabalho realizado, porém reduz a força necessária para realizar o mesmo trabalho por meio do aumento da distância.

> **MÁQUINA SIMPLES** é uma máquina que realiza trabalho com um único movimento, ao contrário da **MÁQUINA COMPOSTA**, que combina várias máquinas simples a fim de produzir uma máquina mais complexa, como um guindaste.

Plano inclinado

Um PLANO INCLINADO ou rampa é um exemplo de máquina simples. Ele reduz a força necessária aumentando a distância percorrida. Imagine empurrar uma caixa pesada para dentro de um caminhão. Usando uma rampa, você pode rolar a caixa rampa acima, o que requer muito menos esforço do que erguer a caixa para dentro do caminhão. Como a caixa acaba na mesma altura, a mesma quantidade de trabalho é realizada nos dois casos. No entanto, como você empurrou a caixa ao longo de uma distância maior, o esforço necessário foi menor. Quanto mais comprido o plano inclinado, menos força é necessária para erguer o objeto até a mesma altura.

OS EGÍPCIOS CONSTRUÍRAM AS PIRÂMIDES USANDO RAMPAS BEM LONGAS.

Cunha

A CUNHA é um plano inclinado móvel que reduz a força necessária para partir objetos.

Alguns exemplos de cunhas são facas, machados e arados. As pessoas usam machados em formato de cunha a fim de reduzir a força necessária para cortar lenha.

Parafuso

O PARAFUSO é uma cunha (um plano inclinado móvel) enrolada em torno de um eixo. Conforme você vai girando o parafuso, a cunha vai empurrando o objeto ao longo do eixo (ou o parafuso vai penetrando no objeto). A força necessária para introduzir um parafuso numa parede é menor do que a força necessária para martelar um prego de mesmo tamanho, no entanto o parafuso percorre uma distância bem maior porque precisa ser girado muitas vezes.

PARAFUSO

Alavanca

Uma ALAVANCA reduz a força necessária para erguer um objeto. Uma alavanca é como uma gangorra: uma barra ou prancha rígida com um ponto de apoio chamado FULCRO. Quando você aplica uma força de um lado da alavanca, o outro lado também se movimenta. Imagine que você está sentado numa gangorra com um amigo: quando você empurra o seu assento para baixo, o seu amigo vai para cima. Mesmo que seu amigo tenha o dobro de sua massa, você é capaz de levantá-lo: basta pedir a ele que se sente mais perto do fulcro. Quanto maior for sua distância do fulcro em comparação com seu amigo, menor a força necessária.

As alavancas são classificadas de acordo com o lugar onde o fulcro e a carga estão posicionados e o lugar onde a força é aplicada:

PRIMEIRA CLASSE: o fulcro está no meio e a carga e a força estão em extremidades opostas (como numa gangorra).

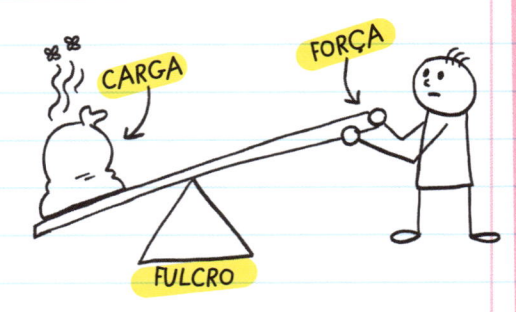

SEGUNDA CLASSE: o fulcro está numa extremidade, a carga está no meio e a força é aplicada à outra extremidade (como num carrinho de mão).

TERCEIRA CLASSE: o fulcro está numa extremidade, a força é aplicada no meio e a carga está na outra extremidade (como seu braço quando você levanta um peso).

Roda e eixo

Uma RODA e um EIXO facilitam o processo de fazer alguma coisa girar, prendendo um objeto circular (roda) a um bastão (eixo). Existem duas funções que as rodas e os eixos exercem:

AUMENTAR A FORÇA APLICADA:

Fazer girar uma roda maior requer menos força do que fazer girar uma roda menor (como a roda maior percorre uma distância maior, requer uma força menor para o mesmo trabalho). Pense numa torneira: é muito mais fácil fazer girar seu volante do que fazer girar a parte logo abaixo. O eixo exerce a força aplicada.

REDUZIR A DISTÂNCIA NECESSÁRIA PARA MOVIMENTAR A RODA:

Girar a roda menor exige mais força do que girar a roda maior, mas a roda menor precisa ser girada por uma distância muito menor para realizar o mesmo trabalho. Esse tipo de mecanismo é usado na bicicleta: você aplica a força ao longo de uma distância mais curta com o pedal e a roda traseira exerce menos força ao longo de uma distância maior. A roda exerce a força aplicada.

Roldana

A ROLDANA ou polia é uma roda com uma corda que passa por ela. A corda se encaixa numa ranhura da roda e é usada para amplificar a força aplicada à corda (se você usar um sistema de duas ou mais roldanas) ou para mudar a direção da força (tornando mais fácil puxar o objeto).

ROLDANA

TRABALHO como ENERGIA e EFICIÊNCIA

A energia de um objeto aumenta quando você realiza trabalho sobre esse objeto. Assim, por exemplo, quando você empurra um objeto, ele se move, e tal movimento é uma forma de energia. Como trabalho equivale a energia, o trabalho realizado sobre um objeto é conservado na forma de energia.

Existem vários tipos de energia, como calor e movimento. Se você realiza trabalho sobre um objeto e parte da energia que você aplica é perdida na forma de calor (como o calor que o atrito produz), você perde parte do trabalho. A quantidade de trabalho, ou energia, que você perde na forma de calor determina a EFICIÊNCIA. Uma máquina que não perde muita energia em forma de calor produz mais trabalho, por isso é mais eficiente.

VERIFIQUE SEUS CONHECIMENTOS

1. Em que situações uma pessoa está realizando trabalho? Dê exemplos do dia a dia.

2. Quando você deixa cair um livro, a Terra exerce uma força para baixo de 10 N sobre o livro. Se o livro cai de 0,5 m, qual é o trabalho realizado pela Terra?

3. Qual é a diferença entre a máquina simples e a máquina composta?

4. Cite um exemplo de uma atividade que use alavanca.

5. O ponto de apoio de uma alavanca é chamado _____.

6. De que forma um plano inclinado torna o trabalho mais fácil? O trabalho realizado continua a ser o mesmo?

7. Quais são os dois meios pelos quais uma roda e um eixo podem facilitar um trabalho?

8. Uma roldana é uma _____ com uma _____ que passa por ela.

RESPOSTAS

CONFIRA AS RESPOSTAS

1. Toda vez que uma pessoa aplica uma força na direção do movimento, ela está realizando trabalho. Saltar, levantar uma mochila e arremessar uma bola são exemplos de trabalho.

2. Trabalho = força x distância

10 N x 0,5 m = 5 J de trabalho

3. A máquina simples realiza trabalho com um único movimento e a máquina composta combina diferentes máquinas simples para realizar trabalho.

4. Transportar lixo num carrinho de mão é um exemplo de atividade que usa uma alavanca de segunda classe.

5. fulcro

6. Um plano inclinado reduz a força necessária para levar um objeto a determinada altura, aumentando a distância que o objeto tem de percorrer, no entanto o trabalho realizado é o mesmo.

7. Eles aumentam a força aplicada ou reduzem a distância necessária para movimentar a roda.

8. roda; corda

As questões 1 e 4 possuem mais de uma resposta correta.

Unidade 4

Energia

Capítulo 13
FORMAS DE ENERGIA

CONSERVAÇÃO da ENERGIA

A ENERGIA é uma propriedade da matéria que pode assumir várias formas, como calor, som, luz e movimento. A energia, assim como a matéria, é sempre conservada. A quantidade de energia de um sistema permanece a mesma, porém pode mudar de forma e ser transferida de um objeto a outro. Por exemplo, quando um golfista acerta uma bola de golfe, a energia do movimento do taco é transferida para a bola (que, se tudo der certo, vai parar em um buraco).

A LEI DE CONSERVAÇÃO DA ENERGIA afirma que a energia não pode ser criada nem destruída: ela simplesmente muda de forma. Um exemplo de transformação de energia é a absorção da energia luminosa do Sol pelas folhas das plantas, possibilitando que estas cresçam e prosperem. A energia acumulada nas folhagens é transferida para nossos corpos quando comemos verduras. Quando corremos ou nos movimentamos, transformamos a energia química armazenada em energia mecânica.

> POR ISSO, EM ÚLTIMA ANÁLISE, SOMOS MOVIDOS A ENERGIA SOLAR!

ENERGIA POTENCIAL e ENERGIA CINÉTICA

Quando você deixa cair uma caneta, a **ENERGIA POTENCIAL** é convertida em **ENERGIA CINÉTICA**. A soma desses dois tipos de energia de um corpo corresponde à ENERGIA MECÂNICA. Quando você chuta uma bola morro acima, ela possui energia cinética porque está em movimento. Mas, conforme a bola vai diminuindo de velocidade até parar, a energia do movimento é transformada em energia potencial, relacionada à posição mais elevada da bola. E aí, quando a bola rola morro abaixo, sua energia potencial é convertida de volta em energia cinética. Embora a energia se reveze entre as formas potencial e cinética, a energia total é conservada.

CINÉTICA!

POTENCIAL

VOLTE AQUI!

Chamamos isto de **ENERGIA POTENCIAL GRAVITACIONAL** porque possui o POTENCIAL de liberar sua energia armazenada com o uso da força da gravidade.

A energia cinética pode ser transferida para outros objetos por meio de colisões. Imagine dois carros de bate-bate: quando um atinge outro, transfere sua energia, fazendo o outro carro se movimentar.

ENERGIA CINÉTICA
energia do movimento

ENERGIA POTENCIAL
energia armazenada

A quantidade de energia cinética que um objeto possui depende tanto de sua massa quanto de sua velocidade. Quanto maior a massa ou a velocidade, maior a energia. Já a energia potencial depende da massa e da altura do objeto. Quanto maior a massa ou a altura, maior a energia.

> Mais massa e mais velocidade significam mais energia. Em linguagem simples, quer dizer que é melhor levar uma bolada de tênis na cabeça do que uma bolada de boliche, afinal a bola de tênis possui menos massa. É melhor também que a bola de tênis caia de uma altura de meio metro do que do topo de um arranha-céu, assim ela o atingirá com menor velocidade.

> A energia potencial de um objeto pode ser diferente, dependendo do local em que ele é colocado. Assim, por exemplo, um livro possui mais energia potencial quando está na prateleira de cima de uma estante do que quando está na prateleira de baixo, já que, no primeiro caso, tem uma distância maior a percorrer sob a ação da força da gravidade.

Alguns cientistas dizem que só existem dois tipos de energia: energia potencial e energia cinética. Outros dizem que existem sete tipos e há outros ainda que dizem que existem nove! O importante é entender que existem várias formas de energia (associadas à posição e ao movimento) e que a energia muda constantemente de uma forma para outra.

ENERGIAS CINÉTICAS

ENERGIA CINÉTICA MECÂNICA
objetos em movimento

ENERGIA TÉRMICA
moléculas em movimento aleatório que determinam a temperatura

ENERGIA ELETROMAGNÉTICA
ondas eletromagnéticas (visíveis e invisíveis)

ENERGIA SONORA
moléculas em movimento organizado que transmitem som

ENERGIA ELÉTRICA
movimento de partículas com carga elétrica

ENERGIAS POTENCIAIS

ENERGIA POTENCIAL GRAVITACIONAL
(ou **ENERGIA POTENCIAL MECÂNICA**)
está armazenada na altura de um objeto

ENERGIA ELÁSTICA
está armazenada na compressão ou no alongamento de materiais elásticos

ENERGIA NUCLEAR

está armazenada no núcleo dos átomos. Em um processo chamado **FISSÃO NUCLEAR**, os átomos são divididos e essa energia é liberada.

É ASSIM QUE A ENERGIA ELÉTRICA É GERADA A PARTIR DA ENERGIA NUCLEAR.

ENERGIA QUÍMICA

está armazenada nas ligações químicas. Antes de uma ligação ser quebrada, a energia química armazenada na ligação é uma forma de ENERGIA POTENCIAL. Uma vez rompida a ligação, a energia química é liberada. Alimentos, óleo, gasolina, lenha e carvão são exemplos de fontes de energia química. Todos os combustíveis possuem energia química armazenada em suas ligações.

VERIFIQUE SEUS CONHECIMENTOS

Associe o termo à definição equivalente:

1. Conservação de energia
2. Energia potencial
3. Energia cinética

A. Energia armazenada.

B. A energia não pode ser criada nem destruída. A energia de um sistema permanece constante.

C. Energia associada ao movimento de um objeto.

4. Quando uma vaca come grama, ela quebra ligações químicas na grama para liberar _____ térmica e cinética.

5. O que é energia química?

6. Quais são os dois fatores que influenciam a energia potencial gravitacional de um objeto?

7. A energia ____ constantemente de uma forma para outra.

8. O seu carrinho bate-bate se choca contra o de sua amiga, fazendo com que este se desloque. O processo envolve a transferência de que tipo de energia?

RESPOSTAS

CONFIRA AS RESPOSTAS

1. B
2. A
3. C
4. energia
5. Energia química é a energia armazenada nas ligações químicas.
6. A massa e a altura do objeto.
7. muda
8. Energia cinética.

Capítulo 14

ENERGIA TÉRMICA

TEMPERATURA

Na linguagem do dia a dia, chamamos **TEMPERATURA** o simples fato de um objeto estar quente ou frio, mas "temperatura", na verdade, é a medida da energia cinética média das moléculas de um material. As moléculas de um líquido, sólido ou gás estão sempre em movimento. E elas se chocam umas contra as outras. Como as moléculas estão em movimento, elas possuem energia cinética, que é diretamente proporcional ao quadrado da velocidade do movimento. Se você comparar as moléculas numa xícara de leite quente com as moléculas num copo de leite gelado, vai constatar que as moléculas do leite quente estarão se movimentando muito mais depressa do que as do leite gelado.

> **TEMPERATURA**
> medida da energia cinética média das moléculas de um material

Medindo a temperatura

Geralmente, quando os objetos esquentam, eles se expandem, e quando esfriam, eles se contraem. Os termômetros se baseiam na expansão ou contração de materiais, de acordo com a temperatura. Quando um objeto está a uma temperatura mais elevada, o líquido contido no termômetro se expande, indicando assim a temperatura mais elevada.

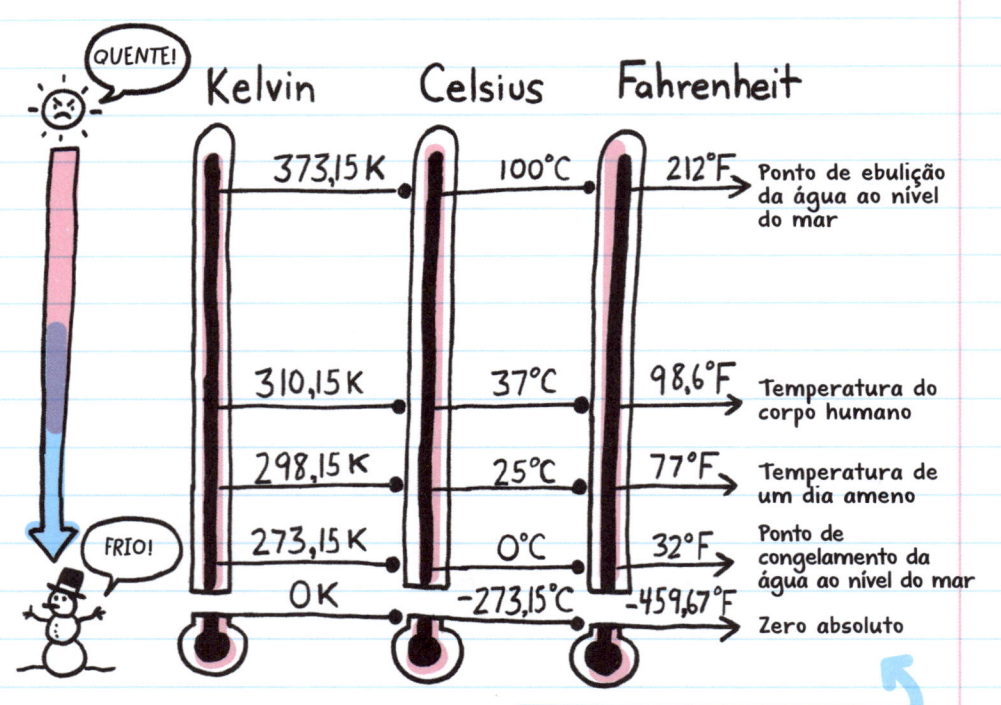

Kelvin — **Celsius** — **Fahrenheit**

- 373,15 K — 100°C — 212°F → Ponto de ebulição da água ao nível do mar
- 310,15 K — 37°C — 98,6°F → Temperatura do corpo humano
- 298,15 K — 25°C — 77°F → Temperatura de um dia ameno
- 273,15 K — 0°C — 32°F → Ponto de congelamento da água ao nível do mar
- 0 K — -273,15°C — -459,67°F → Zero absoluto

QUENTE! / FRIO!

Como as moléculas param de se movimentar, a temperatura não tem como ficar menor: afinal, o ápice da lentidão é estar parado.

Conversão de temperaturas

Usualmente, as temperaturas são medidas em graus Celsius (°C) ou em graus Fahrenheit (°F). Para converter as temperaturas de graus Celsius para graus Fahrenheit e vice-versa, basta usar as seguintes fórmulas:

$$T_{(°F)} = \left(T_{(°C)} \times \frac{9}{5}\right) + 32 \qquad T_{(°C)} = (T_{(°F)} - 32) \times \frac{5}{9}$$

A unidade de temperatura do SI é o Kelvin (K), muito usada pelos cientistas. Para converter as temperaturas de graus Celsius para Kelvin e vice-versa, basta usar as seguintes fórmulas:

$$T_{(K)} = T_{(°C)} + 273{,}15 \qquad T_{(°C)} = T_{(K)} - 273{,}15$$

ENERGIA TÉRMICA

A energia total das moléculas de um material é chamada **ENERGIA TÉRMICA**. A diferença entre temperatura e energia térmica

> **ENERGIA TÉRMICA**
> a soma da energia cinética e potencial de todas as moléculas de uma substância

é que a temperatura é proporcional à ENERGIA CINÉTICA MÉDIA das moléculas do material e a energia térmica é a SOMA da energia cinética e potencial de todas as moléculas do material. Assim, por exemplo, um tijolo possui menos energia térmica do que uma pilha de tijolos porque contém menos moléculas, no entanto um tijolo e uma pilha de tijolos podem ter a mesma temperatura.

Calor

Quando sentimos que um objeto está quente, é porque está mais quente do que nossa mão.

CALOR é, em termos científicos, a energia térmica em transferência de um material mais quente para um material mais frio. A energia térmica sempre se desloca de um nível mais elevado para um nível menos elevado, ou, em outras palavras, de objetos mais quentes para objetos mais frios.

> **CALOR**
> energia térmica em transferência de objetos mais quentes para objetos mais frios

A energia térmica continua a passar de um material a outro até que os dois atinjam a mesma temperatura. Assim, os objetos estarão em equilíbrio térmico.

A propagação do calor pode ocorrer por:

CONDUÇÃO: a transferência de energia térmica de um objeto mais quente para um objeto mais frio por meio de contato direto. As moléculas do objeto mais quente colidem contra as moléculas mais lentas do objeto mais frio, transferindo energia. Isso acontece, por exemplo, quando encostamos a mão numa boca de fogão quente.

IRRADIAÇÃO: a transferência de energia térmica por meio de ondas eletromagnéticas. A irradiação é responsável, por exemplo, pelo aquecimento da Terra pelo Sol e do ambiente próximo a uma fogueira.

CONVECÇÃO: a transferência de energia térmica por meio do movimento de um fluido (como o ar ou a água). O ar na sua casa se movimenta por meio de **CORRENTES DE CONVECÇÃO**: num lugar frio, o ar quente do aquecedor de ambiente sobe, esfria e desce de volta para o chão. Você pode melhorar a circulação do ar (convecção) usando um ventilador de teto, por exemplo.

AR FRIO   AR QUENTE   AR FRIO

CORRENTE DE CONVECÇÃO
uma corrente em um fluido que movimenta massas com diferentes temperaturas

VERIFIQUE SEUS CONHECIMENTOS

1. Qual é a diferença entre temperatura e energia térmica?

2. Se você tem um copo de suco grande e um pequeno, ambos à temperatura ambiente, qual deles possui mais energia térmica?

3. _____ é a propagação de calor por meio do movimento de um fluido como a água ou o ar.

4. Que tipo de propagação de calor acontece em um forno de micro-ondas?

5. Quando você lambe um picolé, de que modo ocorre a transferência de energia térmica entre o picolé e sua língua? Que tipo de propagação de calor é essa?

6. Qual é a fórmula para converter Kelvin para graus Celsius?

7. A energia térmica sempre passa de um corpo com _____ energia para um corpo com _____ energia.

8. Quando um objeto esquenta, ele geralmente se _____. Quando um objeto esfria, ele geralmente se _____.

RESPOSTAS

CONFIRA AS RESPOSTAS

1. Temperatura é a medida da energia cinética média das moléculas de um material; e energia térmica é a energia cinética e potencial total das moléculas de um material.

2. O copo de suco grande, porque possui mais moléculas.

3. Convecção

4. Irradiação.

5. Como a energia térmica passa dos objetos mais quentes para os objetos mais frios, ela é transferida da sua língua para o picolé, derretendo-o. Esse tipo de propagação de calor é chamado condução.

6. $T_{(°C)} = T_{(K)} - 273,15$

7. alta, baixa

8. dilata, contrai

Capítulo 15
ONDAS LUMINOSAS E ONDAS SONORAS

ONDAS

ONDAS são **OSCILAÇÕES** que transportam energia, mas não matéria. As ondas podem se propagar na matéria ou no **VÁCUO**. Ondas que só se propagam na matéria são chamadas ONDAS MECÂNICAS e ondas que podem se propagar na matéria ou no vácuo são chamadas ONDAS ELETROMAGNÉTICAS.

> **OSCILAÇÃO**
> variação de uma grandeza física de um valor menor para um valor maior e de volta para o valor menor

> **VÁCUO**
> espaço que não contém matéria (pense num embalador a vácuo sugando toda a matéria assim como faz com o ar num saquinho)

Dois exemplos de ondas mecânicas:

1. Ondas na água criadas no encalço de uma lancha. A energia se propaga de uma molécula de água a outra, formando ondulações.

No espaço sideral, não ouvimos sons porque não existe ar para as ondas sonoras se propagarem!

2. Falar cria ondas sonoras, que se propagam transferindo vibrações de uma molécula a outra e movimentam o som desde a boca do falante até a orelha do ouvinte.

Diferentemente das ondas mecânicas, as ondas eletromagnéticas não necessitam da matéria para se propagar: elas podem se propagar no vácuo do espaço sideral. Eis alguns exemplos de ondas eletromagnéticas:

ONDAS LUMINOSAS **RAIOS X** **ONDAS DE RÁDIO**

Propriedades de uma onda

As quatro características principais de uma onda são:

1. AMPLITUDE é a metade da distância entre o ponto mais alto de uma onda (**CRISTA**) e o ponto mais baixo (**VALE**). A amplitude mede o deslocamento de uma onda em relação ao seu ponto de equilíbrio. Ondas com mais energia possuem amplitudes maiores. Pense nas ondas do oceano: as ondas que transportam mais energia são mais altas, estão mais deslocadas em relação à linha d'água e, portanto, possuem maior amplitude.

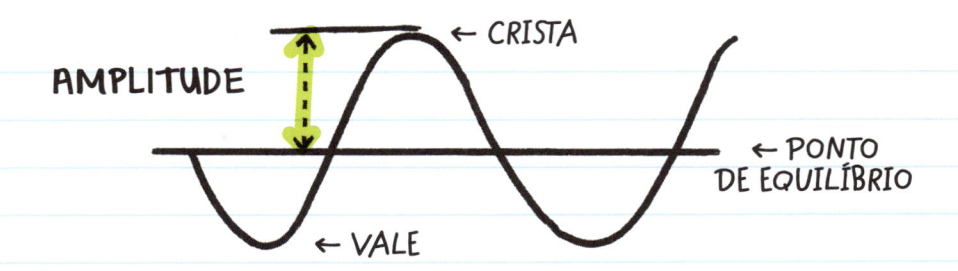

AMPLITUDE ← CRISTA
← PONTO DE EQUILÍBRIO
← VALE

> **2. COMPRIMENTO DE ONDA** é a distância entre dois pontos correspondentes, como cristas, pontos de equilíbrio ou vales, em duas oscilações sucessivas da onda. Ele é representado pelo símbolo λ (letra grega lambda). A diferença entre as cores, por exemplo, é fruto dos diferentes comprimentos de onda da luz. O vermelho possui um comprimento de onda maior do que o azul.

Três formas diferentes de medir o comprimento de onda.

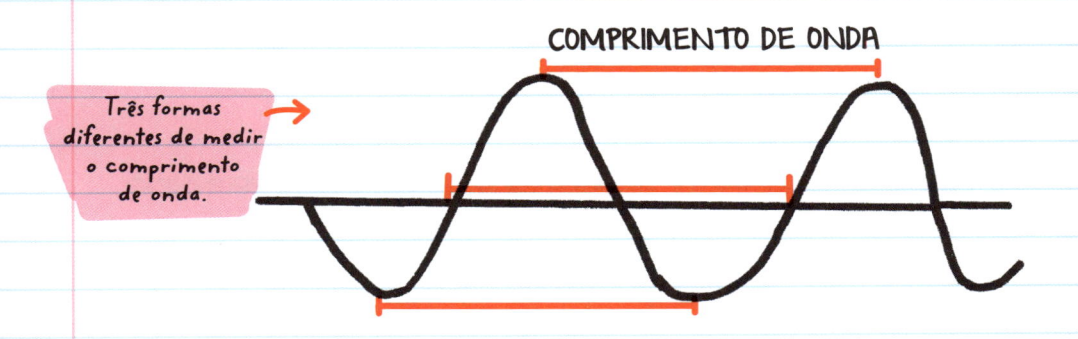

COMPRIMENTO DE ONDA

> **3. FREQUÊNCIA** é o número de oscilações completas por unidade de tempo. Ela é representada pela letra f. A unidade de frequência no SI é o hertz (Hz), que é o número de oscilações por segundo. A frequência e o comprimento de onda são inversamente proporcionais, ou seja, quanto maior a frequência, menor o comprimento de onda (e vice-versa).

Por exemplo:

Dez ondas batem num cais em 10 segundos (ondas de maior frequência).

Duas ondas batem num cais em 10 segundos (ondas de menor frequência).

Na primeira situação, dez ondas passam pelo cais no mesmo intervalo de tempo que passam as duas ondas na segunda situação! Como as ondas se propagam à mesma velocidade, as dez oscilações têm de estar mais próximas (ou seja, o comprimento de onda é menor).

(Maior frequência = menor comprimento de onda)

4. VELOCIDADE da onda é a distância que uma onda percorre por unidade de tempo. Ela é representada pela letra v. A velocidade da onda está relacionada à frequência e ao comprimento de onda através da equação:

velocidade = frequência × comprimento de onda
(ou, em símbolos, $v = f \times \lambda$)

A velocidade de uma onda é medida em metros por segundo (m/s), a frequência é medida em hertz (Hz) e o comprimento de onda é medido em metros (m).

As ondas se propagam com velocidades diferentes em meios diferentes. Assim, por exemplo, as ondas mecânicas, como as ondas sonoras, viajam mais depressa na água do que no ar. Por outro lado, as ondas eletromagnéticas, tais como a luz, viajam mais depressa no ar do que na água.

Quando você enfia um lápis num copo d'água, o lápis parece torto porque as ondas luminosas refletidas pela parte do lápis fora da água viajam mais depressa do que as ondas refletidas pela parte submersa.

Comportamento das ondas

Uma REFLEXÃO ocorre quando uma onda incide numa superfície e é emitida de volta. Quando você se olha no espelho, você se vê porque as ondas luminosas são refletidas pelo espelho.

O ECO também é uma reflexão de uma onda sonora.

De acordo com a LEI DA REFLEXÃO, uma onda é refletida por um espelho no mesmo ângulo em que ela incidiu no espelho. Assim, se uma onda chega ao espelho a 45°, a onda que sai do espelho também faz um ângulo de 45° com o espelho e, portanto, a onda refletida faz um ângulo de 90 graus com a onda incidente.

É o chamado raio incidente

É o chamado raio refletido

ANTEPARO
RAIO REFLETIDO
RAIO INCIDENTE

O desvio das ondas quando se propagam por meios diferentes (como as ondas luminosas distorcidas de um lápis num copo d'água) se chama REFRAÇÃO, e acontece porque as ondas viajam a velocidades que variam de acordo com o meio (ou substância).

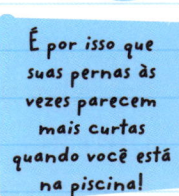

É por isso que suas pernas às vezes parecem mais curtas quando você está na piscina!

147

DIFRAÇÃO é o desvio que as ondas sofrem ao passar pelas laterais de um anteparo ou através de uma abertura. A difração pode ser testemunhada quando as ondas do oceano passam por um cais.

O resultado da superposição de duas ondas é chamado INTERFERÊNCIA. Existem dois tipos de interferência: as ondas podem somar suas amplitudes, o que é chamado INTERFERÊNCIA CONSTRUTIVA, ou podem subtrair suas amplitudes, o que é chamado INTERFERÊNCIA DESTRUTIVA. Quando você salta numa cama elástica com os amigos, experimenta os dois tipos de interferência. Ao saltar em sincronia com eles, é arremessado no ar! Mas, se perde o momento do impulso, você mal se mexe. A interferência também pode ser parcial, ou seja, nem totalmente construtiva nem totalmente destrutiva.

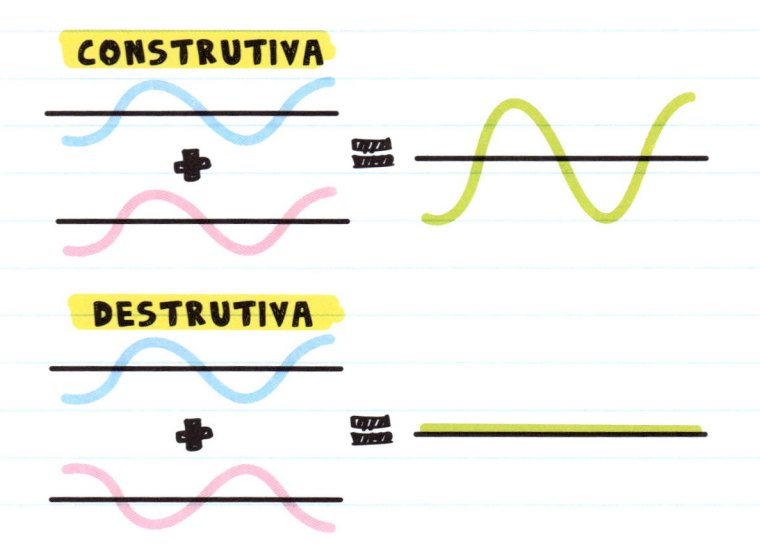

CONSTRUTIVA

DESTRUTIVA

ABSORÇÃO

Se uma onda se propaga em determinada substância, pode acontecer a ABSORÇÃO. Absorção é a transferência de energia de uma onda para a matéria pela qual aquela onda está passando. Por exemplo, as ondas luminosas do Sol incidem no mar e são absorvidas enquanto estão viajando para baixo. Por isso, quanto maior a profundidade de penetração dos raios, menor a claridade.

O modo como uma onda é absorvida por um material depende da composição e da espessura deste. É por isso que os estúdios de gravação muitas vezes adotam um isolante acústico para absorver ondas sonoras. Quando as ondas sonoras incidem no isolante, a maior parte delas é absorvida, algumas são refletidas e muito poucas atravessam a barreira. Algumas substâncias absorvem apenas determinados comprimentos de onda, e é por isso que os objetos têm cores. Quando vemos uma maçã vermelha, é porque todas as cores, EXCETO o vermelho, estão sendo absorvidas e o vermelho está sendo refletido.

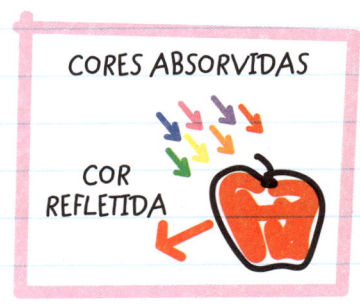

CORES ABSORVIDAS

COR REFLETIDA

Além disso, quando uma onda está sendo absorvida, sua energia pode ser transformada. Quando os raios luminosos são absorvidos, se transformam num tipo diferente de energia, como a energia térmica. É por isso que objetos de cores escuras, que absorvem mais raios luminosos, se aquecem mais quando são iluminados.

==COMO O ASFALTO EM UM DIA QUENTE DE VERÃO==

149

O ESPECTRO ELETROMAGNÉTICO

As ondas eletromagnéticas são ONDAS TRANSVERSAIS, o que significa que oscilam perpendicularmente à direção da propagação. As ondas eletromagnéticas são feitas de campos elétricos e magnéticos oscilando em ângulos de 90° entre si. É por isso que são chamadas ondas "eletromagnéticas".

ONDA TRANSVERSAL EM UMA CORDA

Movimento para cima e para baixo perpendicular à direção da propagação

Direção da propagação

O ESPECTRO ELETROMAGNÉTICO vai de comprimentos de onda de milhares de metros até trilionésimos de metro. Os únicos comprimentos de onda eletromagnética que podemos ver a olho nu correspondem à luz visível, que é apenas uma parte ínfima das ondas eletromagnéticas: o ESPECTRO visível vai apenas de 700 a 400 nanômetros (bilionésimos de metro).

> **ESPECTRO**
> a faixa de comprimentos de onda e frequências das ondas eletromagnéticas

Ondas

As ondas do espectro eletromagnético variam quanto a energia, comprimento de onda e frequência. Na extremidade menos energética do espectro, as ondas possuem comprimentos de onda mais longos e frequências menores. Na extremidade mais energética do espectro, as ondas possuem comprimentos de onda mais curtos e frequências maiores.

O ESPECTRO ELETROMAGNÉTICO

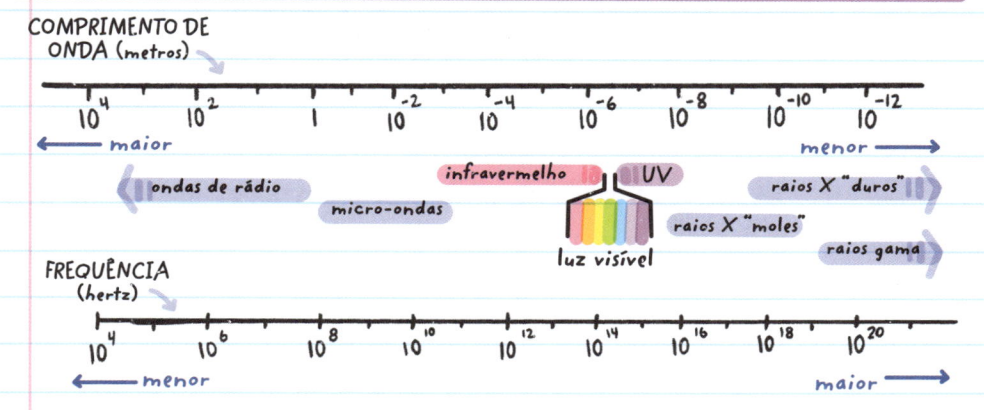

COMPRIMENTO DE ONDA (metros)

10^4 — 10^2 — 1 — 10^{-2} — 10^{-4} — 10^{-6} — 10^{-8} — 10^{-10} — 10^{-12}

← maior   menor →

- ondas de rádio
- micro-ondas
- infravermelho
- luz visível
- UV
- raios X "moles"
- raios X "duros"
- raios gama

FREQUÊNCIA (hertz)

10^4 — 10^6 — 10^8 — 10^{10} — 10^{12} — 10^{14} — 10^{16} — 10^{18} — 10^{20}

← menor   maior →

Começando pelas ondas de menor energia, o espectro das ondas eletromagnéticas é composto de:

ONDAS DE RÁDIO

→ Ondas eletromagnéticas de menor energia
→ Comprimento de onda superior a 0,3 metro
→ Transmitem a música que você ouve no rádio

MICRO-ONDAS

→ Entre 0,3 metro e 0,003 metro
→ As ondas que cozinham sua comida no forno de micro-ondas

> A frequência das ondas invisíveis do forno de micro-ondas possui o valor ideal para fazer vibrar as moléculas de água, aquecendo assim as partes úmidas da comida.

ONDAS INFRAVERMELHAS

→ Possuem uma frequência ligeiramente menor do que a da luz vermelha no espectro visível (por isso são chamadas infravermelhas)
→ Objetos quentes emitem ondas infravermelhas, por isso os óculos de visão noturna são feitos de materiais sensíveis às ondas infravermelhas, a fim de ajudar a enxergar pessoas e animais de sangue quente à noite

LUZ VISÍVEL

→ A luz que o ser humano é capaz de enxergar, de 700 nanômetros a 400 nanômetros

As cores do arco-íris vão do maior comprimento de onda (vermelho) até o menor (violeta). Para se lembrar da ordem das cores no espectro visível do maior para o menor comprimento de onda, lembre-se da frase **V**imos **L**á **A**diante **V**árias **A**ves **A**lçarem **V**oo (**V**ermelho, **L**aranja, **A**marelo, **V**erde, **A**zul, **A**nil, **V**ioleta)

ONDAS ULTRAVIOLETA (RAIOS ULTRAVIOLETA - UV)

→ Frequência menor e energia maior do que a luz visível: entre 400 nanômetros e 10 nanômetros
→ O Sol emite raios ultravioleta: são eles os responsáveis pelas queimaduras que você sofre na praia

RAIOS X

→ Energia maior e frequência maior do que os raios ultravioleta
→ Como os raios X atravessam a pele e a carne, mas não os ossos, são usados para localizar fraturas

RAIOS GAMA

→ Ondas de energia e frequência mais altas
→ Os raios gama são perigosos para o ser humano e outros seres vivos

Lembre-se do espectro da luz visível, da energia menor para a maior, usando este mnemônico:

Rogério **M**onta **I**nstrumentos:
Violinos, **U**kuleles, **X**ilofones e **G**uitarras

(**R**ádio, **M**icro-ondas, **I**nfravermelho,
Visível, **U**ltravioleta, raios **X**, raios **G**ama)

A percepção da luz e das cores

As ondas eletromagnéticas viajam muito depressa: a quase 300 mil km/s. A luz leva cerca de 8,5 minutos para viajar os 150 milhões de quilômetros do Sol até a Terra. As ondas luminosas são refletidas pelos objetos e penetram nossos olhos. Geralmente, pensamos na luz como branca, mas, na verdade, a luz branca é a combinação de todas as cores. Quando a luz é refratada, as cores presentes na luz branca se separam de acordo com seus comprimentos de onda.

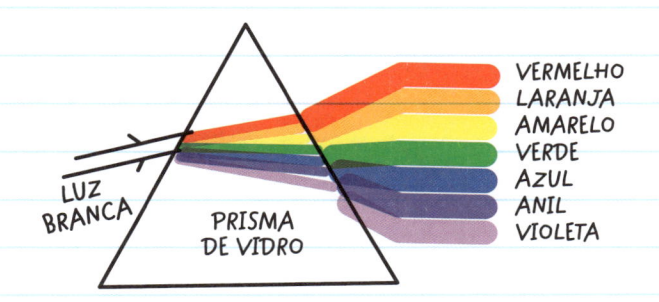

O ARCO-ÍRIS É PRODUZIDO PELA REFRAÇÃO DA LUZ NAS GOTAS DE CHUVA.

Ondas sonoras

O som é causado pelas ondas sonoras relacionadas à vibração de moléculas. A onda sonora é uma ONDA LONGITUDINAL, o que significa que ela oscila em direção ao movimento. Uma onda sonora só se propaga na matéria, pois depende da transferência de energia de uma molécula a outra. Por isso, se você usar um despertador no espaço sideral, onde existe vácuo, ele não poderá ser ouvido! Nem vai precisar usar o botão soneca!

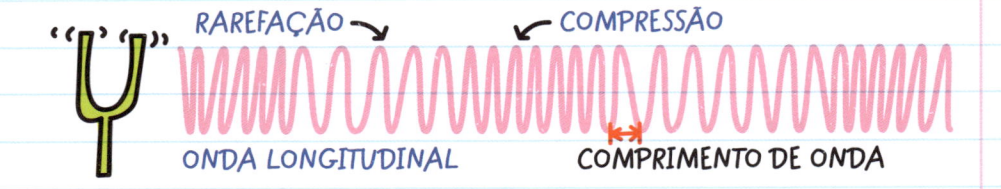

RAREFAÇÃO   COMPRESSÃO
ONDA LONGITUDINAL   COMPRIMENTO DE ONDA

Velocidade do som

As ondas sonoras viajam muito mais devagar do que as ondas luminosas: as ondas luminosas viajam no ar a cerca de 300 milhões m/s, e as ondas sonoras viajam no ar a cerca de 340 m/s. É por isso que você vê um relâmpago ao longe antes mesmo de ouvir o trovão.

Enquanto as ondas luminosas viajam mais devagar nos sólidos, as ondas sonoras viajam mais depressa nesse estado. Como as moléculas estão mais próximas nos sólidos, elas podem colidir umas contra as outras mais depressa e propagar as ondas sonoras com mais rapidez.

Intensidade sonora

A INTENSIDADE de uma onda sonora refere-se à quantidade de energia que a onda sonora transporta em determinada área. A intensidade é proporcional à amplitude da onda: quanto maior a amplitude, maior a intensidade e mais alto é o som. A intensidade de uma onda sonora diminui quando você se afasta da fonte do som, e é por isso que as coisas parecem mais silenciosas a distância. Conforme viajam, as ondas vão sendo absorvidas pelo ar e por objetos.

> A intensidade sonora é comumente medida em decibéis (dB). Para cada aumento de intensidade de 10 dB, a onda sonora transporta 100 vezes mais energia. O som de uma conversa normal tem uma intensidade de 50 dB. Um avião decolando produz um ruído de 150 dB; é por isso que muitos funcionários dos aeroportos são obrigados a usar protetores auriculares.

Tom

Quando você ouve uma música, ouve muitos tons diferentes. Os diferentes tons que ouvimos estão relacionados à frequência do som, ou seja, ao número de oscilações por segundo. Sons agudos possuem frequências mais altas (comprimentos de onda menores) e sons graves possuem frequências mais baixas (comprimentos de onda maiores). A propriedade das ondas sonoras relacionada à frequência é chamada TOM.

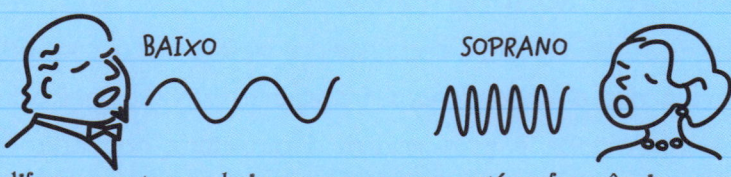

A diferença entre um baixo e uma soprano está na frequência ou no comprimento de onda do som produzido por cada um deles. Sons mais agudos possuem frequências maiores e comprimentos de onda menores.

Uma onda sonora é um exemplo de sinal **ANALÓGICO**. Os sinais analógicos transportam informação por meio de amplitudes e frequências que variam continuamente. Por outro lado, os sinais **DIGITAIS** transmitem informações por meio de pulsos de frequência e amplitude constantes, com a presença de um pulso sendo interpretada como 1 e a ausência de pulso sendo interpretada como 0. Quando você fala ao celular, as ondas sonoras analógicas da sua voz são convertidas num sinal digital pelo telefone. Esse sinal então é transmitido por uma antena, retransmitido por um satélite, captado por outra antena e enviado ao telefone de seu amigo, que por sua vez transforma o sinal em ondas sonoras, que voltam à forma de sinal analógico. Como o sinal digital é apenas uma série de 0s e 1s, seu amigo ouve sua voz perfeitamente, pois as interferências não aparecem no sinal digital. (Como as ondas analógicas são representadas por muitos valores diferentes, são mais suscetíveis a interferências e, portanto, menos confiáveis para transmitir informações.)

VERIFIQUE SEUS CONHECIMENTOS

1. Qual é o mnemônico para a ordem das cores no espectro visível? Qual é a ordem das cores?

2. Um som de alta intensidade possui um(a) grande _____.

3. Entre os gases, os líquidos e os sólidos, as ondas sonoras viajam mais depressa no(s) _____.

4. Que tipo de onda você pode usar para esquentar a comida?

5. Que onda eletromagnética de alta energia é perigosa?

6. Que tipo de onda causa queimaduras de sol?

7. Quais ondas eletromagnéticas podemos observar?

8. Que tipo de onda é emitido pelos corpos quentes?

9. Por que motivo um celular não emitiria som no espaço sideral?

10. Por que os sons mais agudos possuem frequências mais altas?

RESPOSTAS 157

CONFIRA AS RESPOSTAS

1. Vimos Lá Adiante Várias Aves Alçarem Voo: Vermelho, Laranja, Amarelo, Verde, Azul, Anil, Violeta.

2. amplitude

3. sólidos

4. As micro-ondas.

5. Os raios gama.

6. Os raios ultravioleta.

7. As ondas visíveis.

8. As ondas infravermelhas.

9. As ondas sonoras necessitam de matéria para se propagar. Não existe matéria no espaço sideral.

10. Como os sons agudos possuem comprimentos de onda menores, o número de oscilações por segundo é maior.

Capítulo 16

ELETRICIDADE E MAGNETISMO

Eletricidade e magnetismo estão relacionados porque ambos são causados pela interação de cargas elétricas na matéria. Quando tais cargas interagem, podem produzir forças elétricas e magnéticas.

ELETRICIDADE

Carga elétrica e força elétrica

Todos os átomos possuem elétrons, que são partículas de carga negativa, e prótons, que são partículas de carga positiva. Quando um átomo tem o mesmo número de prótons e elétrons, as cargas positiva e negativa se anulam mutuamente e o átomo fica neutro.

No entanto, os átomos perdem e ganham elétrons com certa facilidade. Quando um átomo ganha um ou mais elétrons, fica com mais carga negativa do que positiva e dizemos que ele se tornou um ÍON NEGATIVO. Quando um átomo perde um ou mais elétrons, fica com mais carga positiva do que negativa e dizemos que se tornou um ÍON POSITIVO.

Como cargas iguais se repelem e cargas diferentes se atraem, os íons criam forças de atração e de repulsão chamadas FORÇAS ELÉTRICAS. Os elétrons tendem a se mover de uma região mais negativa para uma região mais positiva. A corrente elétrica nada mais é do que o movimento de elétrons!

A intensidade da força elétrica entre dois objetos depende da quantidade de carga deles e da distância entre ambos. A força elétrica aumenta com a intensidade das cargas e diminui com o aumento da distância entre as cargas.

Eletricidade estática

Os elétrons se transferem com relativa facilidade de um objeto a outro. Quando uma carga elétrica se acumula num objeto, é chamada CARGA ESTÁTICA. Ao esfregar um objeto em outro — como, por exemplo, um balão de aniversário nos cabelos —, é possível transferir elétrons de um objeto a outro e assim criar cargas estáticas.

Quando você sente um choque elétrico, experimenta o contrário: uma rápida descarga de elétrons a fim de neutralizar as cargas entre dois objetos, conhecida como DESCARGA ELÉTRICA. O relâmpago nada mais é do que uma enorme descarga elétrica.

Campos elétricos

A região em volta de uma carga elétrica, na qual um objeto dotado de carga elétrica sofre a ação das forças exercidas pela carga, é chamada **CAMPO ELÉTRICO**. Quanto maior a distância da carga, mais fraco é o campo. Quanto maior a carga, maior é o campo. As LINHAS DE FORÇA DE UM CAMPO ELÉTRICO mostram a direção da força elétrica e sempre apontam de uma carga positiva para uma negativa.

CAMPO ELÉTRICO
a região em torno de uma carga elétrica que sofre a ação da força exercida pela carga elétrica

Polarização

Quando você coloca um objeto carregado perto de outro objeto, ele pode fazer as cargas positiva e negativa do segundo objeto se separarem. Assim, por exemplo, se você coloca um balão que está com uma carga negativa perto de uma parede, o balão repele os elétrons na superfície da parede, empurrando-os para longe da superfície e criando uma carga positiva temporária localizada. Graças a essa carga temporária, às vezes é possível aderir o balão à parede. A separação de cargas causada pelo campo elétrico é chamada **POLARIZAÇÃO**.

> **POLARIZAÇÃO**
> separação de cargas causada por um campo elétrico

Isolantes e condutores

Um ISOLANTE é um material no qual os elétrons não passam com facilidade de um átomo a outro. Um CONDUTOR, por outro lado, é um material no qual os elétrons passam com facilidade de um átomo a outro e, portanto, pode ser usado para transferir energia. O ouro, o cobre e a maior parte dos metais são bons condutores. Geralmente, os fios elétricos são feitos de um material condutor coberto por um plástico isolante a fim de impedir que a eletricidade passe para outros condutores, como, por exemplo, o seu corpo. AI!

← EXEMPLOS: VIDRO, PLÁSTICO, BORRACHA, PORCELANA E ISOPOR.

Um RESISTOR é qualquer dispositivo que resiste ao fluxo dos elétrons, mas ainda assim permite a passagem deles. Os resistores geralmente aquecem, acendem ou ambos quando os elétrons fluem por eles. Os exemplos incluem o fio fino (filamento) de uma lâmpada comum, a grelha da torradeira e até mesmo o corpo humano.

CORRENTE ELÉTRICA

Quando as cargas elétricas se movimentam, criam uma **CORRENTE ELÉTRICA**. A corrente elétrica é medida pela quantidade de carga que passa por determinado ponto por segundo. A unidade de corrente elétrica do SI é o ampère (A).

> **CORRENTE ELÉTRICA**
> o número de elétrons que passam por um dado ponto por unidade de tempo

Existem dois tipos de corrente:

Na **CORRENTE CONTÍNUA (CC)**, as cargas elétricas fluem no mesmo sentido o tempo todo. Um exemplo é a corrente elétrica criada por uma bateria.

Na **CORRENTE ALTERNADA (CA)**, o sentido do movimento das cargas elétricas varia. Um exemplo é a corrente elétrica criada por uma tomada de parede.

Circuito elétrico

Uma corrente elétrica pode persistir indefinidamente se as cargas circularem numa malha fechada, a qual chamamos CIRCUITO. As cargas são mantidas em movimento por um campo elétrico.

Alguns componentes de um circuito são:

CONDUTOR ELÉTRICO, ou **FIO**, que é conectado a uma fonte de alimentação de modo a formar uma **MALHA FECHADA** (uma ligação sem interrupções)

RECEPTOR (não é necessário, mas costuma estar presente), um dispositivo alimentado pelo circuito, tal como uma lâmpada, um ventilador ou um alto-falante

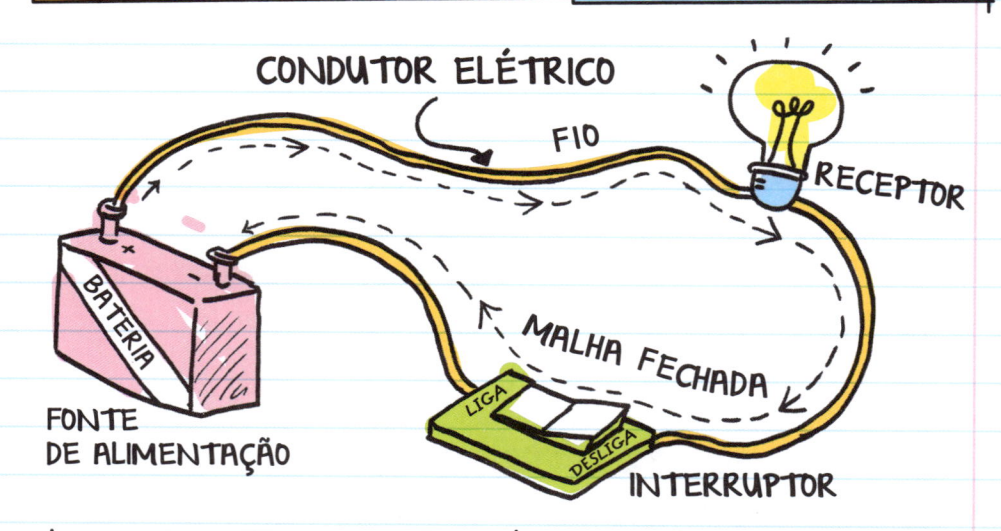

CONDUTOR ELÉTRICO
FIO
RECEPTOR
BATERIA
MALHA FECHADA
LIGA
DESLIGA
FONTE DE ALIMENTAÇÃO
INTERRUPTOR

FONTE DE ALIMENTAÇÃO, uma fonte de energia elétrica, como uma **BATERIA**

INTERRUPTOR (não é necessário, mas costuma estar presente), um dispositivo para abrir e fechar o circuito

É COMO UMA PONTE LEVADIÇA NUMA ESTRADA

Circuitos em série e em paralelo

Um elétron está para um carro assim como um circuito está para as estradas de uma região: o circuito oferece ao elétron todos os caminhos que ele pode seguir. Quando só existe um caminho, trata-se de um CIRCUITO EM SÉRIE. Nesse tipo de circuito, a mesma corrente passa em todos os elementos presentes e, quando o circuito é aberto em qualquer ponto, a corrente cessa. Assim, se uma lâmpada de um circuito em série queimar, interrompendo o fluxo, a corrente elétrica vai deixar de passar ali.

CIRCUITO EM SÉRIE

Um CIRCUITO EM PARALELO é como uma estrada com bifurcações: é possível dobrar à direita ou à esquerda. Em um circuito em paralelo, os elétrons podem seguir mais de um caminho. Quando um caminho é interrompido, a corrente não cessa, porque os elétrons ainda podem tomar outro caminho.

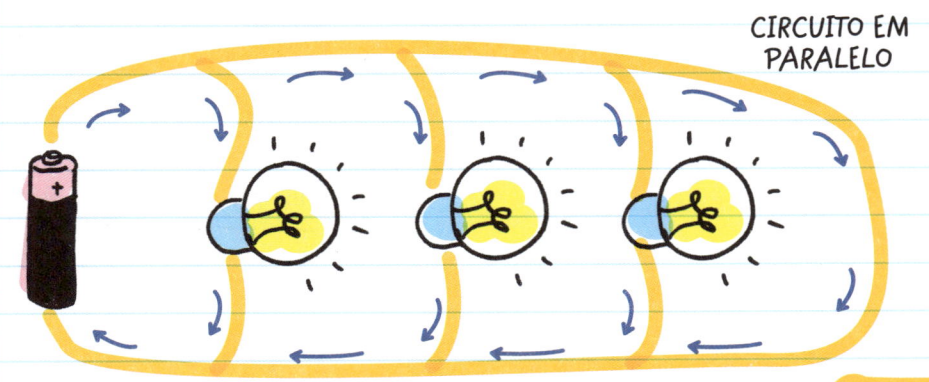

CIRCUITO EM PARALELO

Baterias/Pilhas

As baterias e pilhas são algumas das fontes possíveis de alimentação que fazem as cargas elétricas se movimentarem em um circuito. Quando é conectada a um circuito, uma bateria cria um campo elétrico com um terminal positivo e um terminal negativo (assinalados com os sinais + e -, respectivamente, como nas extremidades das pilhas). Os elétrons são atraídos pelo terminal positivo e repelidos pelo terminal negativo, e viajam pelo circuito como os carros numa estrada (contanto que o circuito seja uma malha fechada).

Tensão

A energia dos elétrons que passam num circuito por unidade de carga é chamada **TENSÃO**. A tensão, medida em volts (V), é a diferença de potencial elétrico entre dois pontos num circuito, como os terminais positivo e negativo de uma bateria ou pilha. A tensão fornece energia potencial para um elétron, assim como a gravidade fornece energia potencial para uma bola mantida acima do chão. Quanto maior a tensão, maior a diferença de potencial e maior a energia que a corrente pode fornecer. Assim, uma bateria de 9 volts é capaz de fazer uma lâmpada pequena brilhar muito mais do que se estivesse ligada a uma pilha AA (que possui 1,5 volts).

> **TENSÃO**
> a quantidade de energia potencial que um elétron num circuito pode ganhar

Resistência

Quando os elétrons se movimentam num circuito, podem esbarrar em obstáculos, o que dificulta a viagem. A RESISTÊNCIA, medida em ohms (Ω), mede a dificuldade dos elétrons para passar por um objeto; em outras palavras, a resistência à corrente.

Fios com menos resistência podem tornar os circuitos mais eficientes: a energia em fios de alta resistência é perdida na forma de calor. A resistência de um fio aumenta quando ele fica mais fino e/ou mais longo.

> Um fio é como uma mangueira: quando a mangueira é mais comprida ou mais estreita, a água tem mais dificuldade para chegar ao outro lado. Mangueiras mais compridas e/ou mais finas resistem mais à passagem da água. As mesmas regras se aplicam a um fio.

Uma lâmpada aumenta a resistência de um circuito: o filamento de uma lâmpada é muito fino e, quando os elétrons passam por ele, esquentam o filamento, liberando energia na forma de luz e calor.

Lei de Ohm

A Lei de Ohm descreve a relação entre tensão, corrente e resistência em um circuito:

> **tensão = corrente × resistência**

A corrente costuma ser abreviada como I, de intensidade.

A tensão é medida em volts (V), a corrente, em ampères (A), e a resistência, em ohms (Ω). A Lei de Ohm mostra que, se a tensão aumenta, a corrente, a resistência ou ambas vão aumentar também. Também mostra que, se uma tensão permanece constante:

{ **Quando a resistência diminui, a corrente aumenta.** }

{ **Quando a resistência aumenta, a corrente diminui.** }

Potência elétrica

Potência elétrica é a taxa à qual a energia elétrica é transformada em outras formas de energia. Por exemplo: a potência elétrica de uma torradeira é a taxa à qual a torradeira converte energia elétrica em calor. A equação da potência é:

> **potência = corrente × tensão**

Lembre-se: a potência é medida em watts, a corrente, em ampères, e a tensão, em volts.

APARELHO	WATTS POR HORA
TORRADEIRA	1.000 W
LAVADORA DE ROUPAS	500 W
SECADORA	5.000 W
COMPUTADOR	200 W

A conservação da energia nos circuitos

Como todas as formas de energia, a energia elétrica obedece à lei de conservação da energia. Sendo assim, para onde vai a energia fornecida por uma pilha, por exemplo? Quando a corrente atravessa um circuito, a energia elétrica é convertida em energia térmica, luz ou energia cinética, como o movimento de um brinquedo movido a pilha.

FORÇA MAGNÉTICA

Como vimos anteriormente, um ímã possui um polo norte e um polo sul (POLO é a região onde se concentra a força magnética de um ímã). A força magnética é a força atrativa e repulsiva entre dois polos. Polos diferentes se atraem e polos iguais se repelem (assim como as cargas elétricas).

Campo magnético

A região em volta de um ímã, na qual um objeto sofre a ação da força magnética, é chamada CAMPO MAGNÉTICO. As LINHAS DE CAMPO MAGNÉTICO mostram a direção da força magnética e sempre apontam do polo norte para o polo sul. Quanto mais próximas as linhas de campo, maior é a força magnética.

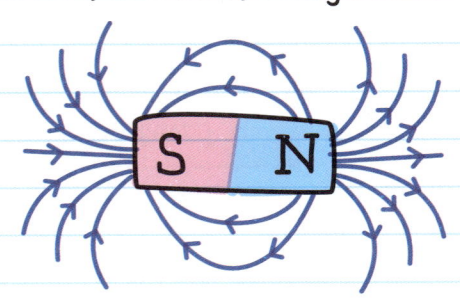

Eletromagnetismo

Cargas elétricas em movimento criam campos magnéticos. Como uma corrente é constituída por cargas em movimento, todo fio percorrido por uma corrente elétrica também está envolto por um campo magnético. Quando um fio condutor de corrente é enrolado em formato de bobina, as linhas de campo magnético em torno de cada volta do fio se combinam para criar um campo magnético mais forte. Quanto mais voltas na bobina, mais forte é o campo.

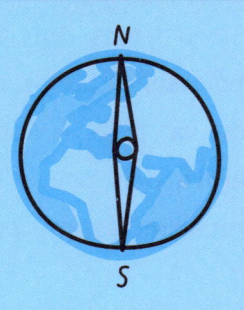

A Terra é como um ímã gigante: também possui um campo magnético. A agulha de uma bússola é, na verdade, um pequeno ímã e possui um polo norte e um polo sul. Quando uma bússola está apontando para o norte, é porque o polo sul do ímã da bússola está sendo atraído para o polo norte magnético da Terra – inclusive foi da bússola que veio o nome dos polos terrestres.

Motores

Como um fio condutor de corrente possui um campo magnético, o fio pode ser atraído ou repelido por ímãs. Alguns **MOTORES** usam as forças atrativas e repulsivas entre um fio condutor de corrente e os ímãs para movimentar o fio. Quando o fio que transporta a corrente elétrica é amarrado num laço e posicionado num campo magnético, ele fica girando continuamente, o que cria energia cinética, a qual pode ser transformada em energia elétrica.

MOTOR ELÉTRICO
um dispositivo que converte energia elétrica em energia mecânica

Geradores

Usando o mesmo conceito (mas de forma invertida), podemos converter a energia mecânica em energia elétrica movimentando um fio na presença de um campo magnético (ou movimentando um ímã na presença de uma bobina de fio). Dessa forma, deslocamos os elétrons, criando uma corrente elétrica.

Um **GERADOR** transforma a energia mecânica em energia elétrica. Em um gerador, um dispositivo mecânico faz girar bobinas de fio na presença de um campo magnético, produzindo uma corrente elétrica nas bobinas, um processo

GERADOR

conhecido como INDUÇÃO ELETROMAGNÉTICA. As usinas elétricas usam geradores para produzir energia elétrica. A energia mecânica necessária para fazer as bobinas girarem pode ser fornecida, por exemplo, pela força da água, como nas usinas hidrelétricas, ou pela força do vento, como nas turbinas eólicas.

> **GERADOR**
> um dispositivo que converte energia mecânica em energia elétrica

VERIFIQUE SEUS CONHECIMENTOS

1. Qual dos polos da agulha de uma bússola aponta para o polo norte magnético da Terra?

2. Dois fios percorridos por correntes elétricas são colocados lado a lado. Um vai ser capaz de exercer uma força sobre o outro? Por quê?

3. Quais são as variações sofridas pelos campos elétricos quando a distância e a carga aumentam?

4. Você troca a lâmpada de uma lanterna e a lâmpada nova possui uma resistência maior do que a lâmpada antiga. Se a tensão das pilhas permanece a mesma, o que acontece com a corrente que passa pela lanterna?

5. Em que situação um átomo possui carga negativa?

6. Se você aproxima do cabelo um pente com carga elétrica negativa, o que acontece com as cargas elétricas do seu cabelo?

7. O que acontece com a resistência de um fio quando a espessura do fio aumenta?

8. O que acontece com a resistência de um fio quando o comprimento do fio aumenta?

9. Se as lâmpadas de uma árvore de Natal estão ligadas em série e uma delas queima, as outras lâmpadas se apagam?

10. Se as lâmpadas de uma árvore de Natal estão ligadas em paralelo e uma delas queima, as outras lâmpadas se apagam?

RESPOSTAS

CONFIRA AS RESPOSTAS

1. O polo sul da agulha (polos opostos se atraem).
2. Sim, porque os dois fios estão envolvidos por campos magnéticos e o campo magnético de cada um dos fios gera uma força sobre o outro.
3. Os campos elétricos ficam mais fracos quando a distância aumenta e ficam mais fortes quando a carga aumenta.
4. Como tensão = corrente x resistência, se a resistência é maior e a tensão permanece a mesma, a corrente é menor.
5. Um átomo possui carga negativa quando o número de elétrons é maior do que o número de prótons.
6. A carga negativa do pente repele os elétrons do cabelo. Em consequência, induz uma carga positiva nas superfícies mais próximas do pente e, portanto, os fios de cabelo são atraídos pelo pente.
7. Quando a espessura de um fio aumenta, a resistência diminui.
8. Quando o comprimento de um fio aumenta, a resistência aumenta.
9. Se as lâmpadas estão ligadas em série e uma delas queima, as outras lâmpadas se apagam porque o circuito é interrompido.
10. Se as lâmpadas estão ligadas em paralelo, as outras lâmpadas continuam acesas porque a corrente pode passar pelas outras lâmpadas e completar uma malha fechada.

Capítulo 17

FONTES DE ENERGIA ELÉTRICA

De onde vem toda a energia elétrica que usamos no dia a dia?

GERAÇÃO de ENERGIA ELÉTRICA: TURBINAS

Uma fonte de energia aciona uma TURBINA, peça semelhante a uma hélice que faz girar um eixo de metal em um gerador de eletricidade.

Assim, por exemplo, uma usina hidrelétrica usa água para acionar a turbina. A rotação da turbina converte energia mecânica em energia elétrica (e em calor, devido ao atrito).

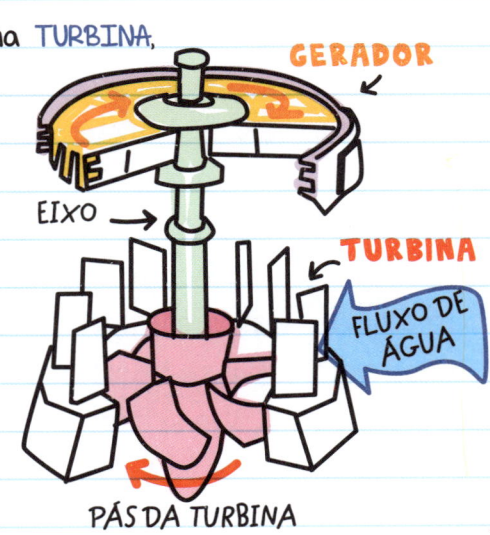

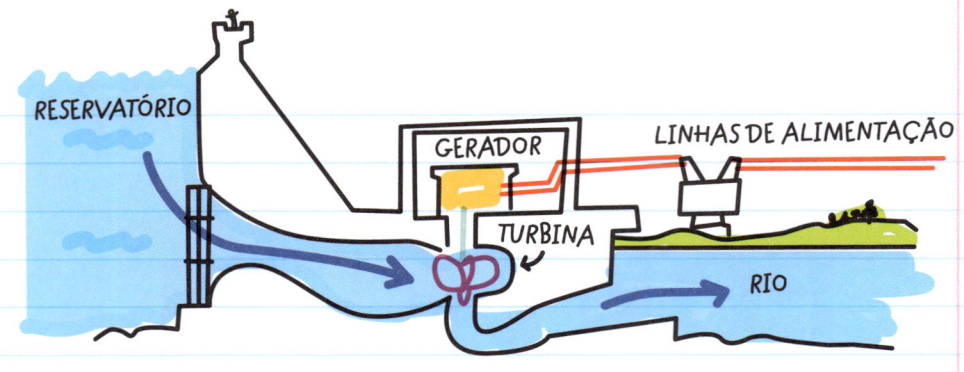

Adotando o conceito de conservação de energia, convertemos diferentes formas de energia em eletricidade. Tais formas podem ser classificadas em três categorias:

- **ENERGIA NUCLEAR**
- **ENERGIA FÓSSIL**, como petróleo, carvão e gás natural
- **ENERGIA RENOVÁVEL**, como energia hidrelétrica, solar, geotérmica, eólica e das marés

RECURSOS NÃO RENOVÁVEIS
Combustíveis fósseis

Os COMBUSTÍVEIS FÓSSEIS usam a energia química armazenada em organismos pré-históricos que se transformaram em petróleo, carvão e gás natural após milhões de anos sendo submetidos ao calor e à pressão. Quando os combustíveis fósseis são queimados, a energia química se transforma em energia térmica, usada para produzir vapor, que, por sua vez, aciona a turbina de um gerador de eletricidade.

TEM ALGUM FÓSSIL POR AQUI?

AINDA NÃO FUI ENCONTRADO!

Os combustíveis fósseis são considerados RECURSOS NÃO RENOVÁVEIS, o que significa que, mais cedo ou mais tarde, vão se esgotar. A queima de combustíveis fósseis gera muita poluição, o que é ruim para o meio ambiente: o CO_2 liberado na queima de combustíveis fósseis contribui para o **AQUECIMENTO GLOBAL**.

> SÃO USADOS MUITO MAIS DEPRESSA DO QUE PODEM SER REGENERADOS

> **AQUECIMENTO GLOBAL**
> um aumento da temperatura média da atmosfera terrestre, parcialmente causado pelo ser humano

Energia nuclear

Os REATORES NUCLEARES usam a energia armazenada nos núcleos de urânio enriquecido. Quando um núcleo se divide, libera uma quantidade enorme de energia, que pode ser usada para produzir vapor, o qual, por sua vez, aciona a turbina de um gerador de eletricidade. Embora os reatores nucleares não poluam muito o ar, produzem lixo nuclear, que é muito perigoso.

REATOR

VAPOR

Os recursos minerais estão distribuídos de forma irregular no planeta devido ao intemperismo, à erosão e às atividades humanas. Assim, por exemplo, quando as geleiras se deslocam, removem minerais de determinadas áreas e os depositam em outras. O ser humano também modifica o ambiente, às vezes de maneira irreversível. Quando construímos uma cidade ou mesmo um prédio novo, impedimos o acesso a recursos minerais ou acabamos por destruí-los. Tudo isso conduz a uma distribuição irregular de recursos, sendo que muitos deles levam várias gerações para serem regenerados ou substituídos.

RECURSOS RENOVÁVEIS

RECURSO RENOVÁVEL é um recurso que pode ser reposto. As energias hidrelétrica, solar, geotérmica, eólica, das marés e da biomassa são exemplos de recursos renováveis.

Hidreletricidade

A HIDRELETRICIDADE aproveita a energia potencial gravitacional da água para gerar energia elétrica. A água de um rio é acumulada no reservatório de uma represa e liberada (com a ajuda da gravidade) de forma controlada. A energia mecânica da água corrente aciona a turbina de um gerador de eletricidade.

HIDRELÉTRICA

Energia solar

SOLAR

Os PAINÉIS SOLARES absorvem a energia dos raios solares. Existem dois tipos de coletor de energia solar:

- **OS COLETORES TÉRMICOS** usam a energia dos raios solares para aquecer a água. A água quente pode ser usada para aquecer uma casa ou produzir vapor para acionar uma turbina, que por sua vez gera energia elétrica.

- Os **COLETORES FOTOVOLTAICOS** transformam diretamente a energia dos raios solares em energia elétrica.

Atualmente, apenas cerca de 0,1% da nossa energia elétrica é obtido a partir de painéis solares, devido aos altos custos. Tomara que isso melhore no futuro!

Energia geotérmica

O centro da Terra é extremamente quente, tão quente que muitas das rochas de lá estão no estado líquido. Em alguns lugares, tais rochas, que compõem o MAGMA, estão perto da superfície e podem aquecer a água para produzir vapor. Para explorar essas fontes subterrâneas de vapor e água quente, são feitas perfurações de poços. O vapor então é usado para gerar energia elétrica. Quando o vapor é resfriado numa torre, ele se transforma em água. A água é injetada de volta no subsolo e o processo se repete.

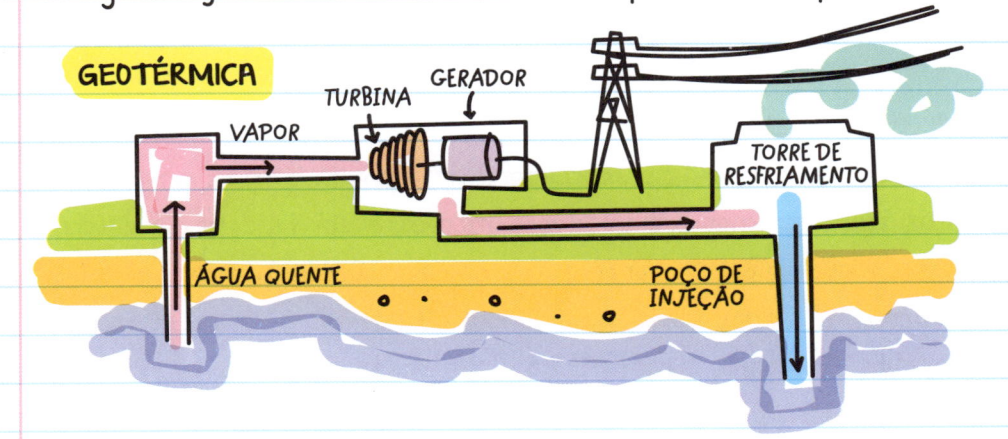

Energia das marés

A ENERGIA DAS MARÉS captura a energia das marés do oceano. Os oceanos estão em fluxo constante: oscilam entre maré alta e maré baixa cerca de duas vezes por dia. Em lugares onde a diferença entre as marés alta e baixa é muito grande, as turbinas submersas capturam a energia perene da subida e da descida da água.

Energia eólica

A ENERGIA EÓLICA também pode ser capturada para produzir energia elétrica. A energia mecânica do vento é usada para acionar as turbinas eólicas, que assim geram energia elétrica. A energia eólica é uma forma importante de energia renovável, muito embora as turbinas precisem estar localizadas em regiões com grande ocorrência de ventos para que sejam eficientes de fato.

Energia da biomassa

A energia da biomassa corresponde à energia química contida nas plantas e nos animais: você recorre a ela toda vez que faz uma fogueira para cozinhar ou para se aquecer, por exemplo. As plantas, a madeira e o lixo são as FONTES DE BIOMASSA mais comuns. A queima, desidratação ou estabilização da biomassa gera energia térmica, que é convertida em energia elétrica. Um dos meios mais comuns para gerar energia a partir da biomassa é queimando papel velho ou aparas de madeira.

> Se as fontes vegetais de biomassa não forem replantadas, passam a ser não renováveis.

VERIFIQUE SEUS CONHECIMENTOS

1. Cite exemplos de fontes de energia renováveis e não renováveis.

2. Cite alguns problemas na adoção de combustíveis fósseis como a principal fonte de energia elétrica.

3. Qual é o problema principal na adoção da energia nuclear?

4. O que é uma turbina?

5. Cite uma fonte de geração de energia elétrica que não usa turbina.

6. Quais são os dois tipos de coletor de energia solar e em que diferem?

7. De onde vem a energia nuclear?

8. De que modo a hidreletricidade produz energia?

9. A energia geotérmica usa o que para aquecer a água e produzir vapor?

10. O que é a energia da biomassa? Cite alguns exemplos de biomassa.

RESPOSTAS

CONFIRA AS RESPOSTAS

1. Renováveis: hidrelétrica, solar, geotérmica, eólica, da biomassa e das marés. Não renováveis: combustíveis fósseis e energia nuclear.

2. Depois que esgotarmos todos os combustíveis fósseis existentes na Terra, novos combustíveis fósseis levarão milhões de anos para se formar. A queima de combustíveis fósseis também é muito poluente. O CO_2 liberado contribui para o aquecimento global.

3. A energia nuclear gera um lixo muito tóxico, cujo armazenamento é um tanto complicado.

4. É uma peça semelhante a uma hélice, que faz girar um eixo de metal em um gerador de eletricidade.

5. Coletor fotovoltaico.

6. Coletores térmicos e coletores fotovoltaicos. Os coletores térmicos absorvem a energia dos raios solares para aquecer a água, que por sua vez é usada para gerar energia elétrica. Os coletores fotovoltaicos transformam diretamente a energia solar em energia elétrica.

7. A energia nuclear vem de núcleos de urânio enriquecido.

8. A água de um rio é acumulada no reservatório de uma represa e liberada (com a ajuda da gravidade) de forma controlada. A energia mecânica da água corrente aciona a turbina de um gerador de eletricidade.

9. O magma (rochas em estado líquido) que existe nas profundezas da Terra.

10. A energia da biomassa é a energia química contida nas plantas e nos animais. Alguns exemplos de biomassa são as plantas e a madeira.

Unidade 5

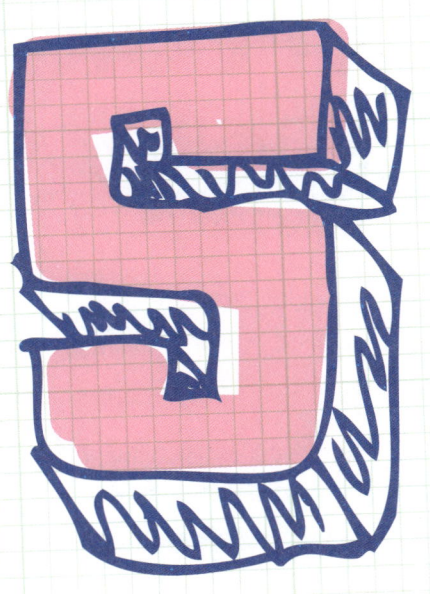

O espaço sideral: o Universo e o Sistema Solar

Capítulo 18
O SISTEMA SOLAR E A EXPLORAÇÃO DO ESPAÇO

O Sistema Solar é **ENORME**! A distância da Terra ao Sol é de cerca de 150 milhões de quilômetros e representa apenas uma pequena fração do raio do Sistema Solar — que inclui todos os astros sob influência direta da gravidade do Sol, como seus oito planetas, luas, cometas e asteroides.

> PODE SER QUE HAJA UM NONO PLANETA! FORAM ENCONTRADAS EVIDÊNCIAS DA ATRAÇÃO GRAVITACIONAL DE UM OBJETO DE GRANDE PORTE, MAIS DISTANTE QUE NETUNO, PORÉM ELE NÃO FOI FLAGRADO... AINDA!

> A distância média da Terra ao Sol (150 milhões de quilômetros) é um número complexo de se trabalhar. Por isso foi convencionado que ela corresponde a uma **UNIDADE ASTRONÔMICA (UA)**.

Nosso Sistema Solar*

*TAMANHO DOS PLANETAS EM ESCALA

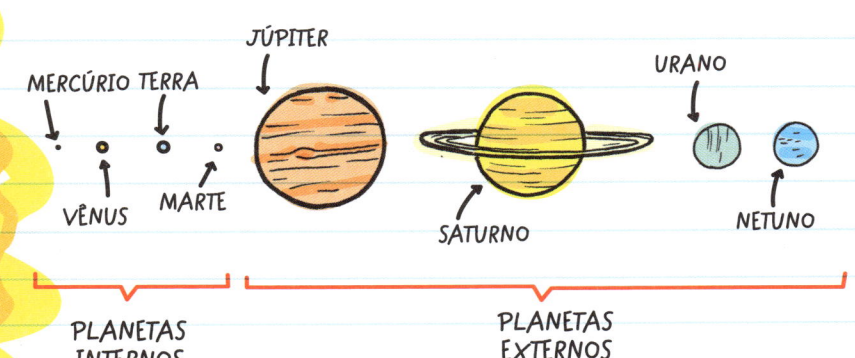

MERCÚRIO — TERRA — JÚPITER — URANO
VÊNUS — MARTE — SATURNO — NETUNO

PLANETAS INTERNOS

PLANETAS EXTERNOS

> Ao observar um modelo, verifique as medidas para que os objetos estejam representados em **ESCALA**. Nos modelos em escala, as dimensões dos objetos são proporcionais a suas dimensões verdadeiras.

PLANETAS INTERNOS

MODELO EM ESCALA: a representação de um objeto cujas dimensões são proporcionais ao seu tamanho verdadeiro

Os quatro planetas mais próximos do Sol são chamados PLANETAS INTERNOS. Eles são PLANETAS TELÚRICOS, o que significa "parecidos com a Terra". Assim como a Terra, tais planetas possuem formações rochosas e um núcleo metálico, e apresentam crateras na superfície, produzidas por colisões de meteoritos. Em ordem do mais próximo do Sol para o mais distante, os planetas internos são os seguintes:

MERCÚRIO
- Apresenta temperaturas extremas (-180°C a 430°C) porque não possui atmosfera
- É parecido com a Lua: tem muitas escarpas e crateras
- Não possui satélites naturais

VÊNUS
- O mais semelhante à Terra em tamanho e massa
- Tem atmosfera densa, composta principalmente por dióxido de carbono, que retém o calor: a temperatura da superfície está em torno de 464°C

TERRA
- É o único planeta sabidamente com vida, possivelmente graças à presença de água no estado líquido, atmosfera e uma camada de ozônio
- Possui um satélite natural relativamente grande (a Lua!)

MARTE
- A superfície é predominantemente vermelha porque contém uma grande quantidade de óxido de ferro (ferrugem)
- Possui calotas de gelo, vales e o maior vulcão do Sistema Solar, o Monte Olimpo
- Possui uma atmosfera rarefeita, composta principalmente por dióxido de carbono 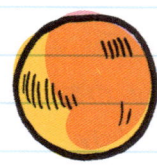
- Está sujeito a grandes tempestades de areia e apresenta estações definidas
- Possui dois pequenos satélites, Fobos e Deimos

PLANETAS EXTERNOS

Os PLANETAS EXTERNOS do Sistema Solar são os planetas mais distantes do Sol. Eles também são chamados gigantes gasosos, pois, embora talvez possuam núcleos rochosos ou metálicos, são compostos principalmente por atmosferas densas. Não possuem limites bem definidos e são muito maiores do que os planetas telúricos ou internos.

JÚPITER

- É o maior planeta do Sistema Solar
- É composto principalmente por hidrogênio, hélio, amônia, metano e vapor d'água
- Acredita-se que tenha pelo menos 79 satélites naturais, dentre eles o maior do Sistema Solar ← CHAMADO GANIMEDES
- Possui faixas brancas, vermelhas e marrons, devido às tempestades e às espécies químicas em temperaturas diferentes na atmosfera. A Grande Mancha Vermelha é uma dessas tempestades.

SATURNO

- É o segundo maior planeta e o menos denso de todos
- É composto principalmente por hidrogênio e hélio
- Possui um complexo sistema de anéis feitos de gelo, partículas rochosas e poeira
- Tem pelo menos 61 satélites naturais, sendo que um deles possui gêiseres ativos

URANO

- Sua cor é verde-azulada por causa do metano na atmosfera
- É composto principalmente por hidrogênio, hélio e metano
- Tem pelo menos 27 satélites naturais e 13 anéis
- Provavelmente possui um núcleo de gelo e rocha
- Urano parece estar virado de lado: seu **EIXO** de rotação é paralelo à sua órbita (diferentemente dos outros planetas)

EIXO
linha imaginária em torno da qual um corpo gira

NETUNO

- É o planeta mais distante do Sol
- Sua cor também é verde-azulada
- A atmosfera pode mudar rapidamente (apresenta muitas manchas causadas por tempestades)
- Tem pelo menos 14 satélites naturais e 5 anéis

Eis um mnemônico para se lembrar da ordem dos oito planetas:

Meu **V**elho **T**errier **M**ergulhou **J**eitosamente **S**ó **U**ma **N**oite

(**M**ercúrio, **V**ênus, **T**erra, **M**arte, **J**úpiter, **S**aturno, **U**rano, **N**etuno)

PLANETAS-ANÕES

Os planetas-anões são menores do que os planetas internos e externos, mas também giram em torno do Sol. São também diferentes dos outros planetas porque sua gravidade não é suficiente para remover outros corpos de suas órbitas. Os maiores planetas-anões são CERES, PLUTÃO e ÉRIS, mas provavelmente existem centenas de planetas-anões a serem descobertos nas regiões mais distantes do Sistema Solar.

CERES

PLUTÃO   ÉRIS

TAMANHO DOS PLANETAS-ANÕES EM ESCALA APROXIMADA

Plutão já foi considerado o nono planeta, mas, após a descoberta de Éris e outros estudos, o termo "planeta" foi redefinido e Plutão foi rebaixado para planeta-anão. Plutão é tão frio que é feito de rochas e gases congelados. Ceres fica no cinturão de asteroides situado entre Marte e Júpiter.

OUTROS CORPOS no SISTEMA SOLAR

Além de planetas e satélites, existem outros corpos no Sistema Solar:

ASTEROIDES: grandes fragmentos rochosos de forma irregular localizados numa região chamada **CINTURÃO DE ASTEROIDES**, situada entre Marte e Júpiter, ou espalhados pelo Sistema Solar. Depois dos planetas e satélites naturais, são os maiores corpos do Sistema Solar.

COMETAS: "bolas de neve sujas" feitas de gelo, poeira, partículas de rochas e gases congelados que giram em torno do Sol, geralmente com órbitas muito extensas. Podem ser visíveis no céu a olho nu quando se aproximam do Sol, devido às caudas longas que se formam quando são parcialmente vaporizados pelo calor solar. (A cauda não fica atrás do cometa; ela sempre aponta para o lado contrário do Sol.)

A **NUVEM DE OORT** é formada por bilhões de cometas situados numa região para além de Plutão. O nome é uma homenagem ao astrônomo **JAN OORT**, que apontou a existência de nuvens desse tipo.

METEOROIDES, METEOROS E METEORITOS

METEOROIDES são pequenos blocos de rochas e poeira (como cometas que se desintegraram). Os meteoroides se tornam **METEOROS** quando estão entrando na atmosfera da Terra e são volatilizados pelo atrito, deixando um rastro luminoso. Um meteoro que chega à superfície da Terra sem se desintegrar totalmente na atmosfera leva o nome de **METEORITO**.

Os rastros luminosos que você vê à noite são, em geral, produzidos por meteoros do tamanho de grãos de areia!

ESPERO QUE NÃO SEJA UM METEORITO...

UMA "ESTRELA CADENTE" É, NA VERDADE, UM METEORO.

ESTRELA CADENTE?

METEORO.

METEOROIDE:
um fragmento de rocha ou poeira espacial

METEORO:
um meteoroide que entra em combustão quando passa pela atmosfera terrestre

METEORITO:
um meteoro que chega à superfície da Terra

APENAS UMA PEQUENA FRAÇÃO DE TODOS OS METEOROS

EXPLORAÇÃO e ESTUDO do ESPAÇO

Telescópios

As estrelas e outros astros emitem ondas eletromagnéticas, como ondas de rádio e de luz visível. Na Terra, estudamos tais ondas com telescópios a fim de compreender melhor o espaço.

OBSERVATÓRIOS são prédios que abrigam telescópios. Também há telescópios instalados em satélites artificiais, numa tentativa de reduzir as distorções causadas pela atmosfera ou captar radiação que não atravessa a atmosfera, como os raios X.

TELESCÓPIOS ÓTICOS captam a luz vinda do espaço e ampliam as imagens dos astros.

RADIOTELESCÓPIOS captam ondas de rádio em vez de ondas luminosas. Ao contrário das ondas luminosas, as ondas de rádio não dependem tanto das condições atmosféricas. Alguns radiotelescópios são compostos por grandes antenas parabólicas que abrangem uma área extensa.

OUTROS TELESCÓPIOS podem coletar ondas eletromagnéticas de diferentes comprimentos de onda, como raios X, raios gama e outras, para assim fornecer mais informações a respeito do Sistema Solar e do Universo.

Exploração do espaço

FOGUETES são máquinas com motores poderosos usadas para enviar objetos como satélites e sondas espaciais para o espaço sideral.

> LUAS SÃO SATÉLITES!

Um **SATÉLITE** é qualquer astro que gira em torno de um planeta. Já os **SATÉLITES ARTIFICIAIS** coletam dados da superfície terrestre e os transmitem para a Terra, como, por exemplo, imagens e informações sobre o padrão climático.

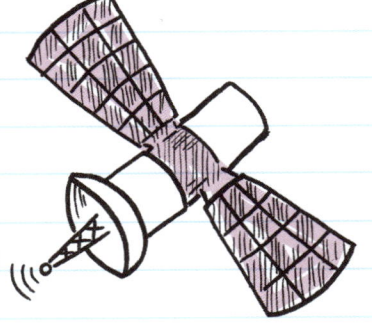

SONDAS ESPACIAIS são naves que viajam pelo espaço sideral coletando e transmitindo dados para a Terra a partir de ondas de rádio. Muito do que sabemos sobre os planetas e outros astros do Sistema Solar vem de dados coletados por sondas espaciais.

Um **ÔNIBUS ESPACIAL** podia transportar satélites e astronautas para o espaço, como se fosse um avião.

Uma **ESTAÇÃO ESPACIAL** é uma combinação de laboratório e moradia para os astronautas.

LAR DOCE LAR.

Medindo distâncias no espaço

Como os objetos no espaço estão muito afastados, é preciso usar unidades especiais para medir distâncias. Uma das unidades usadas para medir distâncias no espaço é o ANO-LUZ. Um ano-luz equivale à distância que a luz percorre no vácuo em um ano, o que dá cerca de 9,5 trilhões de quilômetros. A estrela mais próxima da Terra fica a cerca de 4,3 anos-luz de distância.

AQUI EM MARTE É CHEIO DE ROCHAS... É!

VERIFIQUE SEUS CONHECIMENTOS

1. Cite os planetas do Sistema Solar a partir do mais próximo do Sol.

2. O cinturão de asteroides fica entre _____ e _____.

3. As "bolas de neve sujas" do espaço são os _____.

4. Por que os planetas externos são chamados gigantes gasosos?

5. Qual é a diferença entre meteoroide, meteoro e meteorito?

6. A Grande Mancha Vermelha é uma _____ no planeta _____.

7. O que são planetas-anões?

8. O planeta _____ possui um complexo sistema de anéis.

9. A Terra é o único planeta que sabidamente abriga ____.

10. As grandes distâncias do espaço podem ser medidas em ____-___.

RESPOSTAS

CONFIRA AS RESPOSTAS

1. Mercúrio, Vênus, Terra, Marte, Júpiter, Saturno, Urano e Netuno.

2. Marte, Júpiter

3. cometas

4. Porque são compostos principalmente por gases.

5. Um meteoroide é um bloco de rocha e poeira cósmica no espaço sideral. Um meteoro é um meteoroide que entra em combustão quando atinge a atmosfera terrestre. Um meteorito é um meteoro que atinge a superfície da Terra.

6. tempestade, Júpiter

7. Planetas-anões são astros menores do que os planetas internos e externos, mas que também giram em torno do Sol. Eles não são capazes de remover outros corpos de suas órbitas.

8. Saturno

9. vida

10. anos-luz

Capítulo 19
O SISTEMA SOL-TERRA-LUA

Diariamente, observamos o Sol, a Terra e a Lua em ação. As marés do oceano, a duração dos dias, as estações do ano e as fases da Lua são fruto das interações entre o Sol, a Terra e a Lua.

A TERRA
Características da Terra

A Terra possui o formato de uma ESFERA levemente achatada, como uma bola de borracha apertada na mão. Entretanto, tal distorção não é muito grande. Ela foi causada pelo movimento de rotação, igual a quando você gira uma bola de massa e ela vai se esticando para formar uma pizza.

Os movimentos da Terra e o núcleo ferroso produzem um campo magnético. Uma bússola é simplesmente um ímã que aponta em direção ao polo norte magnético da Terra, que não fica exatamente no polo norte geográfico! O polo norte magnético muda de posição ligeiramente de ano a ano.

Os movimentos da Terra

ROTAÇÃO: a Terra gira em torno de uma linha vertical imaginária que vai do Polo Norte ao Polo Sul. ← COMO UM GLOBO
Tal movimento é chamado ROTAÇÃO. A Terra completa uma rotação aproximadamente a cada 24 horas. É esse movimento que cria a ilusão de que o Sol se movimenta no céu.

TRANSLAÇÃO: a Terra também gira em torno do Sol. Esse movimento é chamado TRANSLAÇÃO. A Terra completa uma translação a cada 365,25 dias aproximadamente. O ano civil se baseia na translação da Terra (1 ano tem 365 dias). O caminho que a Terra percorre em torno do Sol é chamado ÓRBITA. A órbita terrestre desenha uma ELIPSE, que é um círculo alongado, como uma oval. Em consequência, a distância entre a Terra e o Sol varia ao longo do ano.

> DE 4 EM 4 ANOS, ACRESCENTAMOS UM DIA NO ANO CIVIL (SÃO OS ANOS BISSEXTOS) PARA COMPENSAR AS 6 HORAS E 9 MINUTOS A MAIS.

INCLINAÇÃO DA TERRA: o eixo da Terra possui uma inclinação de 23,44° em relação à linha perpendicular ao plano da órbita. Por causa da inclinação da Terra, a luz solar incide em sua superfície com ângulos diferentes em diversos estágios da órbita.

ESTAÇÕES DO ANO: a órbita da Terra, combinada à inclinação do eixo, dá origem às estações. Quando o hemisfério sul está inclinado em direção ao Sol, os raios solares incidem com um ângulo maior e por mais tempo, o que significa que ele recebe mais energia do Sol. Isso corresponde ao verão no hemisfério sul. No verão, faz mais calor porque os dias ficam mais longos e o ângulo de incidência da luz solar é maior.

Quando o hemisfério sul está inclinado para longe do Sol, os raios solares incidem com um ângulo menor e por menos tempo. Essa situação corresponde ao inverno. Nessa época, faz mais frio porque os dias ficam mais curtos e o ângulo de incidência da luz solar é menor.

Os dois hemisférios estão sempre em estações opostas. Quando o hemisfério sul está inclinado em direção ao Sol, o hemisfério norte está inclinado para longe do Sol e vice-versa. Quando é inverno no Brasil, é verão nos Estados Unidos. As estações não mudam porque a inclinação da Terra muda, e sim porque a Terra se move até o outro lado do Sol.

SOLSTÍCIOS: os dias em que a Terra está mais inclinada em direção ao Sol são chamados SOLSTÍCIOS. Por isso, nos solstícios o Sol fica numa posição mais alta ou mais baixa no céu ao meio-dia. Os solstícios acontecem por volta de 21 de junho e 21 de dezembro, e correspondem ao dia mais curto e ao mais longo do ano, respectivamente, no hemisfério sul. O Sol fica mais alto no céu no solstício de verão e mais baixo no solstício de inverno. O dia mais longo do ano acontece no solstício de verão, e a noite mais longa, no de inverno.

EQUINÓCIOS: como nos EQUINÓCIOS a Terra não está inclinada nem na direção do Sol nem na direção oposta, a duração do dia é a mesma no mundo inteiro. Nos dias de equinócio, o Sol está diretamente acima do equador, de modo que o dia e a noite têm doze horas em todos os pontos da Terra. Os equinócios acontecem no outono e na primavera, por volta de 20 de março e 22 de setembro.

> O equinócio de primavera também é chamado **EQUINÓCIO VERNAL** e marca o início da primavera.

> O equinócio de outono também é chamado **EQUINÓCIO OUTONAL** e marca o início do outono.

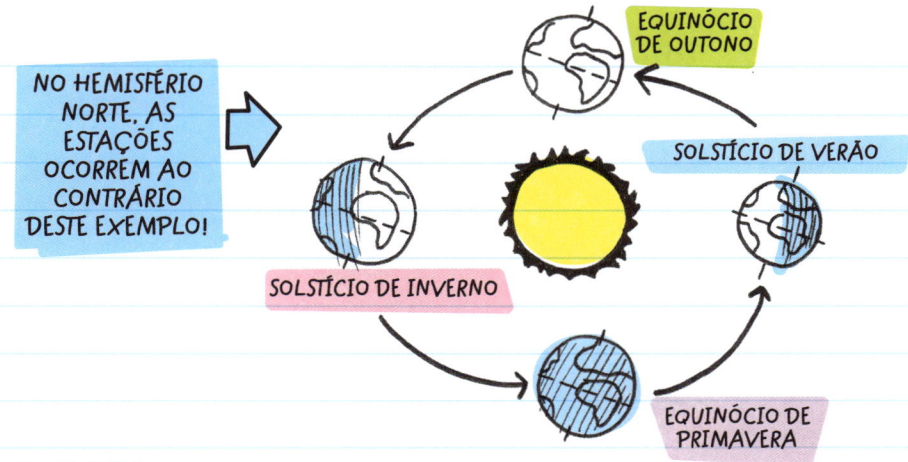

NO HEMISFÉRIO NORTE, AS ESTAÇÕES OCORREM AO CONTRÁRIO DESTE EXEMPLO!

EQUINÓCIO DE OUTONO

SOLSTÍCIO DE VERÃO

SOLSTÍCIO DE INVERNO

EQUINÓCIO DE PRIMAVERA

A LUA

A LUA é o satélite natural da Terra. Ela provavelmente se formou há bilhões de anos, quando nosso jovem planeta colidiu contra um corpo celeste do tamanho aproximado de Marte. A gravidade uniu os fragmentos da colisão, formando uma grande bola que se tornou a Lua.

A composição e a superfície da Lua

Quando você olha para a Lua numa noite sem nuvens, pode observar diferentes tipos de superfície. A Lua possui montanhas, crateras e regiões planas e escuras compostas de lava solidificada produzida por erupções vulcânicas. As regiões montanhosas da Lua são chamadas TERRAS ALTAS e as regiões planas e escuras são chamadas MARES. A Lua inclusive possui LUNAMOTOS! Missões espaciais também descobriram que os polos lunares podem conter GELO.

NEM GELO NEM ÁGUA: SORVETE LUNAR! HUMM!

Os movimentos da Lua

TRANSLAÇÃO E ROTAÇÃO: a nossa Lua está em movimento constante e completa uma revolução em torno da Terra a cada 27,3 dias. Ao mesmo tempo que a Lua gira em torno da Terra, ela também gira em torno do próprio eixo a cada 27,3 dias (do mesmo modo que a Terra gira em torno do Sol e gira em torno do próprio eixo simultaneamente). Como a Lua leva o mesmo tempo para realizar os movimentos de rotação e translação, vemos sempre a mesma face dela.

COMPLETOU A ROTAÇÃO ESSE MÊS, CARA?

SIM! 27,3 DIAS, CARA!

Quando você anda num rotor no parque de diversões, está girando constantemente, mas sempre voltado para o centro do movimento circular. A Lua faz exatamente a mesma coisa – ela gira, mas o tempo todo com a mesma face voltada para a Terra.

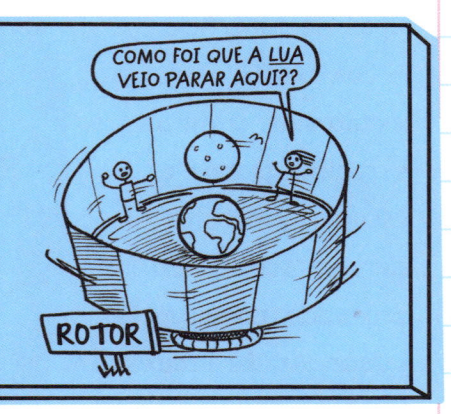

COMO FOI QUE A LUA VEIO PARAR AQUI??

ROTOR

FASES DA LUA: a Lua brilha à noite porque reflete a luz solar. O Sol sempre ilumina metade da Lua, mas, como as posições da Terra e da Lua mudam, podemos observar uma parte diferente do lado iluminado da Lua a cada noite. As mudanças de aparência da Lua são chamadas FASES e dependem das posições relativas da Terra, da Lua e do Sol. Quando a Lua parece aumentar com o passar das noites, ela está CRESCENTE; quando parece diminuir com o passar das noites, está MINGUANTE.

> A primeira vez que o homem viu o lado oculto da Lua foi quando uma sonda enviou uma foto!

A Lua passa por oito fases principais:

PONTO DE VISTA DO HEMISFÉRIO SUL

1. LUA NOVA
2. LUA CRESCENTE (CÔNCAVA)
3. QUARTO CRESCENTE
4. LUA CRESCENTE (CONVEXA)
5. LUA CHEIA
6. LUA MINGUANTE (CONVEXA)
7. QUARTO MINGUANTE
8. LUA MINGUANTE (CÔNCAVA)

A Lua fica crescente da lua nova até a lua cheia, e minguante da lua cheia até a lua nova. Um CICLO LUNAR, que possui 29,5 dias de duração, é o tempo que a Lua leva para passar pelas oito fases.

> Chamamos isso de mês lunar!

ECLIPSE SOLAR: um ECLIPSE SOLAR acontece quando a Lua está entre a Terra e o Sol. Nessa posição, a Lua pode bloquear a luz do Sol, cobrindo-o completa ou parcialmente projetando uma sombra na Terra.

ECLIPSE LUNAR: a Terra também pode impedir a luz solar de chegar à Lua. Quando a Terra está entre o Sol e a Lua, projeta uma sombra em seu satélite natural, causando um ECLIPSE LUNAR. Durante um eclipse lunar, a luz do Sol refratada na atmosfera terrestre faz a Lua ficar avermelhada.

Os eclipses são relativamente raros porque o Sol, a Lua e a Terra precisam estar perfeitamente alinhados para tal, coisa que não acontece com frequência.

Marés

INFLUÊNCIA DA LUA: enquanto a gravidade terrestre atrai a Lua, mantendo-a em órbita, a gravidade lunar atrai a Terra, provocando as marés. As MARÉS são a subida e descida regular do nível da água dos oceanos. Os lados da Terra que estão mais próximos e mais afastados da Lua experimentam a maré alta porque a água está sendo atraída em direção à Lua. O ponto de maré alta se movimenta transversalmente à Terra enquanto nosso planeta gira sob essas "montanhas de água". Assim, a maioria dos lugares experimenta duas marés altas e duas marés baixas por dia. Como cada rotação do nosso planeta leva 24 horas, o intervalo de tempo entre a maré alta e a maré baixa é de aproximadamente seis horas.

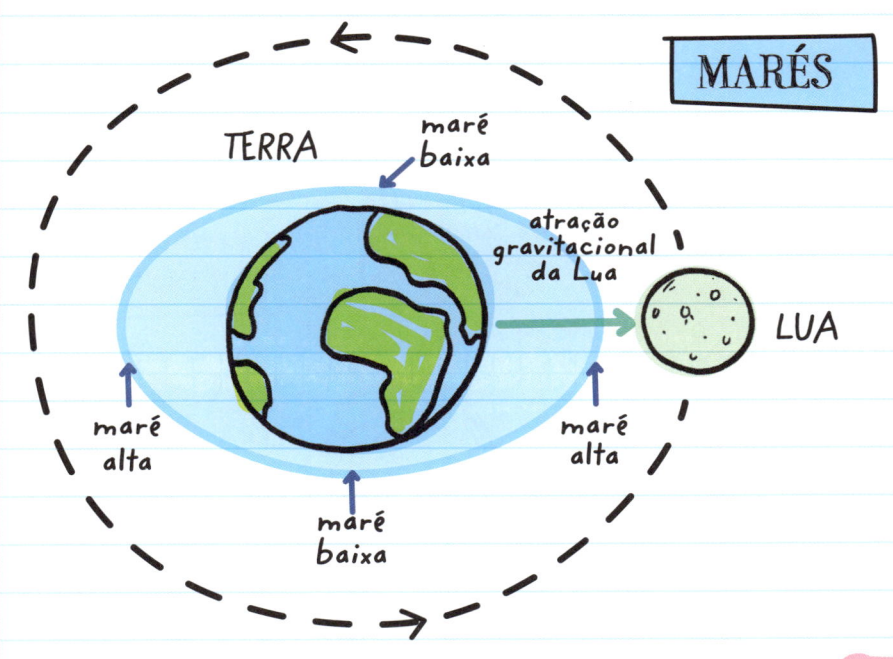

EFEITO DO SOL: quando a Terra, o Sol e a Lua estão alinhados, as gravidades da Lua e do Sol se somam, produzindo marés altas ainda mais altas e marés baixas ainda mais baixas, as chamadas MARÉS DE SIZÍGIA. Quando o Sol e a Lua formam um ângulo de 90° em relação à Terra, as forças gravitacionais não ficam alinhadas e, portanto, não se somam. Como resultado, as marés, chamadas MARÉS DE QUADRATURA, são menos pronunciadas.

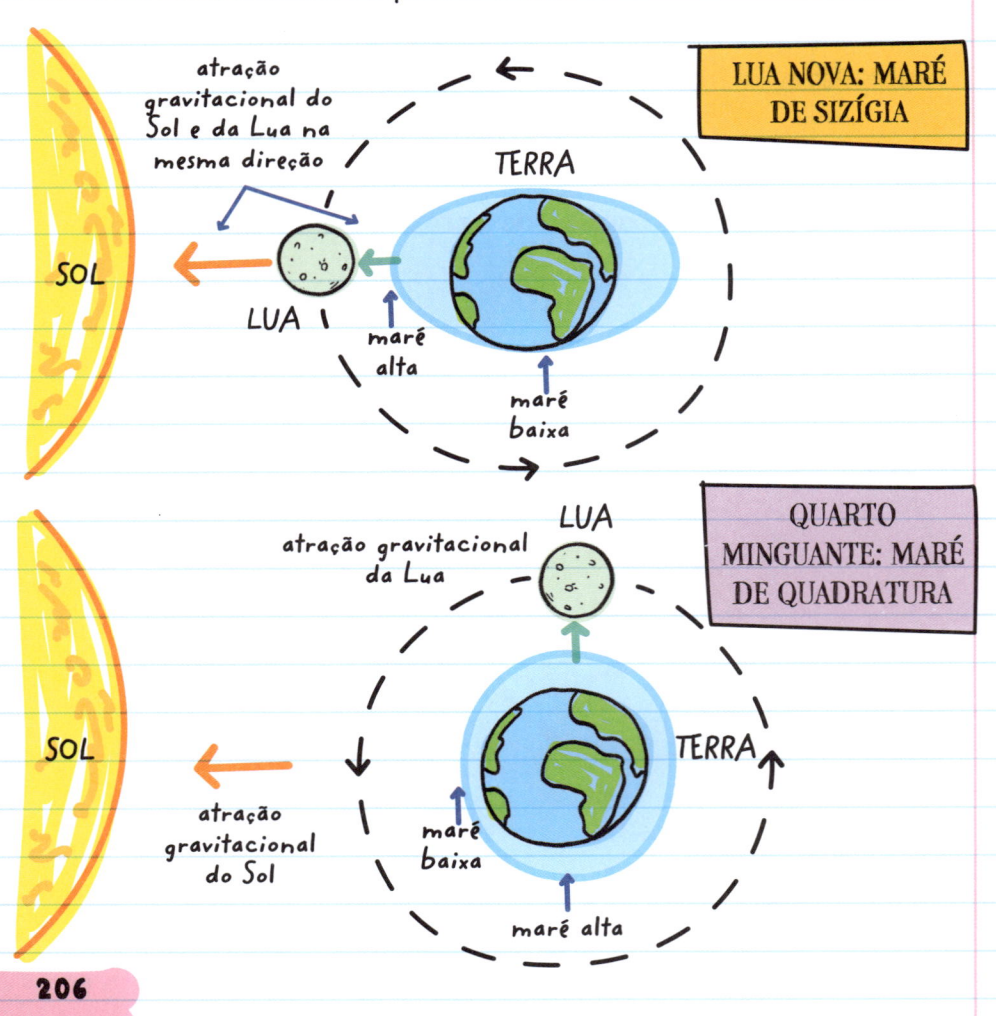

LUA NOVA: MARÉ DE SIZÍGIA

atração gravitacional do Sol e da Lua na mesma direção

SOL — LUA — TERRA — maré alta — maré baixa

QUARTO MINGUANTE: MARÉ DE QUADRATURA

atração gravitacional da Lua

SOL — atração gravitacional do Sol — maré baixa — TERRA — LUA — maré alta

VERIFIQUE SEUS CONHECIMENTOS

1. Como se chama a linha imaginária que liga os polos terrestres e em torno da qual a Terra gira?

2. Qual é o nome do movimento que a Terra leva um ano para completar?

3. Quando é verão no hemisfério sul e por quê?

4. De que forma você acha que nossas estações seriam afetadas se a Terra tivesse uma inclinação maior? Por quê?

5. Qual é a diferença entre solstício e equinócio?

6. Por que vemos sempre o mesmo lado da Lua?

7. O que acontece num eclipse solar e o que acontece num eclipse lunar?

8. De que modo a gravidade lunar afeta a água na Terra?

RESPOSTAS

CONFIRA AS RESPOSTAS

1. Eixo da Terra.
2. Translação.
3. Quando o hemisfério sul está inclinado na direção do Sol. Porque a luz solar incide em um ângulo maior e por mais tempo, o que resulta em dias mais longos e mais quentes.
4. As estações seriam mais pronunciadas. A luz solar no verão incidiria num ângulo ainda maior e os dias seriam ainda mais longos. No inverno, aconteceria o contrário.
5. O solstício acontece quando a Terra está com a inclinação máxima em direção ao Sol, o que resulta nos dias mais longos e mais curtos do ano. Os equinócios acontecem quando a Terra não está inclinada em direção ao Sol, de modo que a duração do dia é a mesma em todos os lugares do mundo: doze horas de luz, doze horas de escuridão.
6. Vemos sempre o mesmo lado da Lua porque os movimentos de rotação e translação da Lua levam o mesmo tempo para acontecer, sincronizadamente.
7. Em um eclipse solar, a Lua se alinha perfeitamente entre o Sol e a Terra, impedindo que a luz solar chegue à Terra. Em um eclipse lunar, a Terra se alinha perfeitamente entre o Sol e a Lua, bloqueando assim a luz solar e formando uma sombra sobre a Lua.
8. A gravidade lunar atrai a Terra, causando as marés (subida e descida dos níveis de água dos oceanos).

Capítulo 20
ESTRELAS E GALÁXIAS

ESTRELAS

Uma ESTRELA é um astro que emite energia na forma de luz e calor. As estrelas são feitas de gases, que, quando comprimidos pela força da gravidade, deixam a temperatura no centro da estrela tão alta que os núcleos dos átomos começam a se fundir, transformando hidrogênio em hélio. Essa reação é chamada FUSÃO NUCLEAR e gera enormes quantidades de energia, que é irradiada para o espaço em vários comprimentos de onda do espectro eletromagnético.

Vida das estrelas

A vida de uma estrela típica passa por vários estágios:

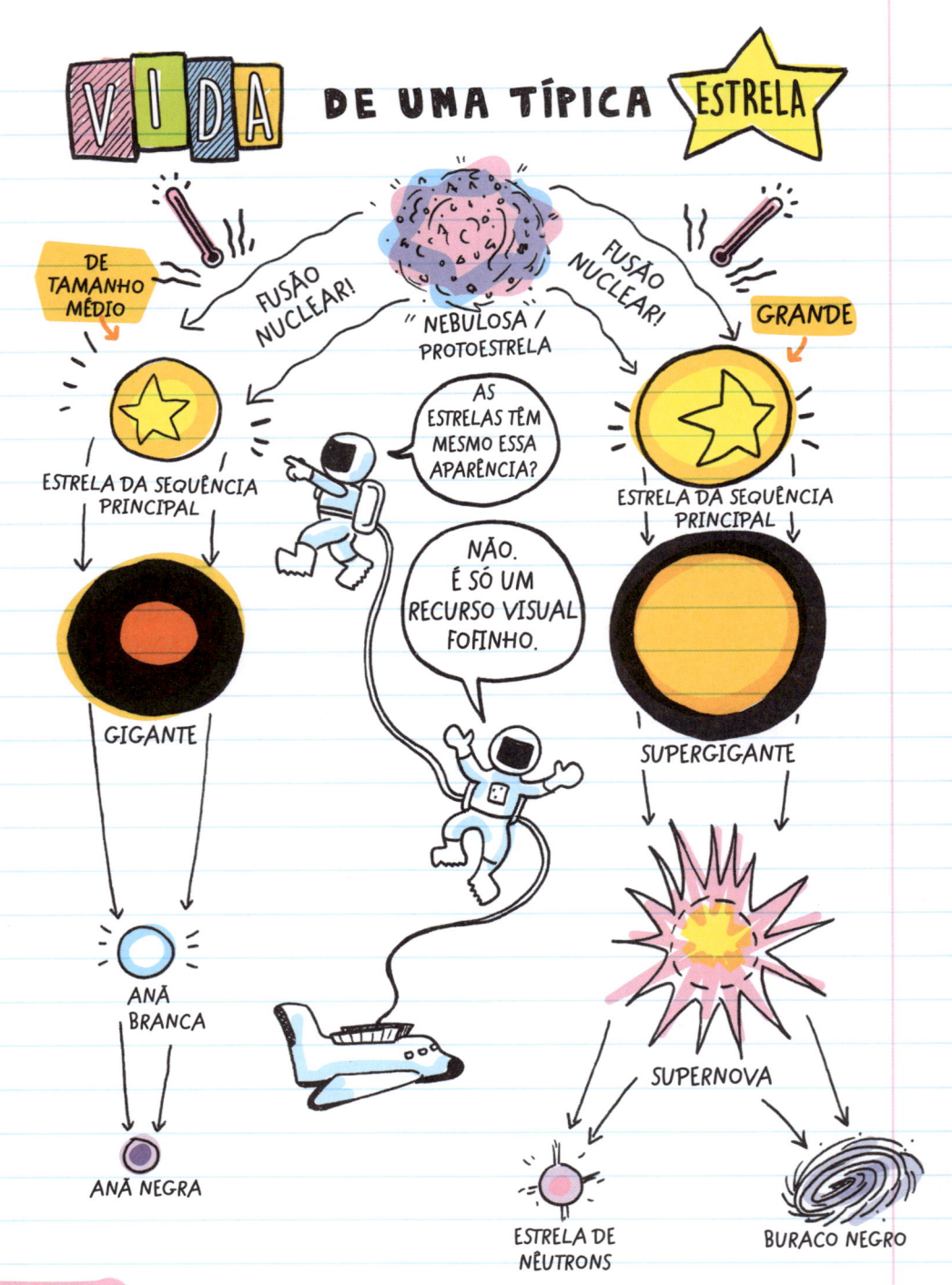

VIDA DE UMA TÍPICA ESTRELA

NEBULOSA / PROTOESTRELA

FUSÃO NUCLEAR!

- DE TAMANHO MÉDIO → ESTRELA DA SEQUÊNCIA PRINCIPAL → GIGANTE → ANÃ BRANCA → ANÃ NEGRA
- GRANDE → ESTRELA DA SEQUÊNCIA PRINCIPAL → SUPERGIGANTE → SUPERNOVA → ESTRELA DE NÊUTRONS / BURACO NEGRO

As estrelas têm mesmo essa aparência?

Não. É só um recurso visual fofinho.

NEBULOSA: uma grande nuvem de gases e poeira. Com o tempo, a gravidade faz as nebulosas se contraírem. Uma nebulosa que se contrai é chamada **PROTOESTRELA**.

FUSÃO NUCLEAR: quando a nebulosa se contrai, a temperatura aumenta até ficar tão alta (mais de 10 milhões de Kelvin!) que os átomos de hidrogênio começam a se fundir, produzindo hélio e liberando energia na forma de luz e calor. A nebulosa então se torna uma estrela.

ESTRELA DA SEQUÊNCIA PRINCIPAL: a fusão no interior das estrelas cria uma pressão em direção ao exterior que compensa a força da gravidade. A fusão é alimentada pelo hidrogênio que ainda não foi transformado em hélio. As estrelas grandes podem durar apenas uns poucos milhões de anos porque queimam o combustível muito depressa. Já as estrelas de porte médio (como o Sol) podem durar cerca de 10 bilhões de anos (estamos quase na metade!) e as estrelas pequenas podem durar trilhões de anos.

ESTRELAS GIGANTES: quando uma estrela de porte médio converte todo o hidrogênio em hélio, perde sua fonte de energia e começa a esfriar. O resfriamento reduz a pressão em direção ao exterior e o núcleo se contrai. A contração então provoca um aumento de temperatura e as camadas externas da estrela se expandem, depois esfriam e são ejetadas para o espaço. Uma estrela nessa fase de seu ciclo de vida é chamada **GIGANTE**. As estrelas grandes formam **SUPERGIGANTES**, ao passo que estrelas médias formam gigantes. Quando o núcleo de uma estrela gigante se aquece devido a toda a compressão, a fusão recomeça.

Em seguida, uma estrela gigante se torna uma anã branca, enquanto uma estrela supergigante explode, dando origem a uma supernova.

ANÃS BRANCAS: depois que o núcleo da estrela gigante se contrai, é criada uma anã branca e as camadas externas dão origem a uma nebulosa planetária. Quando esse tipo de estrela esfria e deixa de emitir luz, torna-se uma **ANÃ NEGRA**.

SUPERNOVA: uma supergigante, que é formada por uma estrela com muita massa e muito grande, sofre uma rápida compressão, levando a temperaturas MUITO elevadas em seu núcleo. A fusão passa a formar elementos cada vez mais pesados, tal qual o ferro. Como o ferro não é capaz de liberar energia por meio de fusão, o núcleo da estrela implode violentamente, produzindo ondas que expulsam as camadas externas e emitem um forte clarão conhecido como supernova. Depois que a supernova implode, ela se contrai numa esfera muito densa chamada **ESTRELA DE NÊUTRONS**, pois apenas nêutrons são capazes de existir em seu núcleo. Supernovas menores formam estrelas de nêutrons porque eles são capazes de resistir à força da gravidade e mantêm a estrela em equilíbrio. Em supernovas maiores, a força da gravidade é tão grande que nada consegue resistir a ela, por isso tudo que está por perto é sugado com tal intensidade que nem a luz escapa; o resultado é um **BURACO NEGRO**.

A poeira e o gás ejetados de uma estrela durante seu ciclo de vida podem formar novas nebulosas, fazendo o processo se repetir! De fato, todos os elementos que encontramos na Terra (exceto o hidrogênio) são resíduos deixados por estrelas antigas.

SOMOS LITERALMENTE POEIRA DE ESTRELAS!

> Quanto maior a estrela, mais depressa ela evolui. Geralmente estrelas menores podem viver mais, porque não queimam seu combustível tão depressa.

A luz das estrelas

Quando você olha para o céu, as estrelas parecem não sofrer tantas variações de cor, mas na verdade a tonalidade delas depende da temperatura de sua superfície e também varia de acordo com o tipo de estrela e com o ponto no qual ela se encontra em seu ciclo de vida.

Para a maioria das estrelas conhecidas como estrelas da sequência principal, as mais quentes emitem uma luz forte e azulada, e as mais frias emitem uma luz fraca e avermelhada. As anãs brancas, as estrelas gigantes e as estrelas supergigantes são exceções, porque no caso delas não há uma relação direta entre a temperatura e a luminosidade: as anãs brancas são estrelas muito quentes que quase não brilham, enquanto as gigantes e supergigantes são estrelas relativamente frias, porém com um brilho muito intenso.

Cada elemento presente na atmosfera da grande maioria das estrelas produz um ESPECTRO DE ABSORÇÃO diferente. Os espectros de absorção são conjuntos de comprimentos de onda da luz, e cada elemento absorve uma combinação única. Os astrônomos conseguem determinar a composição das estrelas apenas observando os comprimentos de onda da luz emitida por uma estrela.

Constelações

Quando você olha para o céu numa noite sem nuvens, consegue ver muitas estrelas. As formas que as pessoas veem no céu reunindo algumas estrelas são chamadas CONSTELAÇÕES.

A Grande Panela (parte de uma constelação chamada Ursa Maior) talvez seja a forma mais fácil de reconhecer no céu do hemisfério norte, assim como o Cruzeiro do Sul é a constelação mais fácil de reconhecer no hemisfério sul.

As constelações são como mapas projetados no céu. Antigamente, os viajantes usavam as estrelas para ajudá-los a navegar. A POLARIS, também conhecida como Estrela do Norte, fica diretamente acima do Polo Norte. No hemisfério norte, as constelações parecem girar lentamente em torno da Polaris. Em cada época do ano e cada momento da noite, é possível localizar uma constelação diferente.

O SOL

O Sol é uma estrela como outra qualquer. Os astrônomos o descrevem como uma anã de sequência principal, amarela e de porte médio, localizada no centro do nosso Sistema Solar. O Sol apresenta a peculiaridade de ser uma estrela isolada. A maioria das estrelas visíveis a olho nu no céu na verdade consiste em um sistema binário, ou seja, em um conjunto formado por duas estrelas girando uma em torno da outra e que estão tão próximas que parecem uma única estrela.

AS CAMADAS DO SOL

NÚCLEO: assim como qualquer outra estrela, o Sol produz luz e calor por meio da fusão do hidrogênio, gerando hélio em seu núcleo.

ZONA DE RADIAÇÃO: a energia da fusão passa do núcleo para a zona de radiação, onde permanece aprisionada durante milhares ou mesmo milhões de anos na forma de ondas eletromagnéticas.

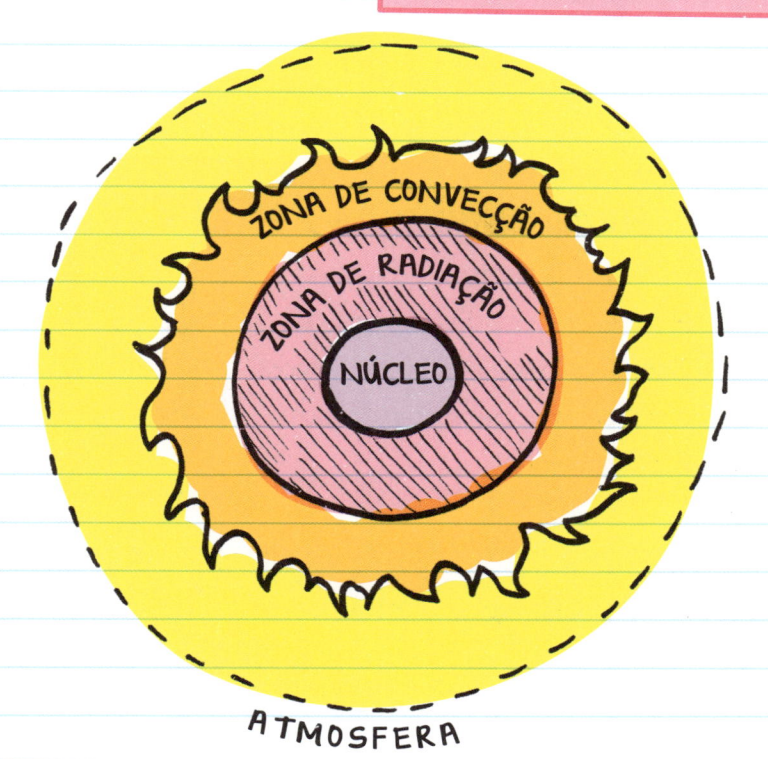

ZONA DE CONVECÇÃO
ZONA DE RADIAÇÃO
NÚCLEO
ATMOSFERA

ZONA DE CONVECÇÃO: a energia da zona de radiação passa lentamente para a zona de convecção, onde os gases circulam e transportam a energia em correntes de convecção.

ATMOSFERA: a atmosfera solar é a camada mais externa do Sol.

As GALÁXIAS e o UNIVERSO

As GALÁXIAS são imensos aglomerados de estrelas, planetas, outros astros, gases e poeira. O Sol fica numa galáxia conhecida como VIA LÁCTEA, que possui cerca de 100 mil anos-luz de diâmetro. A faixa luminosa que pode ser vista à noite na parte central do céu é produzida pela luz de bilhões de estrelas da Via Láctea. Nossa galáxia tem um formato espiral, mas existem outros tipos:

> A Via Láctea é apenas uma dentre muitas galáxias no Universo (cada uma delas contendo bilhões de estrelas!).

GALÁXIA ESPIRAL: galáxia com braços curvos que partem do centro. O Sistema Solar está situado em um dos braços da Via Láctea. Nossa galáxia possui um imenso buraco negro no centro, em torno do qual giram bilhões de estrelas.

GALÁXIA ELÍPTICA: galáxia no formato de um ovo gigante.

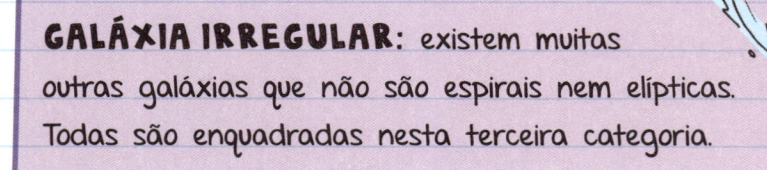

GALÁXIA IRREGULAR: existem muitas outras galáxias que não são espirais nem elípticas. Todas são enquadradas nesta terceira categoria.

VERIFIQUE SEUS CONHECIMENTOS

1. Uma estrela muito grande da sequência principal se expande para se tornar uma _____.

2. O que faz uma estrela supergigante se tornar uma supernova?

3. Estrelas diferentes liberam quantidades diferentes de energia, o que afeta a ____ da luz emitida.

4. As estrelas mais quentes costumam emitir uma luz da cor _____.

5. Por que o Sol difere da maioria das estrelas?

6. É possível descobrir a composição da atmosfera de uma estrela analisando o seu _____ de _____.

7. Quando uma anã branca esfria e deixa de emitir luz, torna-se uma ___ _____.

8. Uma _____ _____ tem o formato de um ovo gigante.

RESPOSTAS

CONFIRA AS RESPOSTAS

1. supergigante

2. Quando uma supergigante se contrai, a temperatura de seu núcleo aumenta muito. A fusão passa a formar elementos cada vez mais pesados, tal qual o ferro. Como o ferro não é capaz de liberar energia por meio de fusão, o núcleo da estrela implode violentamente, produzindo ondas que expulsam as camadas externas da estrela e produzem um forte clarão conhecido como supernova.

3. cor

4. azul

5. O Sol é diferente porque é uma estrela isolada. A maioria das estrelas faz parte de um sistema binário.

6. espectro de absorção

7. anã negra

8. galáxia elíptica

Capítulo 21
A ORIGEM DO UNIVERSO E DO SISTEMA SOLAR

A ORIGEM do UNIVERSO

Ao longo dos séculos, houve muitas ideias a respeito da origem do Universo, mas poucas tiveram evidências realmente sólidas para embasá-las. A seguir, três teorias que foram defendidas em vários momentos no século passado:

TEORIA DO UNIVERSO ESTACIONÁRIO: o Universo sempre existiu no mesmo estado: quando ele se expande, nova matéria é criada, o que mantém sua densidade constante. Muitas informações colhidas a partir da década de 1960 demonstraram que este modelo provavelmente não corresponde à realidade.

TEORIA DO UNIVERSO OSCILANTE: o Universo alterna ciclos de expansão e contração, como um balão sendo enchido, esvaziado e tornando a ser enchido. Entretanto, atualmente o Universo se encontra em expansão e não existe nenhuma indicação de que vá se contrair no futuro.

TEORIA DO BIG BANG: o Universo surgiu há cerca de 14 bilhões de anos, a partir de um único ponto menor do que um átomo. Era extremamente quente e denso e começou a se expandir (o "bang", ou seja, o estouro, a explosão). A nova matéria esfriou, formando diferentes corpos celestes, como planetas, satélites e estrelas. O Universo continua em expansão até hoje.

A teoria mais aceita no momento é a teoria do Big Bang, embora esteja sempre sendo reformulada para levar em conta as novas descobertas.

EVIDÊNCIAS de que o UNIVERSO ESTÁ EM EXPANSÃO

Dependendo do nosso movimento, percebemos ondas de frequências diferentes. A mudança da frequência percebida é chamada EFEITO DOPPLER. Imagine uma lancha partindo rumo ao mar: ela vai passar rapidamente pelas ondas. Porém, ao voltar para a costa, viajando no mesmo sentido que as ondas, ela vai parecer estar passando pelas mesmas ondas com menos frequência.

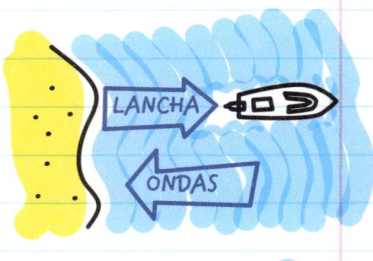

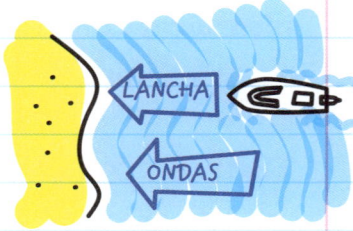

De modo semelhante, quando uma ambulância está se aproximando de você, os sons da sirene soam mais agudos. Quando está se afastando, soam mais graves. A diferença é causada por uma mudança na frequência das ondas sonoras que chegam às suas orelhas: quando a ambulância se aproxima, você percebe as flutuações da pressão do ar como se estivessem mais próximas umas das outras, o que corresponde a um som mais agudo. Quando a ambulância está se afastando, você percebe as flutuações como se estivessem mais afastadas entre si, o que corresponde a um som mais grave.

Os cientistas usam o efeito Doppler das ondas luminosas para determinar se as estrelas e galáxias estão se aproximando ou se afastando de nós. Mas, em vez de escutar, eles observam. Quando uma estrela se aproxima da gente, os comprimentos de onda diminuem e a luz fica mais azulada. Quando ela se afasta (tal como a maioria dos objetos no Universo), a luz fica mais avermelhada.

O fato de a luz das galáxias distantes estar deslocada para o lado vermelho do espectro (o chamado "**DESVIO PARA O VERMELHO**") reforça a teoria de que o Universo está em expansão.

> Quando vemos a luz das estrelas, na verdade estamos observando a luz que foi emitida por elas num passado remoto, há milhões de anos. Muitas galáxias e estrelas estão tão longe da gente que a luz emitida por elas pode levar milhões de anos para chegar à Terra, mesmo viajando rapidamente. Podemos conhecer o passado mais longínquo do Universo apenas observando as estrelas e estudando as galáxias!

A FORMAÇÃO do SISTEMA SOLAR

O Sistema Solar se originou há aproximadamente 5 bilhões de anos como uma nebulosa: uma nuvem de gases, gelo e poeira.

Uma onda de choque, provavelmente produzida pela explosão de uma estrela próxima, fez a nebulosa começar a se contrair. Enquanto girava, ela foi ficando achatada até assumir o formato de um disco, assim como uma bola de massa que ganha formato de pizza quando é posta para girar. A gravidade comprimiu os gases, a poeira e o gelo, formando um aglomerado de matéria, que, por sua vez, atraiu ainda mais gases, poeira e gelo. A temperatura e a pressão no centro desse aglomerado ficaram tão grandes que os átomos começaram a se fundir, e assim nasceu uma estrela: o Sol.

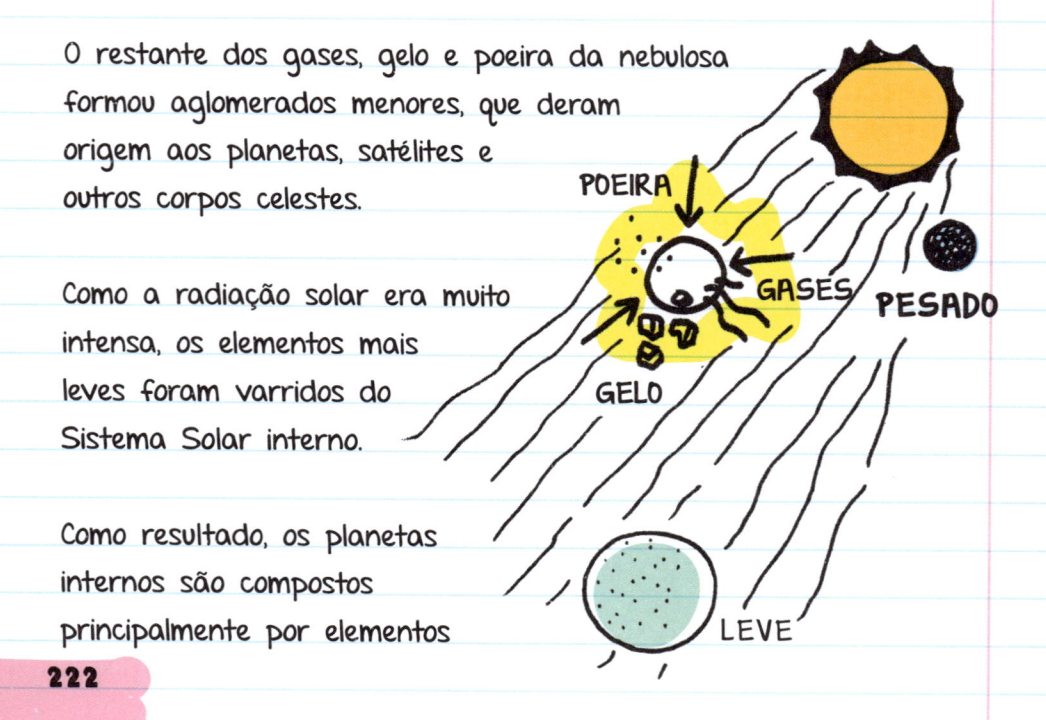

O restante dos gases, gelo e poeira da nebulosa formou aglomerados menores, que deram origem aos planetas, satélites e outros corpos celestes.

Como a radiação solar era muito intensa, os elementos mais leves foram varridos do Sistema Solar interno.

Como resultado, os planetas internos são compostos principalmente por elementos pesados, enquanto os planetas externos são compostos principalmente por elementos leves e gases.

A importância da gravidade

A gravidade é a força motriz responsável pela formação do Sistema Solar e de outros sistemas planetários semelhantes e faz com que as nebulosas se condensem, criando um calor que leva à fusão e à formação de estrelas. A gravidade também faz o material em volta de uma estrela se aglomerar, formando corpos celestes. Além disso, ela também é responsável por manter os planetas na órbita do Sol. VALEU, GRAVIDADE!

TEORIAS ANTIGAS sobre o SISTEMA SOLAR

Sabemos hoje que o Sistema Solar possui oito planetas e outros corpos menores que giram em torno do Sol. No passado, no entanto, as pessoas tinham outras ideias...

O MODELO GEOCÊNTRICO:

cientistas gregos, como Aristóteles e Ptolomeu, acreditavam que a Terra estava no centro do Sistema Solar. Pensavam que o Sol, a Lua e os cinco planetas conhecidos na época giravam em torno da Terra.

SOMOS O CENTRO DO UNIVERSO

SE VOCÊ DIZ...

O MODELO HELIOCÊNTRICO: em 1543, NICOLAU COPÉRNICO

publicou um livro no qual afirmava que a Terra e os outros planetas giravam em torno do Sol. Apenas a Lua, dizia ele, girava em torno da Terra.

ODEIO DESMENTIR QUALQUER UM USANDO TOGA, MAS É ASSIM QUE AS COISAS SÃO...

A partir de suas observações do planeta Vênus, entre outras, GALILEU GALILEI também propôs que o Sol ficava no centro do Sistema Solar.

Tais modelos estavam bem próximos do modelo atual que conhecemos, mas, na época em que viveram, Copérnico e Galileu foram ridicularizados e perseguidos por defenderem o modelo heliocêntrico.

VERIFIQUE SEUS CONHECIMENTOS

1. Das três teorias principais sobre a origem do Universo, qual é a mais plausível? Por quê?

2. Explique o que é o efeito Doppler.

3. Se você estiver parado num carro e um trem apitar quando passar por você, de que modo você ouvirá o som do apito antes e depois de o trem passar?

4. Como sabemos que o Universo está em expansão?

5. De acordo com a Teoria do Big Bang, como o Sistema Solar se formou?

6. Por que os planetas internos são compostos principalmente por elementos pesados, enquanto os planetas externos são compostos principalmente por elementos mais leves?

7. De que modo os filósofos gregos antigos descreviam o Sistema Solar?

8. De que modo os estudos de Copérnico e Galileu mudaram o modelo do Sistema Solar?

RESPOSTAS

CONFIRA AS RESPOSTAS

1. Dentre as teorias do Universo estacionário, do Universo oscilante e do Big Bang, a teoria do Big Bang é considerada a mais plausível, pois sabemos que o Universo mudou bastante ao longo da história, não temos evidências de que o Universo vá se contrair no futuro e sabemos que atualmente ele está em contínua expansão.

2. O efeito Doppler é a mudança perceptível da frequência ou comprimento de onda de uma onda sonora ou luminosa emitida por um objeto em movimento. Quando a distância entre o objeto e o observador está diminuindo, os comprimentos de onda parecem mais curtos e a frequência parece maior (e vice-versa quando a distância está aumentando).

3. Devido ao efeito Doppler, quando o trem está se aproximando, o apito parece mais agudo; quando o trem já passou, o apito parece mais grave.

4. Estudando as ondas luminosas emitidas pelas galáxias distantes, observamos que a luz apresenta um desvio para o vermelho (indicando um comprimento de onda maior), o que significa que as galáxias estão se afastando de nós.

5. Uma onda de choque, produzida provavelmente pela explosão de uma estrela próxima, fez uma nebulosa começar a se condensar. Quando a nebulosa se condensou ainda mais devido aos efeitos da gravidade, deu origem ao Sol e o restante da matéria se aglutinou, formando os planetas.

6. Como a radiação solar era muito intensa, os elementos mais leves foram varridos do Sistema Solar interno. Como resultado, os planetas internos são compostos principalmente por elementos pesados, enquanto os planetas externos são compostos principalmente por elementos leves e gases.

7. Os filósofos gregos acreditavam que a Terra estava no centro do Sistema Solar e que todos os astros giravam em torno dela.

8. Eles propuseram que o Sol ficava no centro do Sistema Solar.

Unidade 6

A Terra, o tempo, a atmosfera e o clima

Capítulo 22

MINERAIS, ROCHAS E A ESTRUTURA DA TERRA

MINERAIS e SUAS FUNÇÕES

Um MINERAL é uma substância geralmente sólida e inorgânica encontrada na natureza. Os minerais possuem ESTRUTURA CRISTALINA, o que significa que os átomos de um mineral estão organizados num padrão que se repete.

Os cristais minerais podem se formar de várias maneiras. As duas mais comuns são as seguintes:

1. RESFRIAMENTO DO MAGMA:

a rocha derretida, conhecida como magma, se resfria quando atinge a superfície terrestre. Quando isso acontece, seus átomos formam cristais, que são observados nas **ROCHAS ÍGNEAS**.

ROCHA ÍGNEA
rocha formada pelo resfriamento do magma

2. PRECIPITAÇÃO:
quando existem substâncias em solução aquosa e a água evapora, as substâncias podem formar cristais. O açúcar-cande, por exemplo, se forma a partir de uma solução de açúcar em água; a água evapora e o açúcar cristaliza. Além disso, algumas vezes os compostos numa solução podem passar por uma PRECIPITAÇÃO, o que significa que eles formam um sólido a partir de íons numa solução.

Os minerais podem ser identificados e classificados de acordo com suas propriedades físicas:

COR

TRAÇO: os cientistas riscam um mineral num ladrilho branco a fim de produzir uma linha calcária, chamada traço. O traço mostra a forma em pó do mineral e pode ter uma cor diferente de sua forma sólida.

BRILHO: refletividade do mineral. Os minerais metálicos se comportam como espelhos, enquanto os minerais não metálicos podem ser vítreos, perolados, gordurosos, etc.

CLIVAGEM e **FRATURA**: a estrutura cristalina de um mineral determina como ele irá se quebrar. A clivagem é a tendência de um mineral a se partir ao longo de certos planos cristalinos. Já a fratura é a tendência de um mineral a se quebrar em pedaços irregulares. Os minerais que se fraturam em vez de se clivar em geral são mais resistentes.

CLIVAGEM

FRATURA

DUREZA: a dureza de um mineral determina a facilidade com que ele pode ser riscado. O mineral mais duro é o diamante. Ele é tão duro que apenas outro diamante é capaz de riscá-lo!

DENSIDADE: o mineral afunda ou flutua? A densidade de um mineral, e de qualquer objeto, sempre é medida comparando sua massa específica (massa por unidade de volume) à massa específica da água. Se um mineral possui massa específica 20 vezes maior do que a da água, sua densidade é 20. Os objetos com densidade inferior a 1 flutuam na água; os objetos com densidade superior a 1 afundam.

Utilidade dos minerais

O tipo mais valioso de mineral é a PEDRA PRECIOSA, que é rara e bela, como o diamante. Já o MINÉRIO é um mineral que tem importância econômica para a sociedade, como ferro, chumbo, alumínio ou magnésio. Para separar o material útil, os minérios precisam ser processados. Os minerais contendo silício e oxigênio são chamados SILICATOS. A maioria dos minerais da crosta terrestre é de silicatos.

Algumas substâncias inorgânicas presentes nos alimentos são essenciais para nossa saúde. Os complexos vitamínicos contêm várias substâncias inorgânicas, como o cálcio.

As ROCHAS e o CICLO das ROCHAS

Uma ROCHA é uma mistura de minerais, vidro vulcânico, **MATÉRIA ORGÂNICA** e outros materiais. Quando você analisa uma rocha, consegue ver cores diferentes e às vezes pontos brilhantes, os quais revelam os vários componentes de sua formação.

MATÉRIA ORGÂNICA restos de animais e vegetais

O CICLO DAS ROCHAS mostra de que modo as rochas são formadas e de que modo se transformam. À primeira vista, as rochas podem parecer todas iguais, mas elas são diferentes e complexas. Existem três tipos principais de rocha, classificados de acordo com seu modo de formação: **ÍGNEAS**, **SEDIMENTARES** e **METAMÓRFICAS**. O ciclo das rochas mostra como cada tipo é formado:

CADA ROCHA TEM UMA HISTÓRIA!

INTEMPERISMO
exposição das rochas ao ar, à água, ao gelo e a outros fatores, que as decompõem química e fisicamente

As rochas ígneas e metamórficas são transformadas em **SEDIMENTOS** (pedaços de rochas, minerais e matéria orgânica) pelo **INTEMPERISMO**.

Submetidos a grandes pressões, os sedimentos se compactam e formam **ROCHAS SEDIMENTARES**.

O calor e a pressão da Terra podem comprimir e transformar as rochas sedimentares e ígneas, formando **ROCHAS METAMÓRFICAS**.

CALOR!!!

As rochas sedimentares e metamórficas podem se fundir ao serem expostas às altas temperaturas das profundezas da Terra, transformando-se em magma.

MAGMA

O magma que sobe para a superfície terrestre esfria, formando as **ROCHAS ÍGNEAS**. O ciclo pode continuar indefinidamente em qualquer ordem.

O CICLO das ROCHAS

EROSÃO E COMPACTAÇÃO
FUSÃO E RESFRIAMENTO

ROCHA ÍGNEA — ROCHA SEDIMENTAR

FUSÃO E RESFRIAMENTO
CALOR E PRESSÃO
CALOR E PRESSÃO
EROSÃO E COMPACTAÇÃO

ROCHA METAMÓRFICA

Todos esses processos podem acontecer em qualquer ordem. Assim, por exemplo, ao ser submetida ao calor e à pressão, uma rocha ígnea pode ser transformada numa rocha metamórfica. No ciclo das rochas, a matéria muda de forma, mas não é criada nem destruída.

→ GRANITO

Rochas ígneas

As rochas ígneas são formadas a partir do magma. Quando o magma esfria, os átomos se cristalizam e formam grãos minerais. As rochas formadas a partir do resfriamento lento do magma, como o granito, são chamadas rochas ígneas INTRUSIVAS ou PLUTÔNICAS. As rochas ígneas intrusivas possuem grãos relativamente grandes porque os cristais levam muito tempo para crescer.

> Pense nas rochas intrusivas como "invasoras". Elas crescem lentamente como intrusas.

233

As rochas que resultam do resfriamento rápido da lava na superfície da Terra são chamadas

> A **OBSIDIANA**, formada por um resfriamento muito rápido da lava, não possui uma estrutura cristalina e, portanto, é considerada um tipo de vidro.
>
> OOOH, BRILHA!

rochas ígneas EXTRUSIVAS ou VULCÂNICAS. Como o magma que esfria mais rapidamente forma grãos menores, as rochas extrusivas possuem grãos pequeninos.

Rochas metamórficas

MAS ELAS NÃO SE FUNDEM: CASO SE FUNDISSEM, SE TORNARIAM MAGMA!

A Terra pode comprimir e aquecer as rochas sedimentares e ígneas, transformando-as em ROCHAS METAMÓRFICAS. Ao esquentar, a rocha amolece e é deformada pela pressão. As rochas metamórficas FOLHEADAS, como a ardósia, possuem uma estrutura em camadas, enquanto as rochas NÃO FOLHEADAS ou pouco folheadas, como o mármore, não possuem camadas evidentes.

Rochas sedimentares

Uma camada é um **ESTRATO**

A maioria das rochas expostas na superfície da Terra é de rochas sedimentares. As rochas sedimentares são formadas quando os sedimentos são compactados. Geralmente, elas se formam camada por camada, ficando as mais antigas depositadas no fundo. Tais camadas são chamadas ESTRATOS.

De acordo com o PRINCÍPIO DA SOBREPOSIÇÃO, quando as camadas se acumulam, as rochas que estão no fundo são as mais antigas (contanto que o terreno não seja remexido). Os cientistas se baseiam na localização relativa das camadas para datar rochas, estratos e fósseis, um processo conhecido como DATAÇÃO RELATIVA.

> A datação relativa consiste basicamente em verificar se uma camada é mais antiga ou mais recente do que outra. É como uma pista de uma investigação: se conhecemos a idade de uma camada de rochas, podemos estimar a idade das rochas próximas e, com isso, obter um panorama mais detalhado sobre determinadas épocas.

ESTRUTURA e COMPOSIÇÃO da TERRA

A maioria das rochas da superfície terrestre é formada por silício, oxigênio e uma pequena quantidade de alumínio, ferro e outros elementos. Quando você cava mais fundo na Terra, as camadas se revelam diferentes; na verdade, a Terra se parece com um pêssego:

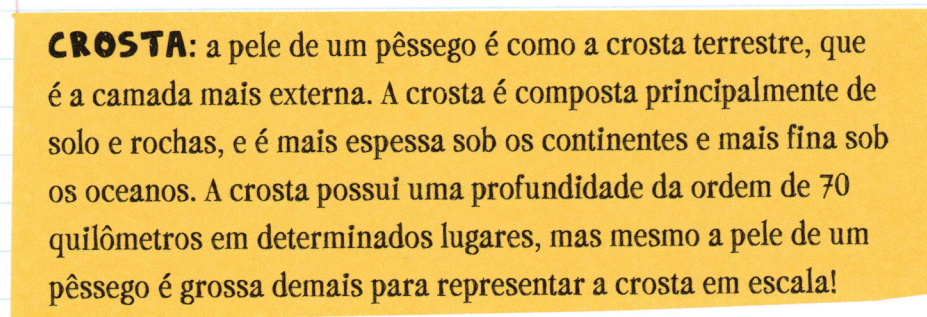

CROSTA: a pele de um pêssego é como a crosta terrestre, que é a camada mais externa. A crosta é composta principalmente de solo e rochas, e é mais espessa sob os continentes e mais fina sob os oceanos. A crosta possui uma profundidade da ordem de 70 quilômetros em determinados lugares, mas mesmo a pele de um pêssego é grossa demais para representar a crosta em escala!

MANTO: a polpa de um pêssego é como o manto da Terra, que é a maior camada. O manto possui um magma viscoso muito quente, que circula devagar em gigantescas **CORRENTES DE CONVECÇÃO**, as quais arrastam placas da crosta de um lado a outro.

ASTENOSFERA (camada fluida do manto)

LITOSFERA (crosta e camada sólida do manto)

CROSTA (5-70 km de espessura)

CROSTA

CORRENTES DE CONVECÇÃO

MANTO

MANTO 2.900 km

NÚCLEO EXTERNO

LÍQUIDO

5.100 km

NÚCLEO INTERNO

SÓLIDO

NÚCLEO

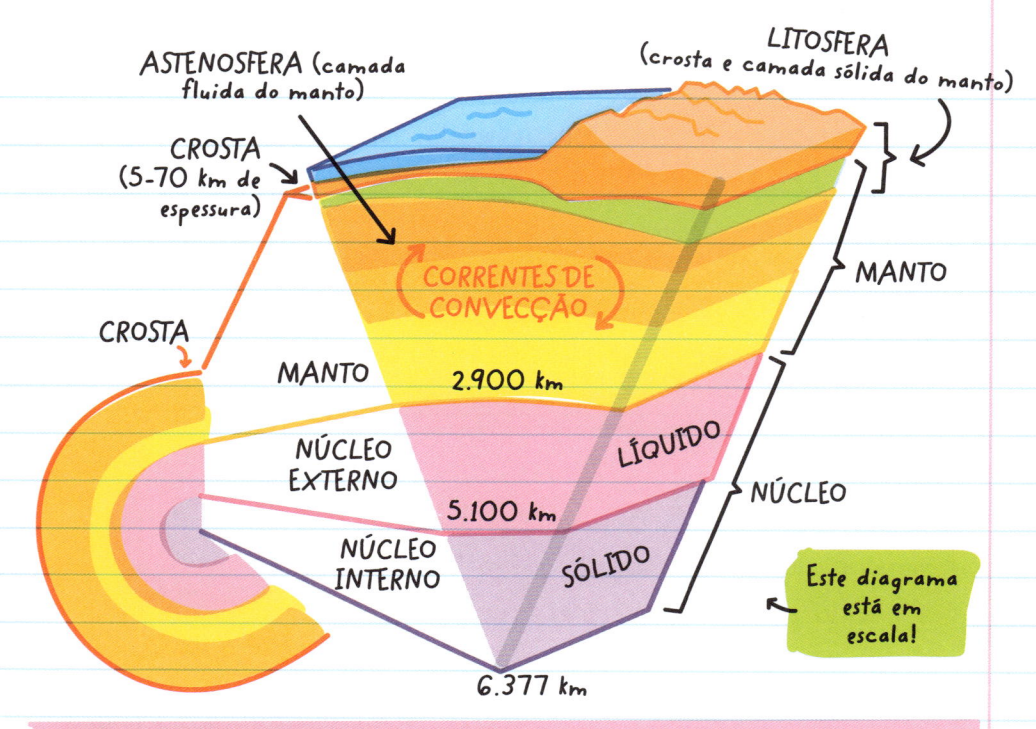

Este diagrama está em escala!

6.377 km

NÚCLEO EXTERNO: a camada externa da semente de pêssego é como o núcleo externo da Terra, que é composto principalmente por ferro e níquel fundidos. O núcleo externo é responsável pelo campo magnético da Terra.

NÚCLEO INTERNO: o núcleo da semente de pêssego é como o núcleo interno da Terra, que é composto principalmente por ferro e níquel sólidos. O núcleo interno é mais quente do que o externo, mas o ferro e o níquel permanecem sólidos porque o núcleo interno está submetido à enorme pressão das camadas superiores.

A densidade, a pressão e a temperatura aumentam com a profundidade. Pense em quantas rochas e outros pesos estão acima do núcleo interno da Terra!

VERIFIQUE SEUS CONHECIMENTOS

1. Os minerais podem se formar a partir do resfriamento do _____.

2. Os minerais possuem estrutura _____.

3. Quais são as principais propriedades usadas para caracterizar os minerais?

4. O que é um minério?

5. Ao esfriar, o magma se transforma em rochas _____.

6. As rocha metamórficas são formadas por _____ e _____.

7. O que são estratos?

8. As camadas da Terra, da mais interna para a mais externa, são _____ _____, _____ _____, _____ e _____.

9. O ferro e o níquel que compõem o núcleo são _____ no núcleo interno, porém _____ no núcleo externo.

10. De que modo as rochas sedimentares se tornam rochas metamórficas?

RESPOSTAS 237

CONFIRA AS RESPOSTAS

1. magma

2. cristalina

3. Cor, traço, brilho, clivagem, fratura, dureza e densidade.

4. Um minério é um mineral que tem importância econômica para a sociedade, como o ferro.

5. ígneas

6. pressão e calor

7. Estratos são camadas de rochas sedimentares.

8. núcleo interno, núcleo externo, manto, crosta

9. sólidos, líquidos

10. Por meio da transformação por calor e pressão, que amolecem as rochas sedimentares até que estas adquiram outras propriedades.

Capítulo 23

A CROSTA TERRESTRE EM MOVIMENTO

A combinação entre a crosta terrestre e a camada rígida do manto logo abaixo da crosta é chamada **LITOSFERA**. A litosfera está dividida, como uma casca de ovo, em grandes pedaços chamados PLACAS TECTÔNICAS. Essas placas se movimentam em cima de uma camada fluida chamada ASTENOSFERA.

LITOSFERA (crosta e camada rígida do manto)

LITOSFERA
a crosta e a camada rígida do manto logo abaixo da crosta

As características geológicas da superfície terrestre, como montanhas, terremotos e vulcões, são influenciadas pela atividade tectônica na litosfera (placas tectônicas que passaram por um relacionamento conturbado).

A FORMAÇÃO das MONTANHAS

Diferentes tipos de atividade tectônica dão origem a diferentes tipos de montanha, como os seguintes:

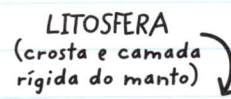

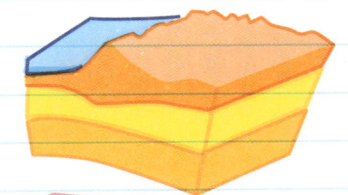

MONTANHAS DE FALHAS: quando duas placas tectônicas se afastam, aparecem **FALHAS**, espaços vazios entre as camadas de rochas. Isso às vezes faz com que grandes blocos de pedra se separem, formando cristas e vales paralelos. Alguns exemplos típicos são as montanhas com serras íngremes e irregulares que se alternam com vales largos e planos, como a Serra Nevada, nos Estados Unidos.

MONTANHAS DE DOBRAS: quando duas placas tectônicas se aproximam, exercem uma pressão enorme sobre as rochas, fazendo com que se dobrem e se comprimam. Você geralmente consegue ver todas as camadas de rochas ao olhar para a face exposta de uma montanha de dobras. Os Montes Apalaches, na costa leste dos Estados Unidos, são um exemplo antigo de montanha de dobras. Já o Himalaia é um exemplo muito mais recente e menos desgastado.

MONTANHAS VULCÂNICAS: quando a lava de um vulcão esfria, forma uma camada dura. Quando várias camadas se acumulam, o vulcão assume a forma de um cone, como o Monte Santa Helena e dezenas de outros vulcões da Cordilheira das Cascatas, na América do Norte.

MONTANHAS VULCÂNICAS SUBMARINAS: as erupções vulcânicas submarinas podem dar origem a montanhas submersas. A lava pode se acumular até a montanha chegar à superfície do mar, formando ilhas vulcânicas, como no Havaí.

DERIVA CONTINENTAL

Quando você olha para um mapa-múndi, vê que alguns continentes, como a América do Sul e a África, se encaixam como peças de um quebra-cabeça. Para explicar tal fato, ALFRED WEGENER, um meteorologista alemão, propôs a teoria da DERIVA CONTINENTAL. De acordo com ela, antigamente os continentes formavam uma grande massa de terra, que Wegener intitulou PANGEIA, e com o tempo foram se afastando. Essa teoria também explica por que os cientistas encontraram fósseis de dinossauros e plantas semelhantes na costa leste da América do Sul e na costa oeste da África.

> Os cientistas encontraram na África, Índia e Austrália fósseis de um réptil do Triássico chamado listrossauro. Graças à teoria da deriva continental de Wegener, podemos entender por quê!

Movimento das placas

O movimento das placas tectônicas afeta a superfície terrestre. Duas placas adjacentes podem se afastar, colidir ou raspar uma na outra. O aquecimento desigual do manto produz CORRENTES DE CONVECÇÃO, que fazem as placas se movimentarem.

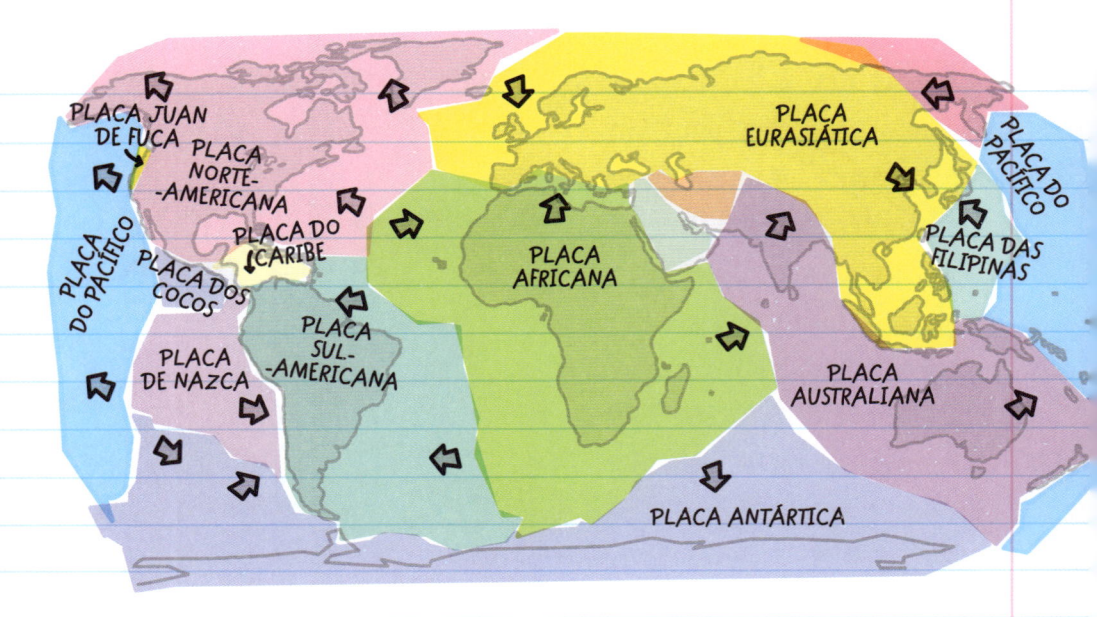

Placas que se afastam

A fronteira entre placas em processo de afastamento é chamada FRONTEIRA DIVERGENTE. Quando duas placas se afastam, o magma do manto extravasa e forma uma nova crosta, preenchendo o espaço entre as placas. Como esse magma novo é menos denso do que a região vizinha, em geral ele se eleva e forma cadeias de montanhas no fundo do mar. Placas que se afastam também podem formar vales de fenda nos continentes.

EXPANSÃO DO FUNDO OCEÂNICO

Os cientistas mapearam o fundo do mar usando ondas sonoras e descobriram cadeias de montanhas submersas chamadas dorsais oceânicas. Isso levou à teoria da EXPANSÃO DO FUNDO OCEÂNICO: quando duas placas tectônicas se afastam, o magma extravasa e passa pelas fendas, formando dorsais feitas de uma rocha ígnea chamada BASALTO.

DORSAL

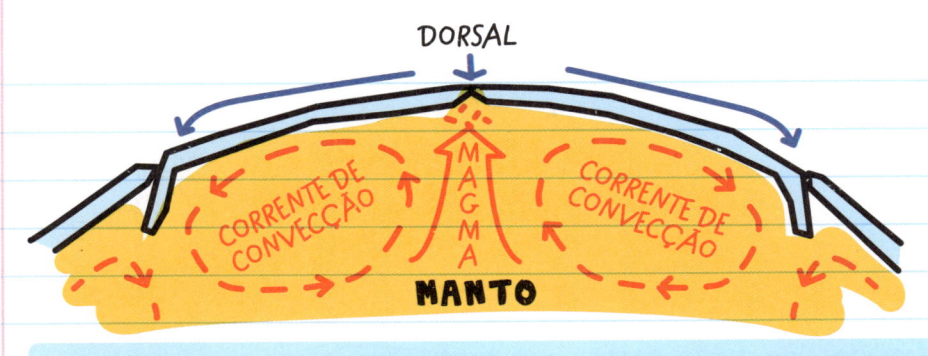

(diagrama: CORRENTE DE CONVECÇÃO — MAGMA — CORRENTE DE CONVECÇÃO — MANTO)

> ISSO ESTÁ ACONTECENDO **AGORA** NA DORSAL MESOATLÂNTICA: O FUNDO DO MAR ESTÁ SE EXPANDINDO CERCA DE 2,5 CENTÍMETROS POR ANO!

Os cientistas descobriram que quanto mais distantes das dorsais oceânicas, mais antigas são as rochas, o que é compatível com a ideia de que rochas recentes são formadas nas dorsais. As propriedades magnéticas das rochas no fundo do mar também reforçam a teoria: o campo magnético terrestre muda de sentido a cada 200 mil a 300 mil anos. À medida que você avança no fundo do mar, encontra rochas com campos magnéticos alternados, portanto formadas em épocas diferentes!

Colisões de placas

A fronteira entre placas que estão se aproximando é chamada FRONTEIRA CONVERGENTE. Grandes terremotos acontecem ao longo delas, muitas vezes a grandes profundidades. Existem dois tipos de placa: as PLACAS OCEÂNICAS e as PLACAS CONTINENTAIS. Como as oceânicas são mais densas do que as continentais, quando ambas colidem, a oceânica afunda no manto, um processo chamado **SUBDUCÇÃO**.

> **SUBDUCÇÃO**
> quando uma placa afunda no manto

> OBJETOS MAIS DENSOS SEMPRE AFUNDAM EM OBJETOS MENOS DENSOS

A área em torno da placa que afunda é chamada ZONA DE SUBDUCÇÃO. As rochas dessa placa fundem e se transformam em magma. Como o magma, ou rocha fundida, não é tão denso quanto as rochas sólidas da crosta e da litosfera, o magma vai à superfície, criando um vulcão. Os vulcões expelem magma; e, quando este chega à superfície, é chamado LAVA.

Quando duas placas continentais colidem, nenhuma delas sofre subducção, já que possuem a mesma densidade.

Em vez disso, elas se comprimem mutuamente, formando montanhas.

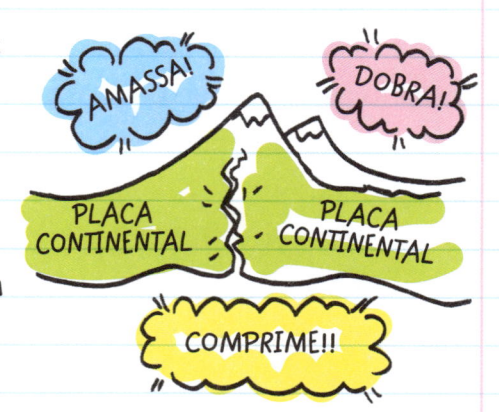

As placas oceânicas crescem nas dorsais meso-oceânicas, onde rochas fundidas esfriam e se cristalizam, empurrando a placa oceânica para longe da dorsal. Quanto mais a placa se afasta, mais fria e mais densa se torna. Assim, quando duas placas oceânicas colidem, a placa mais antiga (e, portanto, mais fria e mais densa) afunda debaixo da placa mais recente (e, portanto, mais quente e menos densa). Uma das placas oceânicas é sempre menos densa do que a outra.

Placas tectônicas que raspam umas nas outras

Quando duas placas tectônicas passam uma pela outra em direções diferentes, suas bordas podem raspar, provocando TERREMOTOS. Lugares onde os terremotos são frequentes, como a Califórnia, ficam situados no encontro de duas placas. Esse contato entre as placas também pode produzir **FALHAS**, enormes fraturas no leito da rocha. A fronteira entre duas placas em contato é chamada LIMITE TRANSFORMANTE.

> **FALHAS**
> fraturas nas rochas causadas por placas que raspam uma na outra

TERREMOTOS

Quando as rochas são tensionadas pelo atrito entre duas placas em contato, acumulam energia potencial... até que se rompem *(POR FICAREM PRESAS UMAS NAS OUTRAS)* e se movimentam, liberando toda essa energia potencial. O movimento produz vibrações que se propagam como uma onda, produzindo um terremoto.

> A tensão entre as rochas equivale a esticar um elástico. O elástico vai se esticando até que, a certa altura, arrebenta e libera toda a energia potencial que se acumulou quando estava sendo esticado.

ONDAS SÍSMICAS e DADOS SISMOGRÁFICOS

A energia dos terremotos é liberada na forma de vibrações chamadas **ONDAS SÍSMICAS**, que se propagam em todas as direções. A fonte das ondas sísmicas, que é o lugar onde o movimento começou, é chamada FOCO. O ponto da superfície terrestre mais próximo do foco é chamado EPICENTRO. Os efeitos do terremoto são mais intensos nas proximidades do epicentro, porque a amplitude das ondas sísmicas vai diminuindo à medida que elas vão se afastando do foco.

ONDAS SÍSMICAS
ondas de energia liberadas pelos terremotos

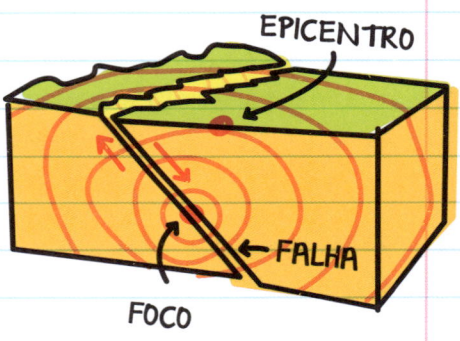

EPICENTRO — FALHA — FOCO

Ondas P e Ondas S

Existem dois tipos de onda sísmica subterrânea:

1. ONDAS PRIMÁRIAS, as chamadas **ONDAS P**, que vibram na direção da propagação da onda →←→←→←

2. ONDAS SECUNDÁRIAS, as chamadas **ONDAS S**, que vibram perpendicularmente à direção de propagação da onda

A DIFERENÇA DE VELOCIDADE ENTRE OS DOIS TIPOS DE ONDA AJUDA A LOCALIZAR O FOCO E O EPICENTRO DO TERREMOTO.

Como as ondas S e as ondas P se propagam no interior da Terra, não nos afetam muito. As ONDAS SUPERFICIAIS, que são ondas sísmicas que se propagam na superfície, são lentas, de grande amplitude e podem ser muito destrutivas.

Os sismógrafos e a escala Richter

Para medir a intensidade, ou MAGNITUDE, das ondas sísmicas, os cientistas usam um SISMÓGRAFO. Analisando as informações obtidas em diferentes estações sismográficas, é possível localizar o foco e o epicentro de um terremoto.

> **MAGNITUDE**
> medida da quantidade de energia liberada por um terremoto, interpretada pela amplitude das ondas sísmicas registradas pelos sismógrafos
>
> **SISMÓGRAFO**
> aparelho que registra ondas sísmicas

A magnitude de um terremoto é medida adotando-se a ESCALA RICHTER. Os valores são calculados a partir da amplitude das ondas sísmicas. Os terremotos que provocam grandes danos são aqueles com magnitude entre 6 e 9 na escala Richter. Para cada ponto de aumento da escala, a Terra treme 10 vezes mais e o terremoto possui 32 vezes mais energia!

Tsunamis

Os terremotos que acontecem no fundo do mar podem criar ondas marinhas chamadas TSUNAMIS.

247

Quando um tsunami se aproxima de terra firme, pode se tornar gigantesco (em alguns casos chegando à altura de um prédio de nove andares) e causar muita destruição. Em 2004, a ilha de Sumatra, na Indonésia, experimentou um dos piores tsunamis da história, que matou cerca de 230 mil pessoas. Em 2011, um tsunami devastador arrasou a costa norte do Japão.

VULCÕES

Como o magma é menos denso do que as rochas sólidas da crosta e da litosfera, ele tende a extravasar. Sendo assim, quando encontra um meio de acesso, é imediatamente expelido para a superfície. Os vulcões costumam se formar quando as placas tectônicas colidem ou se afastam, formando uma longa rachadura, chamada FALHA. Também podem simplesmente "brotar" em um PONTO QUENTE, no qual toneladas de magma sobem à superfície. ← COMO O HAVAÍ
Quando o magma encontra um acesso, irrompe na superfície, dando origem a um VULCÃO. O magma está submetido a tamanha pressão que uma erupção vulcânica arremessa lava, rochas, cinzas e gases quentes a quilômetros de altura.

OS CIENTISTAS PODEM PREVER ERUPÇÕES ESTUDANDO AS ERUPÇÕES ANTERIORES DO VULCÃO E USANDO INSTRUMENTOS PARA OBSERVAR SEU COMPORTAMENTO.

VERIFIQUE SEUS CONHECIMENTOS

1. O que são pontos quentes?

2. As rochas mais distantes das dorsais oceânicas são _ _ _ _ _ _ _ _ _ _ _ _ .

3. Como se chama a fonte de uma onda sísmica, que fica verticalmente abaixo do epicentro?

4. O que são montanhas de dobras?

5. Wegener chamou a massa de terra que incluía todos os atuais continentes de _ _ _ _ _ _ _ _ .

6. Como se chamam as grandes ondas oceânicas causadas por terremotos?

7. Qual é o nome da teoria que explica as dorsais submarinas e a idade das rochas do fundo do mar?

8. Os _ _ _ _ _ _ _ _ encontrados em continentes dos dois lados de um oceano apoiaram a teoria da Pangeia de Wegener.

9. A magnitude dos terremotos é medida pela escala _ _ _ _ _ _ _ _ .

10. A combinação entre a crosta e a parte sólida do manto ligada à crosta é chamada _ _ _ _ _ _ _ _ _ _ .

11. O que acontece quando uma placa oceânica e uma placa continental colidem?

RESPOSTAS

CONFIRA AS RESPOSTAS

1. Pontos quentes são lugares onde grandes quantidades de magma abrem caminho para a superfície terrestre, dando origem a vulcões.
2. mais antigas
3. Foco.
4. Montanhas de dobras são montanhas formadas quando duas placas colidem.
5. Pangeia
6. Tsunamis.
7. Expansão do fundo oceânico.
8. fósseis
9. Richter
10. litosfera
11. A placa oceânica afunda no magma porque é mais densa do que a placa continental, um processo chamado subducção. O magma então é criado na placa que afunda. Quando esse magma sobe à superfície, dá origem a um vulcão.

Capítulo 24
INTEMPERISMO E EROSÃO

A superfície terrestre está sempre mudando. Ao mesmo tempo que a Terra está constantemente formando montanhas e outros acidentes geográficos, também está sendo constantemente nivelada pelo intemperismo e pela erosão.

INTEMPERISMO

O intemperismo afeta as rochas, quebrando-as em pedaços. As principais forças que quebram as rochas são **FÍSICAS** e **QUÍMICAS**.

> **O INTEMPERISMO FÍSICO** ocorre quando forças físicas quebram as rochas.

- **GELO:** a água nas fendas de rochas congela e se expande, aumentando a largura das fendas. O processo se repete até as rochas se partirem.

- **PLANTAS E ANIMAIS:** as raízes de plantas podem pressionar as rochas, quebrando-as. Animais cavam buracos nas rochas, o que pode rompê-las.

  ATÉ PLANTAS PEQUENAS

- **ABRASÃO:** a água e o vento transportam partículas que se chocam contra as rochas e desgastam sua superfície aos poucos, como se a rocha estivesse sendo desbastada com uma lixa.

- **LIBERAÇÃO DE PRESSÃO:** quando rochas submarinas emergem, a pressão que elas sofrem diminui, fazendo-as rachar e se partir.

- **CICLOS TÉRMICOS:** as rochas se dilatam quando esquentam e se contraem quando esfriam. Esse processo cíclico produz tensões internas que podem quebrá-las.

O INTEMPERISMO QUÍMICO ocorre quando rochas são fraturadas por reações químicas, da mesma forma que os refrigerantes desgastam a camada protetora dos dentes!

ÁCIDOS INORGÂNICOS: o dióxido de carbono do ar reage com a água, formando ácido carbônico, que pode corroer (desgastar) algumas rochas, principalmente o calcário. A chuva ácida acelera o processo.

ÁCIDOS DAS PLANTAS: as raízes de plantas produzem ácidos orgânicos que podem dissolver os minerais nas rochas.

OXIDAÇÃO: o oxigênio pode reagir com rochas e metais, tais como o ferro, quebrando-os em pedaços menores. A ferrugem que se forma quando o oxigênio reage com o ferro é um exemplo de oxidação. A maioria das rochas vermelhas que você vê possui tal cor porque contém grande quantidade de ferro e, portanto, de ferrugem!

SOLO

O solo é a terra que você vê no chão e que sustenta as plantas. O SOLO é uma combinação de rochas decompostas até ficarem em pedaços bem pequenos, matéria orgânica de organismos vivos, água e ar. As camadas de solo são chamadas HORIZONTES. Os solos se desenvolvem ao longo de milhares de anos, por isso solos mais maduros possuem mais horizontes.

Em geral, o solo que fica mais próximo da superfície da Terra contém HÚMUS, que é a matéria orgânica feita de restos de plantas e animais (não confunda com o homus, aquele prato árabe!). O húmus é essencial para o crescimento das plantas; os nutrientes das plantas e animais em decomposição retornam ao ambiente na forma de húmus no solo.

Erosão

Quando você constrói um castelo de areia e as ondas o derrubam, seu castelo de areia sofreu a erosão das ondas. A EROSÃO é a remoção do material que sofreu o efeito do intemperismo. As quatro principais forças de erosão são:

1. ÁGUA: quando chove, a força da gravidade faz a água escoar, forçando-a a se entranhar no solo.

CALHAS, CÓRREGOS e RIOS: o movimento da água é chamado ESCOAMENTO e forma calhas, que transportam sedimentos. Com o tempo, as calhas podem formar córregos e rios. Quanto mais depressa a água se movimenta, maiores as partículas que consegue transportar.

ENCOSTAS: a chuva que cai numa superfície inclinada, como uma colina, forma uma camada de água que arrasta sedimentos soltos num processo chamado EROSÃO LAMINAR. É como um grande tobogã de água.

2. GELO: grandes massas de gelo, chamadas **GELEIRAS**, se movimentam pela superfície da Terra, arrastando pedaços de rochas e arranhando a superfície das rochas, o que por sua vez causa desgastes e cria sulcos. As geleiras são como rios de gelo que lentamente vão abrindo caminho montanha abaixo.

3. GRAVIDADE: naturalmente, a gravidade é a força que leva os rios e as geleiras morro abaixo. A gravidade, porém, não faz apenas a água e o gelo se deslocarem; ela também pode causar erosão por meio de **DESLIZAMENTOS DE PEDRAS** e **AVALANCHES DE LAMA**.

PERIGO: QUEDA DE ROCHAS

DESLIZAMENTO DE PEDRAS
é quando as rochas se soltam e rolam morro abaixo

AVALANCHE DE LAMA
é como um deslizamento de pedras, só que com lama: sedimentos que acumulam água formam lama e ficam mais pesados. O peso adicional da água faz a lama descer, provocando um deslizamento de lama.

4. VENTO: o vento sopra rochas soltas e areia contra outras superfícies rochosas, podendo transportar as partículas a grandes distâncias.

DEPOSIÇÃO

DEPOSIÇÃO é o processo pelo qual a água e o vento reúnem sedimentos. Os tipos mais comuns de deposição são:

DELTAS: áreas triangulares na foz dos rios, nas quais se depositam sedimentos ricos em nutrientes

PLANÍCIES DE ALUVIÃO: depósitos de sedimentos criados pelas enchentes dos rios e córregos

MORENAS: detritos depositados pelas geleiras

DEPÓSITOS DE TÁLUS ou **ENCOSTAS DE CASCALHO**: fragmentos de rochas que caíram de penhascos das proximidades

DUNAS: colinas de areia formadas pelo vento ou pela água

MAPAS TOPOGRÁFICOS

Os MAPAS TOPOGRÁFICOS fornecem informações sobre o relevo da superfície de determinada região. A altura em relação ao nível do mar é chamada ELEVAÇÃO. As elevações são representadas por CURVAS DE NÍVEL, que ligam pontos de uma mesma elevação.

MAPA TOPOGRÁFICO

TOPOGRAFIA
características e relevo de uma região

VERIFIQUE SEUS CONHECIMENTOS

1. Explique a diferença entre intemperismo físico e químico.

2. Dê dois exemplos de intemperismo físico.

3. Dê dois exemplos de intemperismo químico.

4. Defina "húmus".

5. Quais são os diferentes meios pelos quais a água causa a erosão?

6. Explique de que modo funciona o processo de intemperismo pelo gelo.

7. Dê um exemplo da vida real de intemperismo químico.

8. O que mostram os mapas topográficos?

9. Como se forma uma planície de aluvião?

10. Explique a diferença entre intemperismo, erosão e deposição.

11. De que modo as geleiras contribuem para a erosão?

RESPOSTAS

CONFIRA AS RESPOSTAS

1. O intemperismo físico ocorre quando as rochas são desgastadas fisicamente. O intemperismo químico ocorre quando as rochas são desgastadas por reações químicas.
2. Possíveis respostas: gelo, ação de plantas e animais, abrasão, liberação de pressão e ciclos térmicos.
3. Possíveis respostas: ácidos inorgânicos, ácidos das plantas e oxidação.
4. O húmus é a matéria orgânica composta por restos de plantas e animais.
5. Os córregos e rios transportam sedimentos e a erosão laminar arrasta sedimentos das montanhas e colinas.
6. A água nas fendas congela e se expande, aumentando a largura das fendas até as rochas se partirem.
7. A ferrugem que se forma em rochas ricas em ferro.
8. O relevo de uma região.
9. Uma planície de aluvião se forma quando um rio transborda e deposita sedimentos nos arredores.
10. O intemperismo ocorre quando as rochas são quebradas em pedaços. Já a erosão é o transporte de rochas que sofreram os efeitos do intemperismo. E a deposição é a acomodação de sedimentos.
11. Quando as geleiras se deslocam, arranham a superfície do solo e transportam rochas, sedimentos e outros materiais.

A questão 7 possui mais de uma resposta correta.

Capítulo 25

A ATMOSFERA TERRESTRE, E O CICLO DA ÁGUA

A ATMOSFERA terrestre, que é uma fina camada de gás que envolve o planeta, é o que permite que a vida exista em nosso planeta. A atmosfera é como o cobertor da Terra: absorve e aprisiona uma quantidade adequada de calor do Sol para manter o ambiente numa temperatura adequada. A atmosfera também nos protege de radiações nocivas e contém gases, como o oxigênio e o dióxido de carbono, essenciais para que as pessoas, outros animais, plantas e outros seres vivos possam viver.

Composição — AQUILO A QUE NOS REFERIMOS SIMPLESMENTE COMO "AR"

A atmosfera é formada por gases e MATERIAL PARTICULADO, que são partículas sólidas ou líquidas. Os gases são:

78% de nitrogênio

21% de oxigênio

1% de outros gases
como argônio, dióxido de carbono, vapor d'água, **OZÔNIO** (um gás incolor e tóxico), metano, monóxido de carbono, hidrogênio, etc.

Cada um desses gases desempenha um papel importante na atmosfera. O VAPOR D'ÁGUA é como uma névoa muito fina que pode formar nuvens e afetar o clima. O ozônio absorve parte da radiação ultravioleta do Sol. Já o dióxido de carbono (CO_2) é usado pelas plantas em processos essenciais e é também um GÁS CAUSADOR DO EFEITO ESTUFA, o que significa que ele retém o calor do Sol, aquecendo a Terra. Atualmente, a atmosfera terrestre contém um excesso de dióxido de carbono que está causando grandes alterações climáticas, um fenômeno conhecido como AQUECIMENTO GLOBAL.

Além dos gases, a atmosfera contém MATERIAL PARTICULADO. Esse material inclui grãos de sal provenientes dos oceanos, poeira do solo, pólen das plantas, cinzas dos vulcões, ácidos e outras substâncias produzidas por atividades humanas. Os materiais particulados podem afetar o clima porque refletem e absorvem a luz solar.

Camadas da atmosfera

A atmosfera possui cinco camadas (listadas da mais próxima do solo para a mais distante):

> COMO A ESPESSURA DE CADA CAMADA VARIA, ESSES SÃO VALORES MÉDIOS.

1. TROPOSFERA (0-14,5 quilômetros do solo)
- A camada mais próxima da superfície da Terra (as montanhas mais altas têm "apenas" 8 quilômetros de altura)
- É a maior responsável pelo clima
- Contém a maior parte das moléculas de ar
- É aquecida pela superfície terrestre; por isso, quanto mais alto você sobe na troposfera, menor a temperatura

2. ESTRATOSFERA (14,5-50 quilômetros do solo)
- É a camada acima da troposfera
- A camada de ozônio fica na parte superior da estratosfera
- Como o ozônio absorve parte da radiação ultravioleta do Sol, quanto mais se sobe na estratosfera, maior a temperatura

> **CAMADA DE OZÔNIO**
> uma camada de gás na atmosfera que protege o ser humano e os outros animais dos nocivos raios ultravioleta

3. MESOSFERA (50-85 quilômetros do solo)
- As temperaturas caem drasticamente porque esta camada contém pouco ozônio e poucas partículas que absorvem a radiação solar
- Os meteoros que atingem a Terra costumam queimar nesta camada (uma "estrela cadente" é um meteoro que queima na mesosfera)

> O prefixo *meso* quer dizer "meio". A *mesosfera* é a camada intermediária da atmosfera.

4. TERMOSFERA (85-600 quilômetros do solo)
- A camada mais quente da atmosfera
- Filtra os raios gama e os raios X do Sol

5. EXOSFERA (600-10 mil quilômetros do solo)
- A camada mais externa da atmosfera
- Não possui quase nenhuma matéria e faz limite com o espaço sideral
- Os **SATÉLITES** na órbita da Terra giram nesta camada

Exo é um sufixo grego que significa "fora". A *exosfera* é a camada mais externa.

CATEGORIA ADICIONAL: IONOSFERA
- Um íon é uma partícula carregada: a ionosfera é feita de partículas carregadas
- De dia, esta camada absorve as ondas de rádio AM, enquanto à noite, na ausência do Sol, a ionosfera reflete as ondas de rádio de uma cidade a outra

TECNICAMENTE, NÃO É UMA CAMADA: RESIDE DENTRO DE OUTRAS CAMADAS.

A RECEPÇÃO DE RÁDIO É MELHOR À NOITE POR CAUSA DA IONOSFERA!

Camada de ozônio

As moléculas de oxigênio que respiramos contêm dois átomos de oxigênio; as moléculas de ozônio contêm três átomos de oxigênio. A camada de ozônio, que fica na estratosfera, nos protege de parte dos raios solares ultravioleta, os mesmos que causam queimaduras solares e câncer de pele.

O BURACO NA CAMADA DE OZÔNIO NÃO ESTÁ CAUSANDO O AQUECIMENTO GLOBAL, E SIM A INTENSA EMISSÃO DE GASES DO EFEITO ESTUFA POR ATIVIDADES HUMANAS.

EXOSFERA

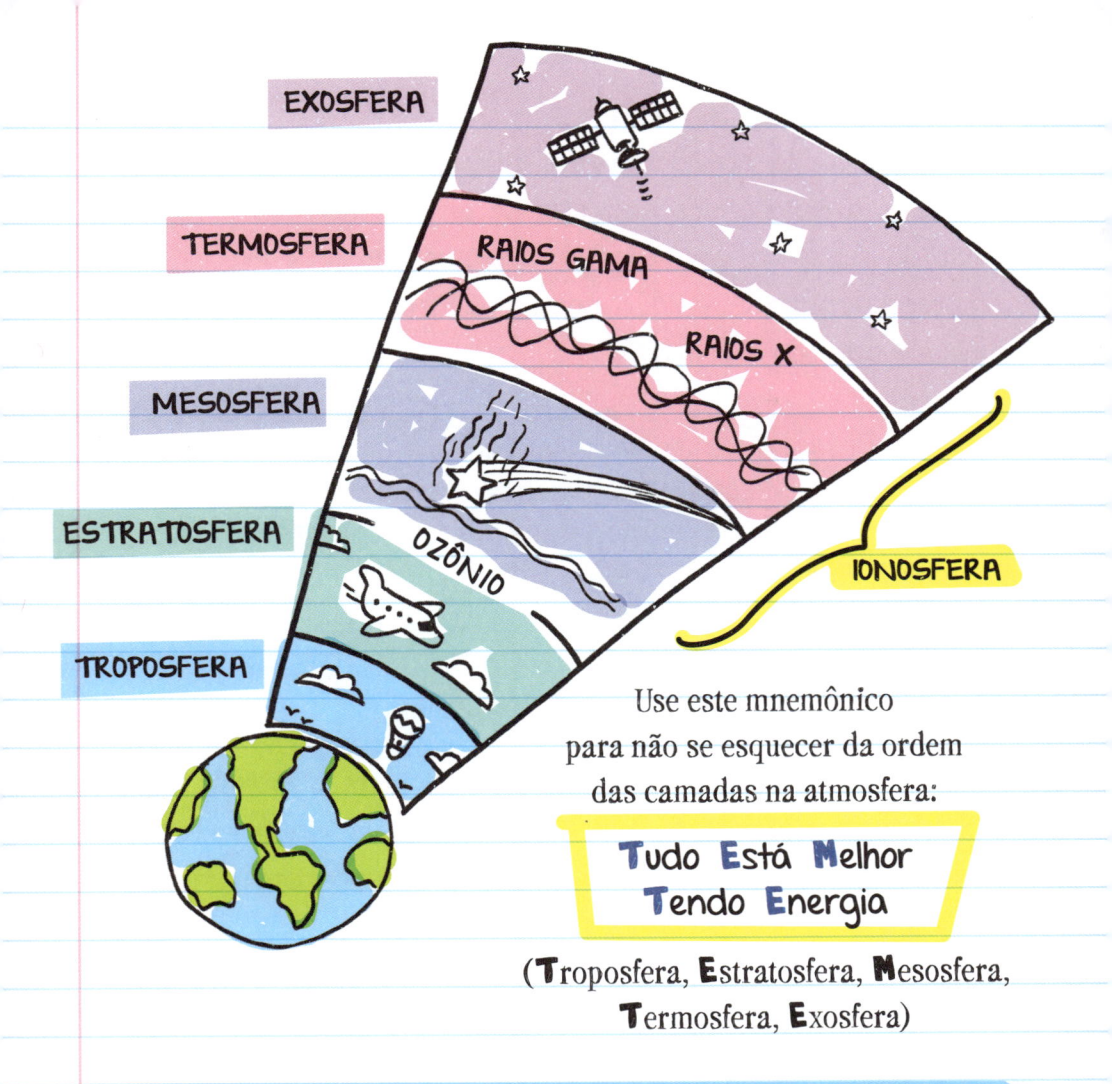

TERMOSFERA

RAIOS GAMA

RAIOS X

MESOSFERA

ESTRATOSFERA

OZÔNIO

IONOSFERA

TROPOSFERA

Use este mnemônico para não se esquecer da ordem das camadas na atmosfera:

Tudo **E**stá **M**elhor **T**endo **E**nergia

(**T**roposfera, **E**stratosfera, **M**esosfera, **T**ermosfera, **E**xosfera)

SALVE A CAMADA DE OZÔNIO

Os clorofluorcarbonetos (CFCs), substâncias que eram usadas em geladeiras, aparelhos de ar condicionado e frascos aerossol, danificam a camada de ozônio. O uso de CFCs provocou um buraco na camada de ozônio logo acima da Antártica. Você pode acompanhar o estado da camada de ozônio no site (em inglês) ozonewatch.gsfc.nasa.gov.

PRESERVE O OZÔNIO!

Mudanças de pressão

Como a força da gravidade atrai moléculas para a superfície da Terra, a maioria das moléculas de ar se concentra perto da superfície, de modo que a pressão do ar é maior na troposfera. No entanto, a pressão é menor em pontos mais elevados da troposfera.

> É mais difícil respirar em altitudes elevadas porque existe menos oxigênio no ar devido à menor pressão. Quando vão escalar picos muito altos, os alpinistas costumam passar meses em acampamentos situados em altitudes elevadas a fim de se acostumarem com a baixa pressão.
>
> PUXA!

Variações de temperatura

Assim como a pressão, a temperatura varia com a altitude. O Sol aquece a superfície terrestre, que por sua vez transfere calor à troposfera. Assim, na troposfera a temperatura diminui conforme a altitude aumenta.

A estratosfera é aquecida pela camada de ozônio, que absorve boa parte da radiação solar. Como a camada de ozônio fica na parte superior da estratosfera, nesse caso a temperatura aumenta com a altitude.

A mesosfera também é aquecida pela camada de ozônio. Como a camada de ozônio está mais próxima da parte inferior da mesosfera, a temperatura da mesosfera diminui conforme a altitude aumenta.

OZÔNIO

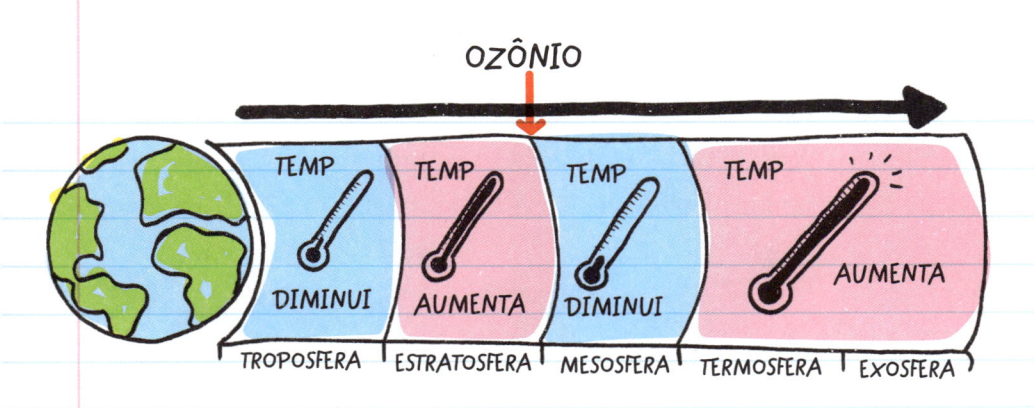

| TROPOSFERA | ESTRATOSFERA | MESOSFERA | TERMOSFERA | EXOSFERA |
| TEMP DIMINUI | TEMP AUMENTA | TEMP DIMINUI | TEMP AUMENTA | |

As temperaturas da termosfera e da exosfera também aumentam com a altitude, mas você não sentiria "calor" porque a quantidade de moléculas presentes é muito pequena.

CICLO da ÁGUA

A água é transferida da superfície para a atmosfera, e vice-versa, através do CICLO DA ÁGUA. O ciclo da água consiste em evaporação, transpiração, condensação, precipitação e escoamento, que se repetem indefinidamente:

A **EVAPORAÇÃO** ocorre quando um líquido se transforma em vapor ao ser aquecido. Os raios solares aquecem a água do mar, dos rios e lagos, transformando-a em vapor d'água, o qual sobe até a atmosfera. Os animais e as plantas também liberam vapor d'água no ar por meio da **TRANSPIRAÇÃO** ou **EVAPOTRANSPIRAÇÃO**.

TRANSPIRAÇÃO ou **EVAPOTRANSPIRAÇÃO**
liberação de vapor d'água por um ser vivo

A **CONDENSAÇÃO** ocorre quando um gás se transforma em líquido ao ser resfriado. Quando o vapor d'água sobe, ele esfria e se transforma em gotículas de água, que formam as nuvens.

A **PRECIPITAÇÃO** ocorre quando gotículas de água das nuvens aumentam de tamanho e peso e caem de volta na Terra, na forma de chuva, neve ou granizo.

CONDENSAÇÃO

EVAPORAÇÃO

TRANSPIRAÇÃO

PRECIPITAÇÃO

ESCOAMENTO

LENÇOL FREÁTICO

Quando a água da precipitação cai no solo, é absorvida ou coletada em rios. Nos dois casos, acaba voltando para o mar. O movimento da água acima do solo é chamado **ESCOAMENTO**, enquanto a água que corre no subsolo é chamada **LENÇOL FREÁTICO**.

O ar quente passa pelo solo e pelo oceano, evaporando a água de volta para a atmosfera, dando reinício ao processo! Por isso, a água nunca entra ou sai do ecossistema: apenas circula em diferentes formas.

VERIFIQUE SEUS CONHECIMENTOS

1. A atmosfera terrestre é composta principalmente de _____ e _____.

2. Na troposfera, a temperatura _____ com o aumento da altitude.

3. A camada mais quente da atmosfera é a termosfera, embora ali a sensação não seja de calor, porque as _____ são poucas e distantes umas das outras.

4. Descreva a estratosfera.

5. O clima terrestre depende principalmente da _____.

6. De que a camada de ozônio nos protege?

7. A pressão do ar _____ quando você se aproxima da superfície terrestre.

8. Descreva a mesosfera.

9. Descreva o ciclo da água.

RESPOSTAS ➜

CONFIRA AS RESPOSTAS

1. nitrogênio, oxigênio
2. diminui
3. moléculas
4. A estratosfera fica acima da troposfera. A camada de ozônio fica na parte superior da estratosfera.
5. troposfera
6. Dos raios ultravioleta.
7. aumenta
8. A mesosfera fica acima da estratosfera e é uma região onde as temperaturas caem drasticamente. É a camada intermediária da atmosfera.
9. A água de rios, oceanos e dos seres vivos evapora, ou seja, passa para o estado gasoso, e sobe. Em seguida, ela esfria, se condensa e volta ao estado líquido. É assim que as nuvens são formadas no céu. A volta da água para a superfície da Terra por meio de chuva, neve e granizo é chamada precipitação. A água cai no solo e o ciclo se repete todo.

Capítulo 26
O TEMPO

Quando falamos do TEMPO, estamos nos referindo ao estado da atmosfera em um dado lugar e em uma dada ocasião — ou seja, às condições meteorológicas. O tempo envolve informações a respeito dos seguintes fatores:

TEMPERATURA DO AR **VENTO**

UMIDADE (quantidade de vapor d'água no ar) **NUVENS**

PRECIPITAÇÃO (chuva, neve ou granizo)

TEMPERATURA do AR

Diferentes temperaturas do ar estão associadas a diferenças de pressão e densidade, que provocam ventos e correntes de convecção. Temperaturas do ar diferentes também fazem a água evaporar (quando faz calor) e o vapor d'água se condensar (quando faz frio).

Os níveis de umidade relativa também são afetados pela temperatura do ar: o ar quente é capaz de armazenar mais vapor d'água porque a distância entre as moléculas é maior. Por isso, quando o ar frio entra em contato com o ar quente e o resfria, o vapor d'água muitas vezes se condensa, transformando-se em água da chuva.

QUANDO UMA TEMPESTADE CHEGA, GERALMENTE É POSSÍVEL SENTIR A MUDANÇA NA TEMPERATURA DO AR.

A pressão, a temperatura e a densidade do ar se afetam mutuamente e determinam o modo como o ar se comporta. A pressão atmosférica é resultado dos choques entre as moléculas do ar e também do peso das outras moléculas do ar que estão em cima delas na atmosfera. Quando a temperatura de uma região aumenta, as moléculas do ar se movimentam mais depressa e acabam naturalmente se espalhando, ocupando assim mais espaço. Quando a temperatura cai, as moléculas do ar se movimentam menos e diminuem o espaço no qual estão distribuídas. **A DENSIDADE DO AR** é a massa das moléculas do ar por unidade de volume. Quanto mais denso é o ar, mais as moléculas estão próximas.

← MAIS DENSO   MENOS DENSO ↘

VENTOS GLOBAIS e LOCAIS

Um aquecimento desigual do ar na atmosfera cria diferenças na temperatura do ar. O ar quente se expande e, portanto, é menos denso. Como ocupa mais espaço, suas moléculas estão mais distantes umas das outras, o que diminui a quantidade de choques entre elas, logo a sua pressão é menor em comparação ao ar frio. O **VENTO** é o resultado das diferenças de pressão e densidade causadas por variações de temperatura que provocam o deslocamento do ar de áreas de alta pressão para áreas de baixa pressão.

VENTO
o movimento do ar

Ventos globais

Variações nas temperaturas do ar provocam os ventos que circulam em todo o planeta. Os raios solares atingem a Terra mais diretamente perto da linha do equador do que perto dos polos, por isso naquela região o ar fica mais quente. Assim sendo, o ar quente próximo à linha do equador sobe em direção aos polos, enquanto o ar frio dos polos desce em direção à linha do equador.

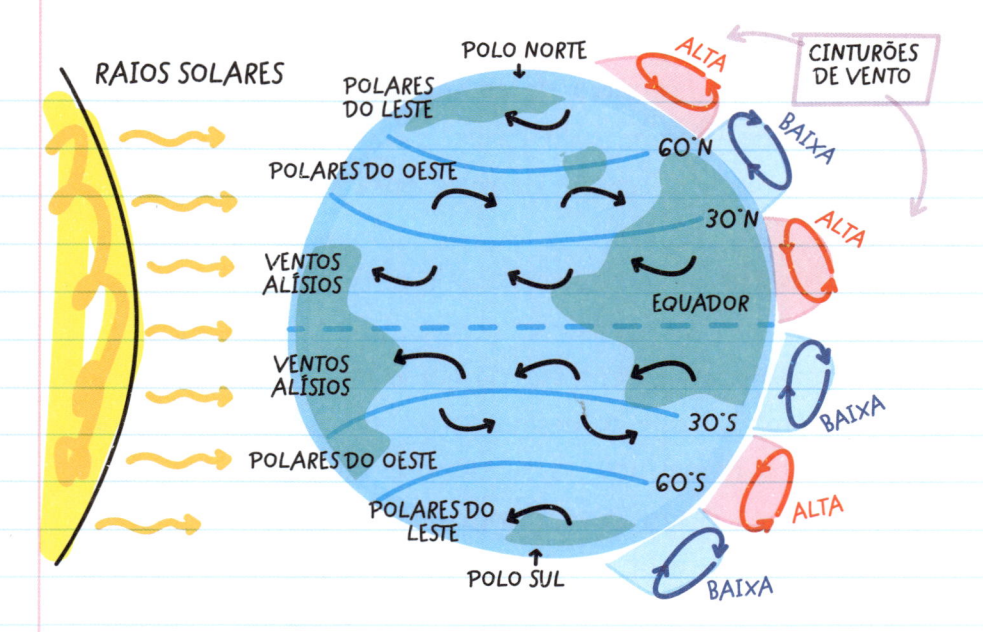

Diagram labels: RAIOS SOLARES; POLO NORTE; POLARES DO LESTE; POLARES DO OESTE; VENTOS ALÍSIOS; EQUADOR; VENTOS ALÍSIOS; POLARES DO OESTE; POLARES DO LESTE; POLO SUL; 60°N; 30°N; 30°S; 60°S; CINTURÕES DE VENTO; ALTA; BAIXA; ALTA; BAIXA; ALTA; BAIXA.

A rotação da Terra faz com que o ar que se movimenta entre a região da linha do equador e os polos seja deslocado lateralmente em sentidos opostos; é o chamado EFEITO CORIOLIS. O efeito Coriolis faz com que os ventos sejam deslocados para leste ou para oeste, criando padrões de vento previsíveis em diferentes partes do mundo.

> Os ventos que acontecem perto da linha do equador são chamados **VENTOS ALÍSIOS**.

Corrente de jato

Embora alguns ventos soprem perto da superfície da Terra, existem também ventos em grandes altitudes, ou seja, na parte superior da troposfera. Na América do Norte, a CORRENTE DE JATO global se forma na fronteira entre o ar frio e seco que vem do Polo Norte e o ar quente e úmido que vem do sul.

As diferenças de temperatura do ar fazem as correntes de jato ficarem muito fortes: chegam a 400 km/h e geralmente sopram de oeste para leste.

Ventos locais

Existem brisas diárias nos litorais porque o terreno esfria e esquenta mais depressa do que o mar (a água permanece praticamente a mesma porque precisa de muito mais energia, quando comparada às substâncias do solo, para mudar sua temperatura). O terreno esquenta durante o dia e aquece o ar por condução. Aí o ar quente sobe, produzindo correntes de convecção com o ar mais frio do mar. Assim, durante o dia o ar mais frio se desloca para terra firme e é chamado BRISA MARÍTIMA. À noite, o ar acima dos oceanos está mais quente do que o ar acima da terra e por isso tende a subir. A corrente de convecção resultante forma um vento que se desloca da terra para o mar, chamado BRISA TERRESTRE. Ventos locais também são causados pela topografia, como as temperaturas diferentes de um vale ou o vento afunilado por um desfiladeiro.

UMIDADE

A umidade é a concentração de vapor d'água no ar. Geralmente, o grau de umidade é expresso por meio da UMIDADE RELATIVA, que é a relação entre a concentração de vapor d'água registrada e a concentração máxima que o ar pode suportar. Quando o ar está com umidade relativa de 100%, significa que as moléculas de ar estão SATURADAS, ou seja, não podem conter uma concentração maior de vapor d'água.

> COMO O AR QUENTE É CAPAZ DE CONTER MAIS ÁGUA, ENTÃO A CONCENTRAÇÃO DE VAPOR D'ÁGUA NO AR QUENTE COM 50% DE UMIDADE É MAIOR DO QUE NO AR FRIO COM 50% DE UMIDADE.

Ponto de orvalho

De manhã cedinho, gotículas de água, chamadas ORVALHO, se formam nos gramados. O orvalho é criado quando o vapor d'água contido no ar se condensa. O PONTO DE ORVALHO é a temperatura do ar na qual o orvalho se forma; ele depende tanto da umidade quanto da temperatura do ar.

NUVENS

Quando o vapor d'água do ar se condensa, forma uma nuvem. Assim, uma nuvem é uma indicação de que o vapor d'água do ar atingiu o ponto de orvalho. As nuvens se formam quando o ar quente esfria e o vapor d'água se condensa em pequenas partículas de poeira ou de sal na atmosfera, formando gotículas de água ou cristais de gelo.

As nuvens são classificadas de acordo com seu formato e sua altitude. Os três principais tipos são:

> **1. NUVENS CIRRUS** se formam em grandes altitudes, onde as temperaturas são muito baixas. São constituídas de pequenos cristais de gelo e costumam formar linhas finas e compridas.
>
> CIRRUS

2. NUVENS CUMULUS se formam em baixas altitudes e possuem contornos nítidos e aspecto fofinho. Geralmente aparecem em dias de tempo bom, mas as cinzentas podem causar tempestades de raios.

CUMULUS

3. NUVENS STRATUS parecem grandes tapetes e geralmente se formam em baixas altitudes. A neblina é na verdade uma nuvem stratus que está muito perto do chão.

STRATUS

Esses tipos de nuvem também podem aparecer em diferentes altitudes. Os prefixos a seguir se referem à altura da base da nuvem:

CIRRO- nuvem a grande altura, como a maioria das nuvens cirrus

ALTO- nuvem a uma altura mediana, como as nuvens altocumulus

ESTRATO- nuvem a uma altitude baixa, como muitas nuvens stratus

As nuvens que produzem precipitação, como chuva ou neve, muitas vezes recebem o prefixo NIMBO- ou o sufixo -NIMBUS. Assim, por exemplo, uma nuvem cumulonimbus é uma nuvem cumulus que produz tempestades.

PRECIPITAÇÃO

Quando as gotículas de água de uma nuvem se combinam e ficam grandes e pesadas, elas caem do céu, um processo chamado precipitação. Dependendo da temperatura do ar e de outras condições, a precipitação pode ser:

CHUVA   NEVE

GRANIZO   GRÃOS DE GELO   CHUVA CONGELADA

MASSAS de AR e FRENTES METEOROLÓGICAS

MASSAS DE AR são grandes quantidades de ar que se deslocam no céu, produzindo mudanças no tempo. O tipo de tempo depende do local onde a massa de ar se formou. Assim, por exemplo, se a massa de ar se formou sobre água quente, o tempo vai ficar quente e úmido.

Uma FRENTE FRIA ocorre quando a massa de ar frio chega para ocupar o lugar da massa de ar quente. A fronteira entre massas de ar influencia o tempo de maneira significativa. Como o ar frio e o ar quente possuem densidades diferentes, os dois tipos não se misturam; em vez disso, uma das massas de ar passa por cima da outra.

Como as frentes produzem uma mudança do tempo, são uma parte essencial dos mapas de previsão do tempo. As frentes frias e quentes são representadas por símbolos diferentes nos mapas meteorológicos. Os tipos de frente mais comuns são:

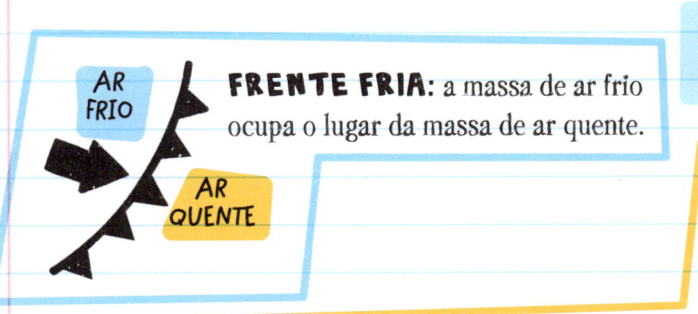

FRENTE FRIA: a massa de ar frio ocupa o lugar da massa de ar quente.

AR FRIO / AR QUENTE

QUANDO AR QUENTE E FRIO SE ENCONTRAM, MUITAS VEZES CAUSAM CHUVAS E TEMPESTADES.

FRENTE QUENTE: o ar quente chega, muitas vezes provocando chuva.

AR FRIO / AR QUENTE

FRENTE OCLUSA: uma frente fria e uma frente quente se encontram, mas a frente fria se desloca mais depressa, empurrando a frente quente para o alto e muitas vezes causando chuva.

FRENTE ESTACIONÁRIA: uma frente fria e uma frente quente se encontram e permanecem em repouso. Se uma delas começa a se deslocar, a frente deixa de ser uma frente estacionária.

TEMPO INSTÁVEL
Trovoadas

Quando o ar quente e úmido sobe rapidamente e esfria, as moléculas do ar adquirem cargas elétricas. As cargas negativas se concentram na base da nuvem e as cargas positivas se concentram no alto da nuvem. A nuvem de tempestade precipita cargas positivas no solo. As cargas positivas e negativas avançam umas para as outras, criando uma descarga elétrica chamada RELÂMPAGO. O relâmpago é extremamente quente e faz o ar se expandir. Como o ar se expande mais depressa do que a velocidade do som, um estrondo sônico chamado TROVÃO é produzido. O trovão é, portanto, o som do ar se expandindo.

Tornados

Quando o ar quente sobe rapidamente em nuvens cumulonimbus (como acontece na chegada de uma frente fria), o movimento vertical do ar pode criar uma nuvem em formato de funil. Se ela alcança o chão, cria um vórtice giratório chamado TORNADO.

Os tornados são destrutivos, mas em geral duram pouco tempo e se limitam a uma pequena área.

Furacões

Os FURACÕES são o tipo mais violento de tempestade e se formam em áreas de baixa pressão sobre águas tropicais. O ar quente e úmido sobe e provoca fortes ventos. A rotação da Terra faz com que o vento gire no sentido horário no hemisfério sul. O OLHO DO FURACÃO é o centro da tempestade e, por mais estranho que pareça, é uma região desprovida de ventos.

VOU FICAR BEM...

A PREVISÃO do TEMPO

Um METEOROLOGISTA é alguém que estuda a atmosfera e prevê o tempo. Para fazer suas previsões, os meteorologistas se baseiam na temperatura, na pressão atmosférica, na umidade, na precipitação e em outras informações fornecidas por satélites. O RADAR, que é a abreviação de "RAdio Detection And Ranging" (Detecção e Localização por Rádio), também é usado para coletar informações. Como os sinais do radar são desviados por nuvens de tempestade e pela chuva, é possível calcular o nível de precipitação em determinada região (os mapas de radar mostram chuva pesada e leve em cores diferentes). Usando informações provenientes de muitos locais, os meteorologistas constroem MAPAS METEOROLÓGICOS, que são usados para expor as previsões.

Mapas meteorológicos

> O prefixo *iso* quer dizer "mesmo". *Isóbara* significa mesma pressão e *isotérmica* significa mesma temperatura.

Os mapas meteorológicos mostram curvas chamadas ISÓBARAS, que ligam pontos de mesma pressão atmosférica. Como as diferenças de pressão do ar produzem vento, as regiões com alta ocorrência de ventos apresentam muitas linhas isóbaras. Quando as linhas isóbaras estão afastadas entre si, isso indica que as diferenças de pressão são pequenas e os ventos são fracos. As curvas de um mapa meteorológico que ligam pontos de mesma temperatura são chamadas ISOTÉRMICAS. Esses mapas também mostram massas de ar e frentes meteorológicas.

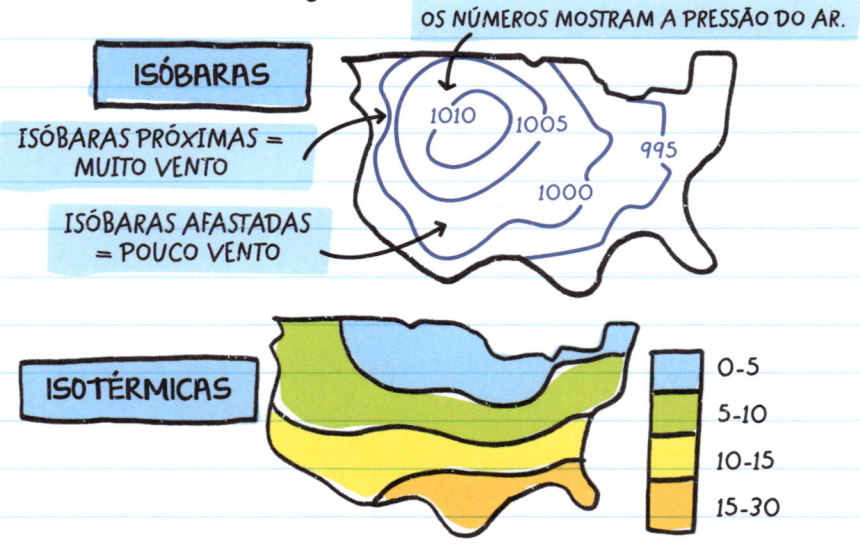

ISÓBARAS

OS NÚMEROS MOSTRAM A PRESSÃO DO AR.

ISÓBARAS PRÓXIMAS = MUITO VENTO

ISÓBARAS AFASTADAS = POUCO VENTO

1010, 1005, 1000, 995

ISOTÉRMICAS

0-5
5-10
10-15
15-30

Algumas intempéries, como o mau tempo, podem ser previstas com antecedência. Já alguns desastres naturais, como terremotos, são mais difíceis de se prever. Mas, qualquer que seja o caso, os cientistas podem estudar as localizações, magnitudes e frequências de eventos que ajudam a prever desastres. Usando satélites para monitorar tornados e tempestades violentas, por exemplo, é possível identificar áreas de risco e decidir onde construir abrigos e diques para proteger a população.

VERIFIQUE SEUS CONHECIMENTOS

1. Qual dos dois possui maior pressão: o ar quente ou o ar frio? Por quê?
2. Por que as nuvens geralmente se formam sobre áreas de baixa pressão?
3. De que são feitas as nuvens cirrus? Onde se formam?
4. Quais são as três principais formas de precipitação?
5. Quais são o prefixo para uma nuvem baixa, o prefixo para uma nuvem de tempestade e o sufixo para uma nuvem de tempestade?
6. Que nome se dá a uma nuvem stratus que está muito perto do chão?
7. Qual é o nome das nuvens de contornos nítidos e aspecto fofo que se formam em baixas altitudes?
8. O que acontece quando o vapor d'água do ar atinge o ponto de orvalho?
9. Explique como se comportam a brisa marítima e a brisa terrestre.
10. Como se formam as tempestades de raios?
11. Quando as isóbaras de uma região estão muito próximas, o que isso indica?

RESPOSTAS

CONFIRA AS RESPOSTAS

1. O ar quente possui mais pressão porque as moléculas do ar se movimentam mais depressa.
2. O ar frio possui menos pressão e é mais pesado. Ele faz subir o ar quente, que é mais leve, carregando consigo vapor d'água, que se condensa, formando nuvens.
3. São feitas de pequenos cristais de gelo e se formam em grandes altitudes.
4. Chuva, neve e granizo.
5. Estrato-, nimbo-, nimbus.
6. Neblina.
7. Cumulus.
8. Forma-se uma nuvem.
9. Durante o dia, o ar quente de terra firme sobe e a brisa marítima desloca ar frio do mar para a terra. À noite (quando o terreno está mais frio do que o mar), o ar quente do mar sobe e a brisa terrestre desloca o ar frio de terra firme para o mar.
10. Quando o ar quente e úmido sobe rapidamente e esfria, as moléculas do ar adquirem cargas elétricas. Quando o vapor d'água desse ar se condensa para formar nuvens, as cargas se acumulam e depois produzem relâmpagos.
11. Que existe muita variação na pressão do ar, o que se traduz em ventos fortes.

Capítulo 27
O CLIMA

O CLIMA é o conjunto de condições atmosféricas médias de uma região durante um longo período de tempo, em termos de temperatura e precipitação. Assim, por exemplo, o clima da costa do Alasca é mais frio e úmido do que o clima da região central do México.

FATORES CLIMÁTICOS

Latitude

— MEDIDA EM GRAUS (º)

A LATITUDE é a distância entre um ponto da superfície da Terra e a linha do equador. Latitudes diferentes recebem diferentes quantidades de luz e calor do Sol. Como os raios solares atingem áreas próximas da linha do equador quase perpendicularmente, tais regiões costumam ser mais quentes. Áreas próximas dos polos, que estão expostas a raios solares mais oblíquos, recebem menos calor e costumam ser mais frias. Regiões em latitudes diferentes apresentam climas diferentes:

TRÓPICOS: estão localizados de 23,5° ao norte a 23,5° ao sul da linha do equador. As temperaturas nessa região são altas durante a maior parte do ano, a não ser em altitudes elevadas. A maior parte do Brasil fica na zona tropical.

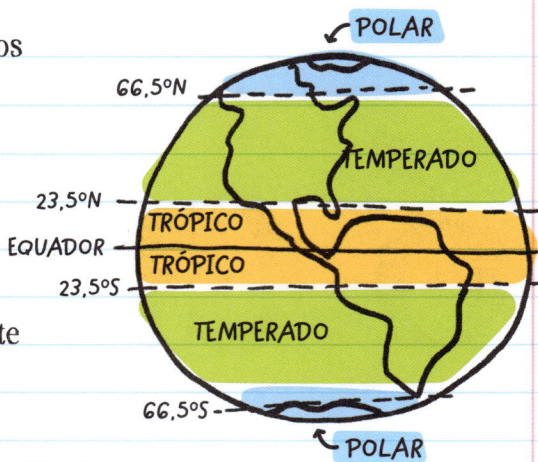

ZONA TEMPERADA: entre 23,5° ao norte e 66,5° ao norte, e entre 23,5° ao sul e 66,5° ao sul da linha do equador. Nessas regiões, o clima é TEMPERADO, ou seja, moderado.

ZONA POLAR: entre 66,5° ao norte da linha do equador e o Polo Norte, e entre 66,5° ao sul da linha do equador e o Polo Sul. Como as zonas polares recebem pouca radiação solar, são extremamente frias durante quase todo o ano.

Altitude

A altitude em relação ao nível do mar também afeta o clima. O ar da troposfera, que é a camada da atmosfera mais próxima do solo, é aquecido por condução pelo calor do solo. Como o ar nos pontos mais elevados da atmosfera é menos denso, existem menos moléculas para absorver o calor da superfície da Terra, por isso as temperaturas são mais baixas. As temperaturas costumam cair cerca de 6,5°C por quilômetro de altitude.

Água

Localmente, como a água leva mais tempo do que o ar para esquentar e esfriar, a temperatura varia menos nas regiões costeiras. Globalmente, as correntes oceânicas também afetam os climas costeiros. A água quente junto à linha do equador forma correntes que se deslocam para latitudes maiores, aquecendo o ar e a terra das vizinhanças. Depois de viajar até os polos, a água retorna fria ao equador, esfriando o ar e a terra das vizinhanças. A CORRENTE DO GOLFO é uma corrente quente que tem seu início perto da linha do equador e vai da Flórida até a Islândia.

A ISLÂNDIA SERIA MAIS FRIA AINDA SEM O AQUECIMENTO DA CORRENTE DO GOLFO.

Montanhas

As montanhas não apenas possuem grandes elevações, as quais afetam o clima, como também afetam os padrões pluviométricos. Quando o ar quente e úmido esbarra numa montanha, ele sobe e esfria. Ao esfriar, a água se condensa e se precipita na forma de chuva. Depois que o ar se livra de toda a umidade, ele então fica seco, formando uma SOMBRA DE CHUVA (uma região praticamente sem chuvas).

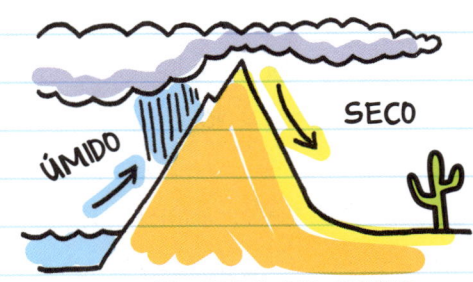

ÚMIDO • SECO • SOMBRA DE CHUVA

Cidades

As cidades podem afetar o clima local porque possuem edifícios e asfalto, que absorvem os raios solares, se aquecem e transferem esse calor para o ar. As áreas rurais, por outro lado, têm muito mais vegetação, o que pode resfriar a área por meio de transpiração. Como a temperatura nas cidades pode superar a das regiões vizinhas em mais de 5°C, as cidades às vezes são chamadas de "ilhas de calor".

TIPOS de CLIMA

Os CLIMATOLOGISTAS (cientistas que estudam o clima) adotam um sistema de classificação que se baseia nas temperaturas médias e nos níveis de precipitação de cada região. De acordo com esse sistema, existem seis tipos de clima:

1. TROPICAL: clima quente (pode ser tropical úmido ou tropical de estações úmida e seca) nas vizinhanças da linha do equador. Um exemplo é a floresta tropical úmida da América do Sul.

2. SECO: condições secas e desérticas. Um exemplo é o deserto do Saara, no norte da África.

3. POLAR: condições de frio intenso encontradas em regiões próximas aos polos Norte e Sul. Um exemplo é a Antártica.

4. TEMPERADO: temperaturas moderadas, geralmente no litoral. Um exemplo é o Mediterrâneo.

5. CONTINENTAL: grandes diferenças de temperatura entre o verão e o inverno (não existe água nas proximidades para reduzir as diferenças). Exemplos: o centro-oeste dos Estados Unidos e o Canadá.

6. ALPINO: clima das grandes altitudes. Um exemplo é a região do Himalaia.

LEMBRANÇA DO Himalaia!

EL NIÑO e LA NIÑA

De vez em quando, a água do Oceano Pacífico esquenta ou esfria para além do normal. O aquecimento anômalo é chamado EL NIÑO e o resfriamento é chamado LA NIÑA. Nos anos de El Niño, os ventos alísios ficam mais fracos, a água no Pacífico não se desloca muito de leste para oeste e pouca água fria sobe do fundo do mar para a superfície. Por causa disso, as águas no litoral oeste da América do Norte e da América do Sul ficam mais quentes do que o normal. A mudança na temperatura do mar provoca inundações em algumas regiões e secas em outras. No Brasil, El Niño provoca chuvas abundantes na região Sul e seca na Amazônia e no Nordeste.

Nos anos de La Niña acontece o contrário: os ventos alísios são muito fortes e empurram a água quente do Pacífico para oeste. Em consequência, muita água fria sobe do fundo do mar para a superfície. No Brasil, La Niña provoca aumento das chuvas na Amazônia, no Nordeste e em partes do Sudeste.

VUSH!

MUDANÇAS CLIMÁTICAS

Existem muitas lacunas em nosso conhecimento sobre os sistemas climáticos globais, mas os cientistas sabem que as partículas atmosféricas, as mudanças na radiação solar, os movimentos da Terra e os gases causadores do efeito estufa afetam o clima em escala global. O clima tem mudado constantemente ao longo da história da Terra e vai continuar a fazê-lo. O modo como entendemos, reagimos e nos adaptamos a um clima em contínua mudança vai determinar nossa capacidade de sobrevivência.

Partículas atmosféricas

Quanto maior a quantidade de partículas sólidas e líquidas na atmosfera, maior a quantidade de nuvens e menor o aquecimento produzido pela radiação solar na superfície terrestre.

Embora o ser humano introduza partículas na atmosfera por meio da poluição, existem processos naturais que também lançam partículas na atmosfera, como colisões de meteoritos, incêndios florestais e erupções vulcânicas, os quais liberam cinzas e poeira para a atmosfera.

Mudanças na radiação solar

O Sol nem sempre irradia a mesma quantidade de energia. Às vezes ele apresenta manchas escuras, conhecidas como manchas solares, que reduzem a radiação solar. Existe uma correlação entre a energia solar emitida e as temperaturas globais.

Movimentos da Terra

Atualmente, o eixo da Terra apresenta inclinação de 23,5° em relação ao plano orbital. No passado, a inclinação já sofreu variações, tanto para menos quanto para mais. A inclinação da Terra pode afetar o clima porque os raios solares atingem sua superfície com angulações diferentes, dependendo da inclinação. Também ao longo da história da Terra, os movimentos dos continentes, oceanos e montanhas causaram mudanças climáticas em áreas concentradas.

Gases causadores do efeito estufa

Alguns gases, como o dióxido de carbono (CO_2) e o metano, retêm o calor na atmosfera, causando seu aquecimento. Esse fenômeno recebe o nome de EFEITO ESTUFA. Em princípio, os gases causadores do efeito estufa são benéficos, pois conservam o calor recebido durante o dia e assim evitam que plantas e animais sejam submetidos a um frio excessivo durante a noite. O CICLO DO CARBONO, assim como o ciclo da água, tem mantido a quantidade de carbono no ecossistema global praticamente constante durante um longo período de tempo. Processos como incêndios florestais, erupções vulcânicas e até a respiração de animais aumentam a quantidade de carbono na atmosfera, mas, ao mesmo tempo, a absorção pelas plantas e algas, por exemplo, retira o carbono da atmosfera, garantindo assim certo equilíbrio.

Entretanto, desde o final do século XVIII, a queima de combustíveis fósseis (para movimentar veículos, para gerar energia elétrica, etc.) tem aumentado significativamente a liberação de CO_2 na atmosfera. Como os combustíveis fósseis levam centenas de milhões de anos para se formar, o carbono não está sendo absorvido com rapidez suficiente para compensar a quantidade dele que o ser humano está produzindo. A partir de medições, experimentos e dados históricos que remontam a centenas de milhares de anos, os cientistas descobriram que as emissões de gases causadores do efeito estufa estão resultando no aquecimento global, ou seja, um aumento da temperatura média da atmosfera terrestre.

Esse aumento da quantidade de gases causadores do efeito estufa na atmosfera está modificando o clima no mundo inteiro. A temperatura média da Terra tem aumentado com uma rapidez assustadora. Eis algumas consequências desse fenômeno:

- **DERRETIMENTO DAS CALOTAS POLARES**
- **AUMENTO DO NÍVEL DO MAR**
- **INCÊNDIOS FLORESTAIS**
- **MUDANÇAS NOS HABITATS**
- **EVENTOS E PADRÕES CLIMÁTICOS EXTREMOS**

VERIFIQUE SEUS CONHECIMENTOS

1. De que modo as montanhas afetam o clima local?

2. Explique o que acontece no planeta nos anos em que ocorre El Niño.

3. Qual é o efeito da latitude sobre o clima local?

4. Por que as variações de temperatura são menores nas regiões costeiras?

5. Qual é a diferença entre a temperatura das cidades e a temperatura das áreas rurais próximas?

6. O que é o efeito estufa?

7. Explique o ciclo do carbono.

8. O que vem causando um aumento da quantidade de CO_2 na atmosfera?

RESPOSTAS

CONFIRA AS RESPOSTAS

1. As montanhas criam padrões de chuva: um lado chuvoso e um lado seco, ou uma sombra de chuva. Além disso, o alto de uma montanha pode ser mais frio do que sua base devido à diferença de altitude.

2. Nos anos em que ocorre El Niño, os ventos alísios ficam mais fracos, a água não se movimenta tanto e pouca água fria sobe do fundo do mar para a superfície. Como consequência, chove muito em alguns lugares e chove pouco em outros.

3. Como os raios solares atingem áreas próximas da linha do equador quase perpendicularmente, tais regiões costumam ser mais quentes. Já as áreas próximas dos polos, que estão expostas a raios solares mais oblíquos, recebem menos calor e costumam ser mais frias.

4. A água esfria e esquenta mais devagar do que o ar. Portanto, no inverno e à noite a água aquece o ar; e no verão e de dia, a água resfria o ar.

5. As cidades são mais quentes porque os edifícios e o asfalto absorvem os raios solares e há uma presença menos significativa de vegetação para resfriar a área por meio da transpiração.

6. O efeito estufa é o aquecimento da atmosfera pelos gases com propriedade para reter calor.

7. O ciclo do carbono é o meio que a natureza tem de manter constante a quantidade de carbono na atmosfera. Processos como incêndios florestais e a respiração de animais liberam carbono na atmosfera, enquanto a absorção pelas plantas e algas retira carbono da atmosfera.

8. A queima de combustíveis fósseis, que tem liberado mais CO_2 na atmosfera do que pode ser compensado no ciclo do carbono.

Unidade 7

A vida: classificação e células

Capítulo 28
ORGANISMOS E CLASSIFICAÇÃO BIOLÓGICA

O que é um ser vivo? Um ORGANISMO é tudo aquilo que está vivo; o que significa estar vivo, porém? Todo ser vivo:

- É organizado a partir da unidade viva mais básica: a célula
- Cresce, muda e se desenvolve
- Responde a **ESTÍMULOS** (tudo aquilo que causa reação nos organismos, como a luz solar, a temperatura ou outros fatores)
- Precisa de energia para viver
- Se reproduz

ESTOU VIVO!

CLASSIFICAÇÃO

Os cientistas classificam os organismos de acordo com a estrutura e o grau de parentesco entre eles, dividindo-os em grupos e categorias geralmente com base nas características que têm em comum.

Hierarquia de classificação

Os cientistas classificam os organismos em categorias que vão das mais gerais às mais específicas, conforme podemos ver no diagrama abaixo:

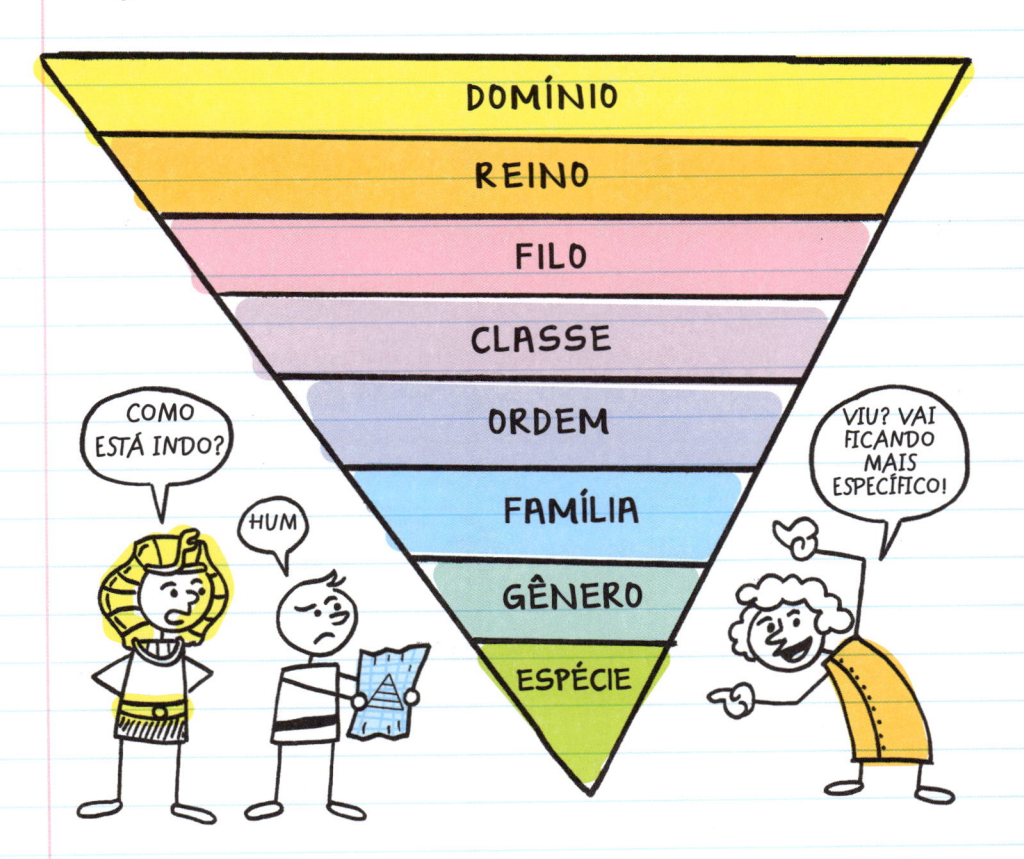

- DOMÍNIO
- REINO
- FILO
- CLASSE
- ORDEM
- FAMÍLIA
- GÊNERO
- ESPÉCIE

COMO ESTÁ INDO?

HUM

VIU? VAI FICANDO MAIS ESPECÍFICO!

293

Para não esquecer o sistema de classificação, use este mnemônico:

NHAM, NHAM!

Domingo **R**ei **F**ilipe **C**omeu
O **F**amoso **G**rande **E**spaguete!

(**D**omínio, **R**eino, **F**ilo, **C**lasse, **O**rdem, **F**amília, **G**ênero, **E**spécie)

NOMENCLATURA BINOMIAL

LINEU criou um sistema para nomear organismos que utiliza o latim na **NOMENCLATURA BINOMIAL** ("nome com duas palavras"). A primeira palavra indica o **GÊNERO**, que é o menor grupo de espécies semelhantes, e a segunda palavra define a **ESPÉCIE**. A nomenclatura binomial é como um nome e um sobrenome: um é mais específico do que o outro. Por exemplo: *Tyrannosaurus rex* e *Canis lupus* (lobo-cinzento). A nomenclatura binomial ajuda os cientistas de qualquer país do mundo a saberem quais são os organismos dotados de características semelhantes.

À medida que atingimos categorias mais específicas, nos deparamos com cada vez menos espécies; por isso um reino possui muito mais espécies do que um gênero.

ESPÉCIE
grupo de organismos vivos capazes de trocar genes ou de se acasalar

Domínio: Eucariontes (organismos com células complexas)

Reino: Animal

Filo: Cordados

Classe: Mamíferos

Ordem: Carnívoros

Família: Felídeos

Gênero: Felis

Espécie: Felis catus

295

REINOS

Os cientistas dividem os organismos em seis reinos. As características principais de cada reino são as seguintes:

PLANTAS

- São pluricelulares (formadas por mais de uma célula)
- As células possuem uma parede celular
- São **AUTÓTROFAS**, ou seja, produzem o próprio alimento
- Produzem seu alimento por meio da **FOTOSSÍNTESE**

> **FOTOSSÍNTESE**
> produção de alimento a partir de luz solar, dióxido de carbono e água

- Podem se reproduzir das seguintes formas:
  - Algumas plantas possuem sementes produzidas a partir das flores
  - As coníferas (um tipo de árvore como o pinheiro) possuem sementes em cones
  - Os musgos e samambaias usam **ESPOROS**

> **ESPORO**
> uma célula vegetal que é capaz de produzir uma planta nova

- Muitas plantas também podem se reproduzir **ASSEXUADAMENTE**, clonando a si próprias a partir das raízes (como o álamo) ou a partir de estolhos, caules horizontais (como o morangueiro)

ANIMAIS

- São pluricelulares
- São **HETERÓTROFOS**, ou seja, se alimentam de outros organismos vivos ou mortos
- Podem ser divididos em vertebrados e invertebrados
- **VERTEBRADOS**: animais que possuem coluna vertebral e outros ossos que protegem e dão mobilidade, como mamíferos, peixes, anfíbios, aves e répteis

- **INVERTEBRADOS**: animais que não possuem coluna vertebral, como os **ARTRÓPODES** (o maior grupo de invertebrados), dentre os quais estão as lagostas, os caranguejos, os insetos e as aranhas. Eles possuem corpos segmentados e um esqueleto externo na forma de uma carapaça dura. Existem mais invertebrados, como os moluscos, os vermes e muitos outros.

FUNGOS

- Podem ser unicelulares ou pluricelulares
- Entre eles estão os cogumelos, as leveduras e os mofos
- São heterótrofos ← COMEM QUALQUER CRIATURA ONDE ESTEJAM FIXADOS!
- Usam esporos para se reproduzir
- Possuem uma parede celular

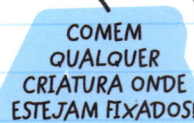

PROTISTAS

- Podem ser unicelulares ou pluricelulares
- Alguns são heterótrofos, outros, autótrofos
- Entre eles estão as amebas, as algas e os paramécios

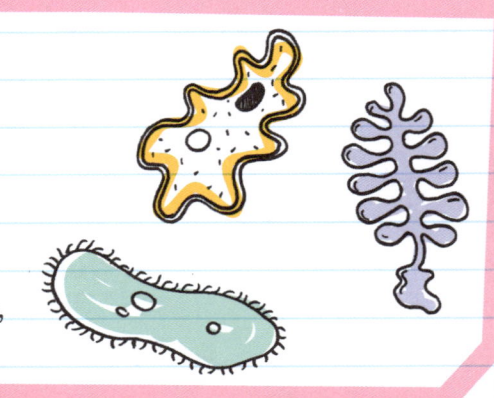

ARQUEAS

- São unicelulares
- Vivem geralmente em ambientes com condições extremas, como fontes termais e água muito salgada

BACTÉRIAS

- São unicelulares
- Entre elas estão bactérias de todos os tipos, como as que vivem no solo, na água e em outros seres vivos
- Algumas são heterótrofas e outras são autótrofas

EXISTEM MAIS BACTÉRIAS VIVENDO EM NOSSA BOCA DO QUE HABITANTES NA TERRA! QUASE TODAS, PORÉM, SÃO INOFENSIVAS.

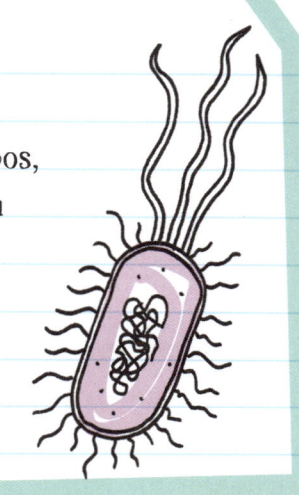

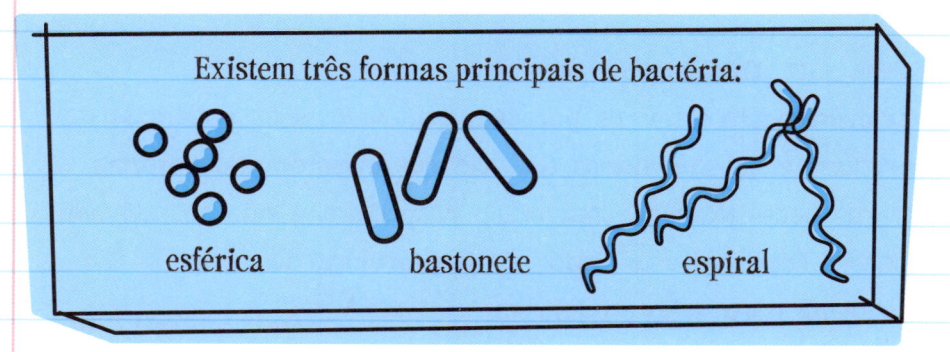

Existem três formas principais de bactéria:

esférica   bastonete   espiral

VÍRUS

O VÍRUS corresponde a um material genético (RNA ou DNA) envolto por uma cápsula proteica. Um vírus se associa a uma célula sadia e injeta nela seu material genético. Aí usa a célula para produzir descendentes idênticos e em seguida a destrói, liberando todos os vírus copiados. Esse processo é chamado CICLO VIRAL LÍTICO.

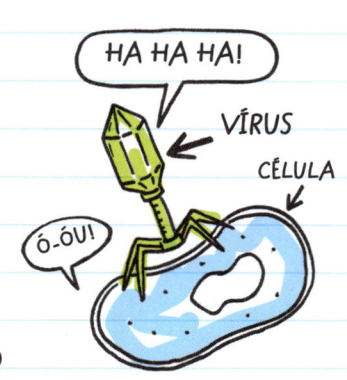

Por outro lado, um vírus pode permanecer inativo, fazendo com que seu material genético seja copiado junto ao material genético da célula. Esse processo é chamado CICLO VIRAL LISOGÊNICO. O vírus pode permanecer no ciclo lisogênico por um longo período. A qualquer momento, porém, ele pode entrar no ciclo lítico.

Os vírus podem infectar quase todos os tipos de organismo. No ser humano, os vírus podem causar gripe, catapora e aids, entre outras doenças. Um vírus que infecta bactérias é chamado BACTERIÓFAGO.

Vivo ou não?

À primeira vista, os vírus parecem bem vivos. Eles podem se reproduzir e causam danos à célula que infectam. No entanto, os vírus necessitam de uma célula hospedeira e não sobrevivem sozinhos. Precisam usar toda a infraestrutura da célula hospedeira para se reproduzirem.

COMO SE FOSSEM ZUMBIS!

Imunidade

É muito difícil tratar uma infecção viral. Geralmente, nosso corpo é capaz de combatê-la naturalmente; assim desenvolvemos IMUNIDADE, ou seja, a capacidade de resistir de forma mais eficaz a novas infecções causadas pelo mesmo vírus. Quando você é infectado por um vírus, suas células fabricam proteínas chamadas INTERFERONS que protegem outras células da infecção. Quando você toma uma VACINA, está recebendo uma pequena dose de um vírus morto ou inativo para ajudar seu corpo a adquirir imunidade.

VERIFIQUE SEUS CONHECIMENTOS

1. Quais são as características comuns a todos os seres vivos?

2. Como funciona a nomenclatura binomial?

3. Liste a hierarquia de classificação dos seres, do geral ao mais específico. (Dica: lembre-se do mnemônico!)

4. Explique a diferença entre um organismo autótrofo e um organismo heterótrofo. Dê exemplos de cada um.

5. Enumere os seis reinos.

6. Descreva um vírus.

7. Por que motivo um vírus pode não ser considerado um ser vivo?

8. O que é imunidade?

CONFIRA AS RESPOSTAS

1. Os seres vivos precisam de energia, são feitos de células, crescem e mudam, respondem a estímulos externos e se reproduzem.

2. Na nomenclatura binomial, a primeira palavra é o gênero do organismo e a segunda palavra define a espécie.

3. Domínio, Reino, Filo, Classe, Ordem, Família, Gênero, Espécie. (Domingo Rei Filipe Comeu O Famoso Grande Espaguete!)

4. Um organismo autótrofo é um organismo capaz de produzir o próprio alimento, como as plantas fazem por meio da fotossíntese; um organismo heterótrofo se alimenta de outros organismos, como fazem os fungos, que comem qualquer criatura onde estejam fixados.

5. Plantas, animais, fungos, protistas, arqueas e bactérias.

6. Um vírus corresponde a um material genético envolvido por uma cápsula proteica.

7. Porque um vírus não consegue sobreviver por conta própria; precisa usar a infraestrutura e os suprimentos de uma célula viva para se reproduzir.

8. Imunidade é a resistência a doenças. Depois de contrair um vírus, nosso corpo fabrica estruturas que ajudam a nos preparar para infecções futuras causadas pelo mesmo vírus e assim resistir melhor a elas.

Capítulo 29
TEORIA CELULAR E ESTRUTURA CELULAR

TEORIA CELULAR

As células são os tijolos básicos da vida. Todo ser vivo é composto por células: os menores organismos vivos são compostos por uma ÚNICA CÉLULA. Células diferentes são capazes de executar funções diferentes. Assim, por exemplo, uma célula do músculo do braço executa uma função diferente de uma célula do estômago.

Como as células possuem um tamanho muito reduzido, não podem ser vistas a olho nu. Elas só foram descobertas com a invenção do microscópio. ROBERT HOOKE observou a primeira célula na década de 1660.

Com o tempo, os cientistas reuniram suas observações e as de outros estudos e elaboraram a TEORIA CELULAR.

Todos os organismos são compostos por células (uma ou mais).

A célula é o tijolo básico da vida (em estrutura e função).

Toda célula vem de outra célula preexistente (elas se dividem para formar novas células).

Como um organismo pode ser composto por uma única célula, imagine todas as funções que uma célula de tamanho tão pequeno precisa realizar: ela deve ser capaz de consumir, armazenar e usar energia, proteger-se e se reproduzir. Estruturas diferentes dentro da célula ajudam-na a realizar todas as funções necessárias para sobreviver.

> Encare a célula como uma fábrica: cada estrutura é como um maquinário que realiza uma função diferente a fim de manter a fábrica em operação.

ORGANELAS

ORGANELAS são as partes de uma célula. Elas executam uma série de tarefas, como as seguintes:

- Processar e liberar energia
- Destruir e digerir materiais
- Copiar informações genéticas

UMA CÉLULA VEGETAL TÍPICA

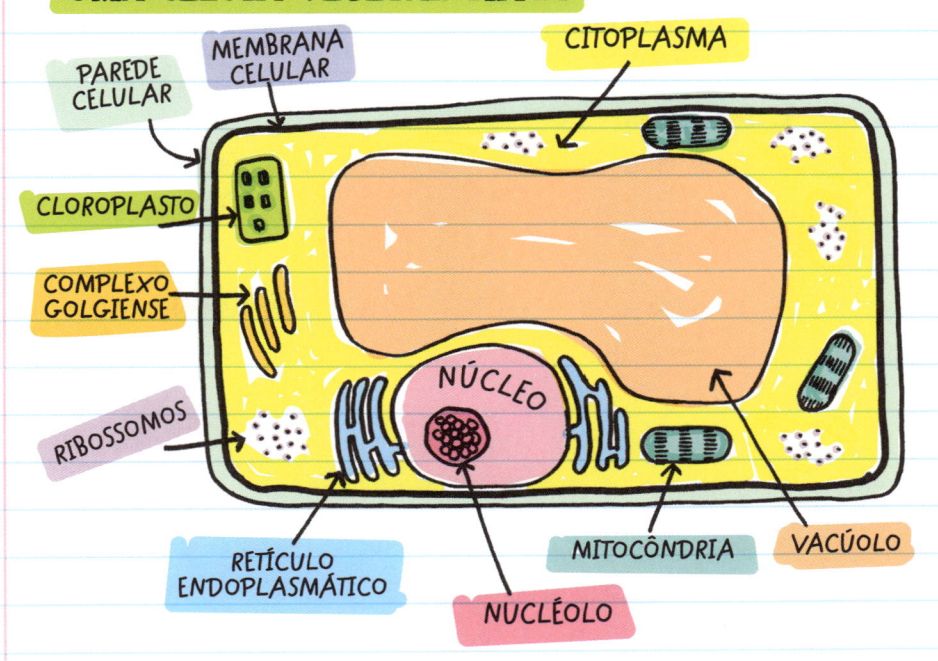

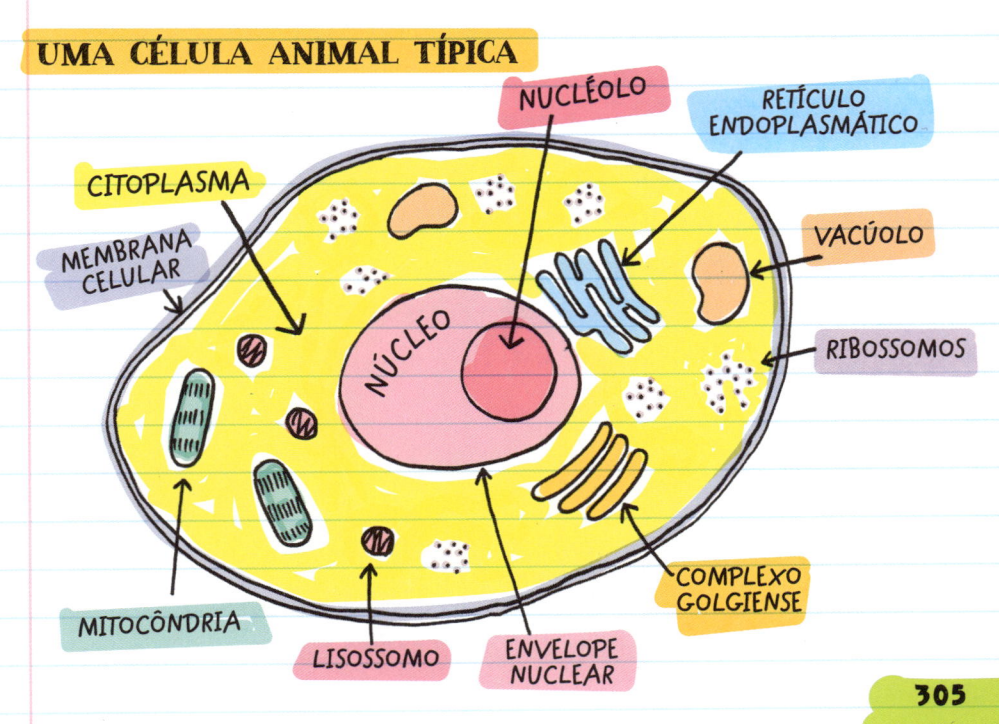

- PAREDE CELULAR
- MEMBRANA CELULAR
- CITOPLASMA
- CLOROPLASTO
- COMPLEXO GOLGIENSE
- RIBOSSOMOS
- NÚCLEO
- RETÍCULO ENDOPLASMÁTICO
- NUCLÉOLO
- MITOCÔNDRIA
- VACÚOLO

UMA CÉLULA ANIMAL TÍPICA

- NUCLÉOLO
- RETÍCULO ENDOPLASMÁTICO
- CITOPLASMA
- VACÚOLO
- MEMBRANA CELULAR
- NÚCLEO
- RIBOSSOMOS
- COMPLEXO GOLGIENSE
- MITOCÔNDRIA
- LISOSSOMO
- ENVELOPE NUCLEAR

As organelas mais importantes são:

Membrana celular

Toda célula possui uma MEMBRANA CELULAR, que é uma camada na parte externa responsável pela delimitação da célula. Ela também controla a entrada e saída de materiais; funciona como o portão de um castelo. É SEMIPERMEÁVEL, o que significa que pode deixar alguns materiais passarem e manter outros do lado de fora (ou do lado de dentro).

Parede celular

Além da membrana celular, as plantas, algas, fungos e algumas bactérias possuem também uma PAREDE CELULAR. É como a muralha de um castelo, altamente fortificada; trata-se de uma camada externa dura e rígida que protege a célula e é responsável pelo seu formato.

Muitas paredes celulares (especialmente nas plantas) são feitas de um carboidrato chamado CELULOSE, cujas longas fibras permitem a passagem de água e outros materiais. Outras espécies possuem paredes celulares feitas de diversas substâncias (quitina nos fungos, peptidoglicano nas bactérias, etc.).

Citoplasma

O CITOPLASMA abrange tudo que se encontra entre a membrana celular e o núcleo, inclusive o fluido gelatinoso (CITOSOL) e as organelas. O CITOESQUELETO, que é feito

[COMO FRUTAS EM UMA GELATINA]

de fibras proteicas finas e tubos proteicos ocos, ajuda as substâncias a se movimentarem no citoplasma.

Ribossomo

Os RIBOSSOMOS são as fábricas de proteínas da célula. As proteínas são uma parte essencial de todas as células: são encontradas na maioria dos componentes estruturais e também fazem parte de reações importantes que acontecem ali dentro. Os ribossomos recebem instruções do material genético para fabricar algumas proteínas.

Núcleo

O NÚCLEO é o centro de controle da célula. Abriga os CROMOSSOMOS, que são cadeias de DNA (DEOXYRIBONUCLEIC ACID, ÁCIDO DESOXIRRIBONUCLEICO), o material genético das células, associadas a proteínas. O núcleo também contém outros componentes:

ENVELOPE NUCLEAR

Duas membranas protetoras que envolvem o núcleo e controlam a passagem de materiais para dentro e para fora do núcleo.

NUCLÉOLO: uma pequena estrutura encontrada no interior do núcleo na qual ocorre a fabricação das partes dos ribossomos.

Vacúolo
Os VACÚOLOS são bolhas de armazenamento temporário. Armazenam água, comida e resíduos.

> NAS CÉLULAS VEGETAIS, PODEM SER ENORMES.

Lisossomo
Os LISOSSOMOS são dispositivos de descarte e reciclagem de lixo da célula. Possuem substâncias químicas que decompõem alimentos, resíduos celulares e partículas estranhas que podem entrar, como bactérias e vírus. Digerem e destroem as partes gastas da célula, bem como reciclam materiais para fabricar outras células.

Mitocôndria
As MITOCÔNDRIAS são as usinas de força da célula. Liberam a energia contida nos alimentos ao realizar uma reação com o oxigênio. As células que precisam de mais energia, como as musculares, possuem um grande número de mitocôndrias.

Retículo endoplasmático
O RETÍCULO ENDOPLASMÁTICO (RE) é responsável pela síntese e pelo transporte de materiais na célula. É feito de membranas dobradas e processa e movimenta materiais.

Complexo golgiense
O COMPLEXO GOLGIENSE é o dispositivo de empacotamento, organização e distribuição. Ele seleciona proteínas e outros produtos do RE, os empacota e envia para os locais onde são necessários.

Cloroplastos

Os CLOROPLASTOS (que só existem nas células vegetais) são estruturas de produção de alimentos que contêm **CLOROFILA**, um pigmento verde que dá cor às plantas e absorve a energia do Sol necessária para o processo de transformação da água e do dióxido de carbono em alimento.

> Existem dois tipos principais de célula:
> **PROCARIONTES** e **EUCARIONTES**.
> A principal diferença é que, ao contrário das eucariontes, as procariontes NÃO possuem núcleo, mitocôndrias e outras organelas. As células procariontes são muito simples e estão presentes nas bactérias e arqueas. As células eucariontes são muito mais complexas e estão presentes em protistas, fungos, animais e plantas.

CÉLULAS ANIMAIS e CÉLULAS VEGETAIS

As células animais e vegetais são parecidas em muitos aspectos, mas possuem algumas diferenças:

Toda célula vegetal possui parede celular, a barreira rígida feita de celulose que envolve a membrana celular.

↑ SE OS ANIMAIS TIVESSEM ISTO AQUI, TALVEZ FÔSSEMOS CROCANTES! SÓ QUE A MAIORIA DOS ANIMAIS TEM ALGUM TIPO DE ESQUELETO.

As células vegetais possuem cloroplastos, que atuam na produção de alimento com o uso da luz solar.

↑ SE OS ANIMAIS TIVESSEM ISTO AQUI, UM BANHO DE SOL SERIA UM ALMOÇO.

As células vegetais costumam ter um grande vacúolo central para armazenamento, o qual ocupa muito espaço.

SE OS ANIMAIS TIVESSEM ISTO AQUI, PODERÍAMOS PASSAR MUITO MAIS TEMPO SEM ÁGUA E COMIDA.

ORGANISMOS PLURICELULARES

Plantas e animais pluricelulares possuem células diferentes que realizam funções diferentes. Um conjunto de células que realizam a mesma tarefa é chamado TECIDO. Os tecidos se juntam, formando ÓRGÃOS, como o coração, o estômago e o fígado. Os órgãos se juntam, formando SISTEMAS DE ÓRGÃOS, como o sistema digestório e o sistema respiratório.

VERIFIQUE SEUS CONHECIMENTOS

1. Explique a teoria celular.

2. O _____ é o centro de controle da célula.

3. Qual é a função do envelope nuclear?

4. As células vegetais possuem paredes celulares feitas de _____, que fornecem apoio estrutural.

5. Qual é a função das mitocôndrias?

6. As células vegetais possuem _____, organelas que contêm um pigmento verde chamado _____, o qual é necessário para a produção de alimento, pois absorve a luz solar.

7. Qual é a função de um lisossomo?

8. A célula armazena alimentos e resíduos nos _____.

9. Os ribossomos recebem instruções do material genético para fabricar _____.

10. Como se chama um conjunto de células que realizam a mesma tarefa?

RESPOSTAS

CONFIRA AS RESPOSTAS

1. De acordo com a teoria celular, todos os seres vivos são compostos por células, que são as unidades estruturais e funcionais, e toda célula vem de outra célula preexistente.

2. núcleo

3. O envelope nuclear é a capa protetora que envolve o núcleo e controla a passagem de materiais para dentro e para fora do núcleo.

4. celulose

5. As mitocôndrias fornecem energia para a célula.

6. cloroplastos, clorofila

7. Os lisossomos são o dispositivo de descarte e reciclagem de lixo da célula. Eles contêm substâncias químicas que decompõem e reciclam outras partes da célula.

8. vacúolos

9. proteínas

10. Chama-se tecido.

Capítulo 30
TRANSPORTE CELULAR E METABOLISMO

TRANSPORTE CELULAR

As células estão constantemente absorvendo e liberando substâncias no meio que as cerca. Aliás, as células são bem parecidas com nossos corpos: respiramos, bebemos, comemos e expelimos resíduos. Uma célula funciona da mesma forma: absorve oxigênio, comida e água e expele resíduos.

A membrana celular é a guardiã das atividades da célula. E, como é semipermeável, permite que alguns materiais entrem e saiam e outros não (nem todos; ela é seletiva). Os materiais entram e saem pela membrana celular por meio de transporte passivo e ativo.

Transporte passivo

O TRANSPORTE PASSIVO é o movimento de entrada e saída de materiais da célula sem o uso de energia. É classificado em três tipos:

1. DIFUSÃO é o movimento de moléculas de uma área de grande concentração para uma área de baixa concentração. As moléculas entram na célula quando é detectada uma baixa concentração delas em seu interior. As células estão sempre tentando chegar a uma situação de EQUILÍBRIO. Por exemplo: como as células humanas consomem oxigênio o tempo todo, a concentração desse gás dentro delas é menor do que a concentração dele no ar. Quando respiramos, moléculas de oxigênio do ar são absorvidas pelas células dos pulmões.

DIFUSÃO

A difusão também funciona no sentido oposto: para expulsar substâncias. Assim, por exemplo, depois de consumir oxigênio, as células humanas produzem dióxido de carbono. E aí o expelem, porque a concentração dele fica maior no interior das células do que no ar.

2. OSMOSE é o fluxo do solvente de uma solução pouco concentrada em direção a uma solução mais concentrada, que se dá através de uma membrana semipermeável. Quando mergulhamos uma fruta seca na água, como a uva-passa, por exemplo, ela se REIDRATA: a água então penetra o interior das células da fruta, atravessando a parede

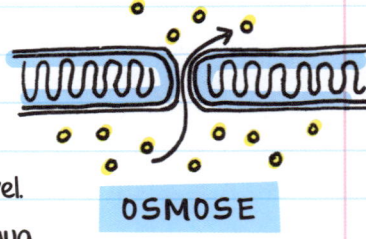

OSMOSE

celular. Podemos dizer que a água flui de uma região onde existe uma alta concentração de líquido (a tigela) para uma região de menor concentração de líquido (o interior das células da uva-passa).

3. Na **DIFUSÃO FACILITADA**, proteínas da membrana celular facilitam a entrada e a saída de certos materiais na célula sem que haja consumo de energia.

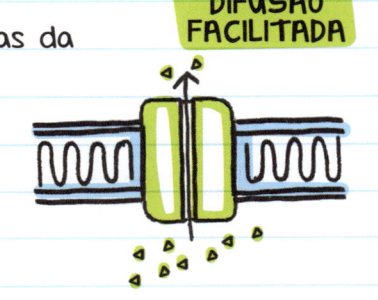

Transporte ativo

O TRANSPORTE ATIVO requer energia para movimentar materiais para dentro e para fora das células. Uma proteína chamada TRIFOSFATO DE ADENOSINA (ATP, ADENOSINE TRIPHOSPHATE) se liga à molécula e a transporta para dentro da célula. Nesse caso, o consumo de energia se faz necessário para que a molécula se desloque contra o gradiente de concentração (em outras palavras, para que passe de uma área de baixa concentração para uma de alta concentração).

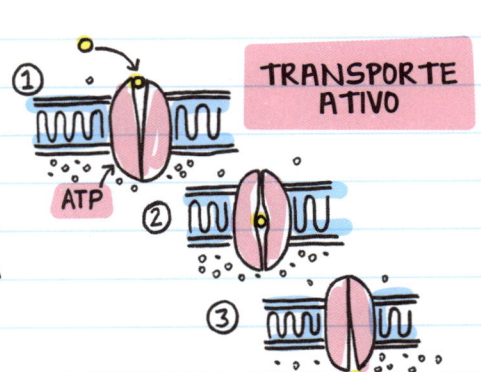

METABOLISMO CELULAR

O METABOLISMO de uma célula consiste em todas as reações químicas necessárias para sua sobrevivência. Esse processo inclui as reações químicas que liberam a energia exigida para produzir as substâncias necessárias ao nosso corpo, como proteínas, e também para expelir resíduos.

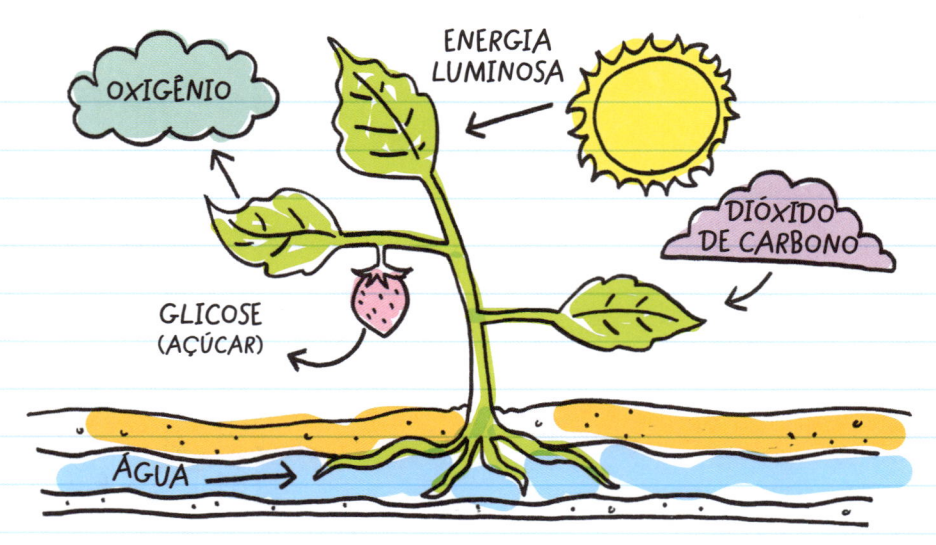

Fotossíntese

A FOTOSSÍNTESE é a reação química realizada pelas plantas e outros organismos autótrofos que resulta na produção de alimento usando luz solar. Na fotossíntese, o pigmento verde das plantas, chamado clorofila, absorve a energia solar, o que possibilita a conversão de dióxido de carbono e água em energia na forma de glicose, uma molécula de açúcar. A fotossíntese libera oxigênio como resíduo. Esse processo pode ser descrito pela seguinte reação química:

$$6\ CO_2 + 6\ H_2O + \text{ENERGIA LUMINOSA} \rightarrow \rightarrow \rightarrow C_6H_{12}O_6 + 6\ O_2$$

DIÓXIDO DE CARBONO — ÁGUA — GLICOSE — OXIGÊNIO

Respiração celular

Na RESPIRAÇÃO CELULAR, a glicose dos alimentos reage com o oxigênio, liberando energia nas mitocôndrias, mais os resíduos da reação: CO_2 e H_2O (dióxido de carbono e água).

> A RESPIRAÇÃO CELULAR SE PARECE COM OS SISTEMAS METABÓLICO E RESPIRATÓRIO DO NOSSO CORPO. INGERIMOS ALIMENTOS E RESPIRAMOS OXIGÊNIO. REAÇÕES QUÍMICAS QUEBRAM AS MOLÉCULAS DOS ALIMENTOS E LIBERAM A ENERGIA DA QUAL NECESSITAMOS.

Quando inspiramos e expiramos, inalamos o oxigênio necessário para a respiração celular e depois exalamos dióxido de carbono e água, os produtos residuais da respiração celular. O ato de inspirar permite obter o oxigênio necessário para a respiração celular. A respiração celular libera energia na forma de ATP.

$$C_6H_{12}O_6 + 6\ O_2 \rightarrow\rightarrow\rightarrow 6\ CO_2 + 6\ H_2O + ATP$$

GLICOSE — OXIGÊNIO — DIÓXIDO DE CARBONO — ÁGUA — ENERGIA

A FOTOSSÍNTESE E A RESPIRAÇÃO SÃO EXATAMENTE OPOSTAS: COMPARE AS FÓRMULAS.

Fermentação

A FERMENTAÇÃO é outra reação química que libera energia a partir dos alimentos. A fermentação libera menos energia do que a respiração celular e ocorre sem a participação de oxigênio. A fermentação é parecida com a respiração, mas não consome oxigênio: ela também quebra moléculas de glicose e libera energia na forma de ATP.

FERMENTAÇÃO
quebra de açúcares que liberam a energia dos alimentos sem usar oxigênio

Quando não existe oxigênio suficiente para manter a respiração celular, os músculos recorrem à fermentação para obter energia. Um produto residual da fermentação é o ÁCIDO LÁTICO. As dores musculares e as câimbras são causadas pelo acúmulo de ácido lático nos músculos devido à reação de fermentação.

Produção de substâncias necessárias

O metabolismo das células produz todas as substâncias necessárias para a sobrevivência delas. As moléculas produzidas pelas células são as seguintes:

AMINOÁCIDOS: compostos que podem ser combinados para formar proteínas

PROTEÍNAS: moléculas grandes formadas por cadeias de aminoácidos

ENZIMAS

As ENZIMAS são proteínas que facilitam algumas reações químicas. Para que uma reação ocorra, é necessário uma determinada quantidade de energia, e as enzimas reduzem essa quantidade de energia. Pense na enzima como um cupido: para que as moléculas reajam, elas têm de estar alinhadas. As enzimas ajudam as moléculas a se alinharem corretamente, facilitando a reação. Como as enzimas têm um formato que se adapta a um reagente específico, cada reação usa uma enzima diferente. Assim, por exemplo, algumas enzimas no seu corpo ajudam a quebrar alimentos em moléculas menores, enquanto outras ajudam a introduzir essas moléculas na corrente sanguínea.

VERIFIQUE SEUS CONHECIMENTOS

1. A membrana celular é semipermeável. O que isso quer dizer?

2. Dê exemplos de substâncias que a membrana semipermeável deixa passar.

3. Defina "transporte passivo" e enumere suas três formas.

4. Conceitue e explique a difusão e a osmose.

5. Explique a diferença entre transporte ativo e transporte passivo.

6. Qual é a função de uma enzima?

7. Qual é a diferença entre respiração celular e fermentação?

8. Em qual organela acontece a respiração celular?

9. Quais são os produtos finais da respiração celular?

10. Explique o processo de fotossíntese.

RESPOSTAS

CONFIRA AS RESPOSTAS

1. Isso quer dizer que alguns materiais passam pela membrana e outros não.
2. Oxigênio, dióxido de carbono, etc.
3. O transporte passivo é o movimento de entrada e saída de materiais da célula sem necessidade de consumo de energia. O transporte passivo pode acontecer por difusão, osmose ou difusão facilitada.
4. A difusão é o movimento das moléculas de uma região de alta concentração para uma região de baixa concentração, e a osmose é o fluxo do solvente de uma solução pouco concentrada em direção a uma solução mais concentrada, o qual se dá através de uma membrana semipermeável.
5. O transporte ativo consome energia. Nesse tipo de transporte, uma proteína se une a uma molécula e esta é transportada usando a energia celular. O transporte passivo não consome energia.
6. Uma enzima ajuda uma reação química a prosseguir, reduzindo a quantidade de energia necessária.
7. A respiração celular requer oxigênio, o que não acontece na fermentação. Além disso, a respiração celular libera mais energia do que a fermentação.
8. A respiração celular acontece nas mitocôndrias.
9. Os produtos finais da respiração celular são energia, água e dióxido de carbono.
10. Na fotossíntese, a clorofila absorve energia solar, o que possibilita a conversão de dióxido de carbono e água em glicose. A fotossíntese libera oxigênio como produto residual.

A questão 2 possui mais de uma resposta correta.

Capítulo 31

REPRODUÇÃO CELULAR E SÍNTESE DE PROTEÍNAS

DIVISÃO CELULAR e MITOSE

Quando um organismo cresce, o número total de células que ele possui vai aumentando. Mesmo em organismos cujo crescimento já cessou, as células estão constantemente morrendo e sendo substituídas. Mas de onde vêm as células novas? Da DIVISÃO CELULAR. Na divisão celular, uma célula se divide em duas, duas células se dividem em quatro, cada uma das quatro origina oito e assim por diante. Dessa forma, um organismo inteiro surge de uma única célula.

O ciclo celular

Toda célula passa naturalmente por um ciclo de vida. Esse ciclo tem quatro fases, uma das quais envolve a divisão celular, processo chamado MITOSE, que produz células idênticas.

Na divisão celular, a divisão ocorre no núcleo. Cada CÉLULA-FILHA é idêntica à célula-mãe original (ao final da mitose, a CÉLULA-MÃE original deixa de existir).

Uma célula típica passa a maior parte do tempo nas outras três fases do ciclo celular, que, juntas, são chamadas INTERFASE. Durante a interfase, a célula cresce e duplica seus cromossomos (estruturas que contêm o DNA da célula) e algumas organelas, se preparando assim para a mitose. Os núcleos das células-filhas possuem cromossomos iguais aos da célula-mãe.

Um ciclo celular completo é tudo que ocorre entre uma divisão celular e a divisão seguinte. A duração do ciclo celular varia de acordo com o tipo de célula.

CROMOSSOMOS DUPLICADOS

"ESTOU SOLITÁRIA."

MITOSE

"É COMO OLHAR NO ESPELHO!"

> Os cientistas usam o termo "mãe" para designar a célula mais velha que se divide e o termo "filha" para designar as células que resultam da divisão.

> Como a mitose é a divisão do núcleo, apenas as células dos eucariontes podem passar pela mitose (diferentemente das células dos procariontes, como bactérias, que não possuem núcleo).

REPRODUÇÃO ASSEXUADA

A REPRODUÇÃO ASSEXUADA acontece quando um organismo se reproduz sozinho, produzindo organismos filhos que são geneticamente idênticos a ele.

Mitose

A divisão celular pode ser usada não apenas para o crescimento, mas também para a reprodução assexuada. Organismos formados por esse tipo de reprodução assexuada são geneticamente idênticos ao original. Muitos organismos, como a água-viva, alguns tipos de vermes e muitas plantas, recorrem à reprodução assexuada em alguma etapa de suas vidas.
A reprodução assexuada é a principal forma de reprodução de organismos unicelulares, como bactérias e muitos protistas.

Fissão binária

Embora somente os eucariontes (organismos com células complexas) recorram à mitose para realizar a reprodução assexuada, muitos procariontes, como as bactérias, também se reproduzem usando a reprodução assexuada. Nesse caso, o processo é chamado FISSÃO BINÁRIA. Nesse fenômeno, a célula duplica o material genético. Em seguida, ela se alonga e se divide, produzindo duas células-filhas iguais à célula-mãe.

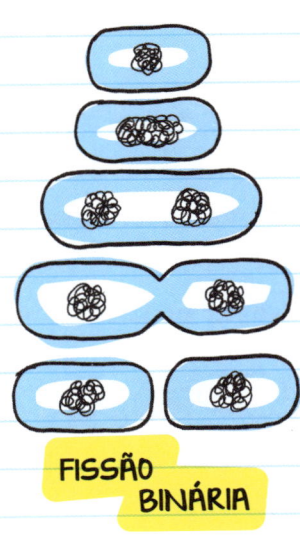

FISSÃO BINÁRIA

Brotamento e regeneração

> PENSE NOS BROTOS DE UMA BATATA: ISTO É REPRODUÇÃO ASSEXUADA.

Em alguns vegetais e animais, a célula recorre à mitose e à divisão celular, produzindo um BROTO de células iguais à célula-mãe. Quando o broto está suficientemente grande, pode se separar e viver por conta própria.

Algumas plantas podem se reproduzir por meio de PROPAGAÇÃO VEGETATIVA, na qual a planta pode produzir ESTOLHOS, caules horizontais que crescem, formam raízes e acabam dando origem a uma planta nova. Muitas plantas também podem se reproduzir por meio de FRAGMENTAÇÃO, que é o que acontece quando um pedaço da planta se desprende para formar uma nova planta.

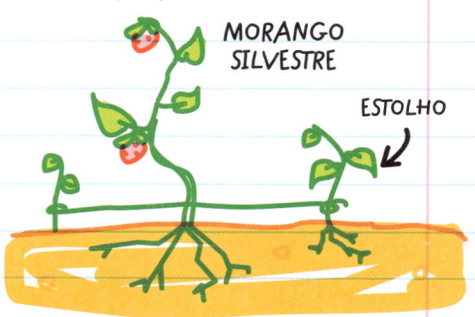

MORANGO SILVESTRE

ESTOLHO

Alguns animais que conseguem REGENERAR (reconstituir) partes do corpo, como as estrelas-do-mar, também são capazes de se reproduzir assexuadamente via regeneração. Quando uma estrela-do-mar é cortada ao meio, por exemplo, cada uma das partes pode se transformar em um novo organismo!

REPRODUÇÃO SEXUADA

Muitos organismos, incluindo a maioria dos animais e plantas, se reproduzem sexualmente. Na REPRODUÇÃO SEXUADA, geralmente um organismo macho e um organismo fêmea combinam seu material genético, produzindo um descendente. Ao contrário do que acontece na reprodução assexuada, o descendente gerado por reprodução sexuada possui características próprias e diferentes das dos pais.

Na reprodução sexuada, uma CÉLULA SEXUAL (gameta) masculina, chamada ESPERMATOZOIDE, e uma célula sexual feminina, chamada ÓVULO, se unem. A união do espermatozoide ao óvulo é chamada **FECUNDAÇÃO** e a célula que se forma a partir da fecundação é chamada **ZIGOTO**. Em algum momento o zigoto crescerá e se tornará um organismo, por meio da mitose e da divisão celular.

> **FECUNDAÇÃO**
> a união de um espermatozoide a um óvulo
>
> **ZIGOTO**
> a célula que resulta da fecundação; ela possui um conjunto completo de cromossomos

REPRODUÇÃO SEXUADA e ASSEXUADA

Alguns organismos se reproduzem sexuadamente, assexuadamente ou de ambas as formas. Quais são as vantagens e desvantagens de cada uma?

VANTAGENS
- A reprodução sexuada produz variação. Cada descendente carrega uma nova combinação de material genético. Com isso, as novas características podem auxiliar na sobrevivência em novos ambientes.
- A reprodução assexuada consome menos energia e o organismo não necessita de um parceiro para se reproduzir. Assim, esse método permite que uma população aumente com rapidez.

DESVANTAGENS
- A reprodução sexuada necessita de mais esforço e energia porque exige que seja encontrado um parceiro para a reprodução. Por isso, a reprodução sexuada não permite que uma população aumente com rapidez.
- Como na reprodução assexuada não existe variação genética, a população pode se extinguir rapidamente caso as condições sejam desfavoráveis. Uma doença que se revele fatal para um dos organismos, por exemplo, será fatal para todos.

DNA

Características como cor dos cabelos ou dos olhos são passadas dos pais para os filhos por meio do DNA (cadeias de material genético que armazenam informações genéticas). O DNA é enrolado de forma compacta em torno de moléculas de proteína, formando os cromossomos.

Pense no DNA como um zíper. Durante a duplicação do DNA, o zíper é aberto. Cada lado do zíper é usado para formar uma cadeia complementar igual à outra metade do zíper original. O resultado são dois zíperes iguais, cada um deles com metade do zíper original e metade de um novo zíper.

Os dentes do zíper são bases nitrogenadas que formam pares complementares. O DNA contém quatro bases nitrogenadas diferentes: ADENINA, TIMINA, CITOSINA e GUANINA, representadas pelas letras A, T, C e G. A ordem dessas letras (bases nitrogenadas) é a "linguagem" que diz a uma célula como construir um organismo: AGGCATCGAATCG... e assim por diante.

O A de uma cadeia sempre faz par com o T de outra, e o C sempre faz par com o G, o que significa que existem sempre quantidades iguais de A e T e quantidades iguais de C e G.

Aí vai um mnemônico para ajudar a memorizar o emparelhamento das bases:

Animais

Transmitem

Características

Genéticas

(**A**denina + **T**imina / **C**itosina + **G**uanina)

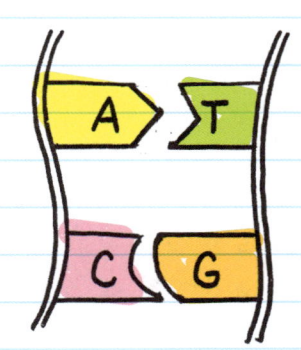

Mutações

Às vezes erros são cometidos quando o DNA é duplicado. Esses erros são chamados MUTAÇÕES e podem ter várias causas, dentre elas a exposição à luz ultravioleta, a produtos químicos e a raios X. Algumas mutações podem ser fatais; já outras não causam nenhum dano ao organismo. Muito raramente, uma mutação pode até criar características que ajudam o organismo a sobreviver. As mutações genéticas inclusive são um dos meios de evolução dos organismos.

Genes

Os GENES são segmentos de cadeias de DNA que codificam uma característica específica. Um gene é como um manual de instruções, e o DNA é a linguagem na qual estão escritas as instruções do manual.

Cada cromossomo contém milhares de genes. Na reprodução sexuada, esses genes são passados de pai para filho por meio das células sexuais (espermatozoide e óvulo). Como as células sexuais da mãe e do pai se combinam para formar um descendente, os filhos partilham genes e características do pai e da mãe.

Síntese de proteínas

De forma geral, o DNA é, na verdade, um código para a fabricação de proteínas. As proteínas constroem células e tecidos, o que por sua vez origina diversas características genéticas. Além disso, são as longas cadeias de aminoácidos que desempenham várias funções nas células. Cada conjunto de três bases nitrogenadas (como, por exemplo, CTG ou AAC) especifica um tipo de aminoácido. Se uma proteína fosse um colar de pérolas, cada pérola seria um aminoácido. A ordem ou sequência dos aminoácidos determina o tipo de proteína.

Embora o DNA seja encontrado no núcleo de uma célula, as proteínas são fabricadas em organelas do citoplasma conhecidas como ribossomos. Para transferir as informações da molécula de DNA para o ribossomo, as células recorrem a um mensageiro chamado RNA (RIBONUCLEIC ACID, ÁCIDO RIBONUCLEICO).

O RNA possui um padrão parecido como o do DNA, mas, diferentemente do DNA, que contém duas cadeias, o RNA contém apenas uma, como se fosse metade de uma cadeia de DNA (metade de um zíper). De maneira geral, a cadeia de RNA é como um padrão ou molde a partir do qual muitas proteínas podem ser fabricadas.

Outra diferença entre RNA e DNA está em uma das bases nitrogenadas. No RNA, em vez da timina (T), existe uma base nitrogenada chamada uracila (U).

Existem três tipos principais de RNA, cada qual com uma função diferente:

mRNA: conhecido como **RNA MENSAGEIRO**, transporta a informação contida no DNA do núcleo para o citoplasma da célula.

rRNA: conhecido como **RNA RIBOSSÔMICO**, é um componente dos ribossomos. Os ribossomos se associam a moléculas de mRNA para iniciar a produção de proteínas.

tRNA: conhecido como **RNA TRANSPORTADOR**, transporta aminoácidos para os ribossomos.

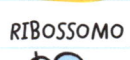

O genoma humano

O ser humano possui milhares de genes. Esses genes estão situados em nossos cromossomos e fazem parte do chamado GENOMA humano. Há muito os cientistas vêm trabalhando para determinar a sequência de bases nitrogenadas do nosso DNA e localizar os nossos genes. Esse projeto é chamado PROJETO GENOMA HUMANO. Conhecendo a localização dos genes alterados responsáveis pelas doenças genéticas, poderemos evitá-las ou, pelo menos, conhecê-las melhor.

VERIFIQUE SEUS CONHECIMENTOS

1. Em que estágio do ciclo celular as células passam a maior parte do tempo? O que acontece nesse estágio?

2. Cite algumas formas de reprodução assexuada.

3. Quais são as semelhanças e diferenças entre reprodução assexuada e sexuada?

4. Para que serve a divisão celular?

5. O que acontece quando ocorre uma mutação no DNA?

6. A união de um _____ e um óvulo é chamada _____, e a célula que forma é chamada _____.

7. Cite as bases nitrogenadas do DNA e como são emparelhadas.

RESPOSTAS 331

CONFIRA AS RESPOSTAS

1. Na interfase. Durante a interfase, a célula se prepara para a divisão, crescendo e duplicando seus cromossomos e algumas organelas.

2. Mitose, fissão binária, brotamento, propagação vegetativa e regeneração.

3. Na reprodução assexuada, o filho é idêntico aos pais. Na reprodução sexuada, o filho é diferente dos pais e geneticamente único. A reprodução sexuada necessita de mais energia e de dois genitores, enquanto a reprodução assexuada necessita de menos energia e de apenas um genitor.

4. A divisão celular é um recurso para substituir células velhas e desgastadas, e também para o crescimento. Também é adotada na reprodução assexuada.

5. Algumas mutações podem ser fatais, outras podem ser benéficas. A maioria, porém, não causa nenhum efeito significativo.

6. espermatozoide, fecundação, zigoto

7. A (adenina), T (timina), C (citosina), G (guanina). A emparelha com T e C emparelha com G.

Unidade 8

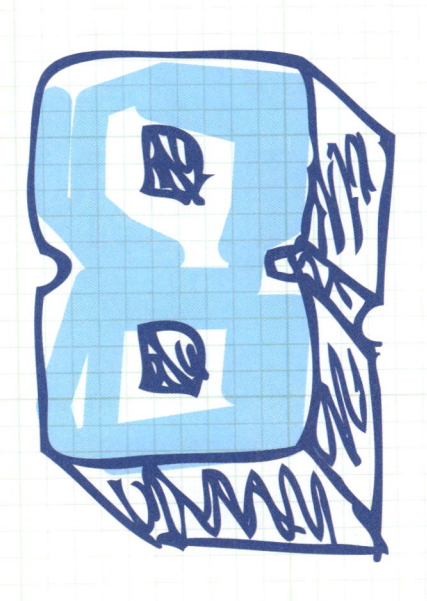

Plantas e animais

Capítulo 32
ESTRUTURA E REPRODUÇÃO DAS PLANTAS

Algumas plantas são muito pequenas, outras possuem a altura de um prédio de trinta andares — mas todas são feitas de células que possuem paredes celulares e um pigmento verde chamado clorofila, o qual lhes permite produzir seu próprio alimento a partir da absorção de luz solar num processo chamado fotossíntese (síntese a partir da luz). As plantas também possuem pigmentos vermelhos, alaranjados e amarelos chamados CAROTENOIDES, que também são usados na fotossíntese.

EI, COMO VÃO AS COISAS?

As primeiras plantas provavelmente eram algas verdes que viviam na água. Depois disso, as samambaias, as coníferas e os angiospermas foram se desenvolvendo ao longo de milhões de anos, quando as espécies se adaptaram para viver em terra firme. As plantas realizaram o salto de viver na água para viver no solo quando passaram a apresentar estruturas que lhes permitiram crescer na direção vertical e conservar água. Muitas plantas apresentam, por exemplo, uma camada protetora cerosa chamada CUTÍCULA, que evita a perda de água. As plantas têm paredes celulares rígidas cheias de celulose, uma fibra bem forte que fornece apoio estrutural.

PLANTAS VASCULARES e AVASCULARES

EM GERAL, PLANTAS SIMPLES COMO MUSGOS

As PLANTAS AVASCULARES não possuem estruturas para ajudá-las a transportar e a distribuir água e nutrientes, o que é feito de célula a célula.

As PLANTAS VASCULARES possuem estruturas em formato de tubos, que transportam e distribuem água e nutrientes. A maioria das plantas vasculares tem sementes, mas existem alguns exemplares, como as samambaias, que não têm.

VASCULARES

- TRANSPORTAM A ÁGUA DE CÉLULA A CÉLULA
- PRECISAM DE ÁGUA
- ESTRUTURAS EM FORMATO DE TUBO TRANSPORTAM A ÁGUA

AVASCULARES

Tecido vascular

FLOEMA →
CÂMBIO →
XILEMA →

XILEMA: células em formato de tubo e empilhadas que formam vasos que distribuem água das raízes às diferentes partes da planta. Também proporcionam apoio estrutural.

FLOEMA: células em formato de tubo e empilhadas que formam tubos que distribuem alimento para consumo e armazenamento

CÂMBIO: células que produzem novas células de xilema e floema; em algumas plantas, se localiza entre o xilema e o floema; aumenta a espessura de caules e raízes

Lembre-se de que o xilema é formado por tubos que **TRANSPORTAM ÁGUA** e o floema é formado por tubos que **TRANSPORTAM ALIMENTO**.

PLANTAS SEM SEMENTES

As plantas sem sementes se reproduzem principalmente a partir de ESPOROS, que são pequenas unidades reprodutoras. Elas podem ser divididas em duas categorias: vasculares e avasculares.

Plantas avasculares sem sementes

As PLANTAS AVASCULARES SEM SEMENTES têm a espessura de apenas algumas células porque cada uma delas absorve a água e os nutrientes diretamente do ambiente. A maioria das plantas avasculares sem sementes vive em ambientes onde existe muita água. E, em vez de raízes, elas possuem pequenas estruturas filamentosas chamadas RIZOIDES. Os rizoides ancoram as plantas. Entre as plantas avasculares sem sementes estão os musgos, as hepáticas e os antóceros.

> As plantas avasculares sem sementes são muitas vezes espécies pioneiras em novos ecossistemas, especialmente em climas úmidos.

Plantas vasculares sem sementes

As PLANTAS VASCULARES SEM SEMENTES, como as samambaias, os licopódios, as cavalinhas e as selaginelas, podem atingir um tamanho maior do que as plantas avasculares sem sementes porque possuem estruturas para distribuir a água e os nutrientes. A maioria das plantas vasculares sem sementes (com exceção das samambaias e cavalinhas) está extinta e sabemos de sua existência apenas por causa dos fósseis.

PLANTAS COM SEMENTES

As SEMENTES são unidades reprodutoras adaptadas ao ambiente terrestre. Diferentemente dos esporos, as sementes possuem reservas de alimento e um revestimento de proteção. Tipo quando os pais dão uma lancheira e um casaquinho ao filho para que ele sobreviva na escola. As plantas com sementes podem ser divididas em GIMNOSPERMAS, cujas sementes não estão contidas em um fruto, e ANGIOSPERMAS, cujas sementes estão contidas em um fruto. Todas as frutas que comemos são produzidas por plantas angiospermas.

> **LEMBRE-SE:**
> As gimnospermas produzem sementes que **NÃO** estão protegidas por frutos (como os pinheiros).
> As gimnospermas **NÃO PRODUZEM FLORES**.
> As angiospermas produzem sementes que são protegidas por frutos.
> E também produzem flores.

Todas as plantas com sementes são vasculares e a maioria delas possui as seguintes estruturas:

1. Folha: o órgão da planta onde acontece a fotossíntese. As folhas podem ser achatadas, em formato de agulha ou ter outras formas.

EPIDERME: a camada externa, com uma cutícula cerosa que evita a perda de água e protege a folha. Por meio de aberturas na epiderme, chamadas **ESTÔMATOS**, a folha troca gases com o ambiente, como o oxigênio e o dióxido de carbono. As **CÉLULAS-GUARDA** abrem e fecham os estômatos. ← COMO SEUS LÁBIOS
Mas, como as folhas também podem perder água através dos estômatos, costumam mantê-los fechados nos dias quentes.

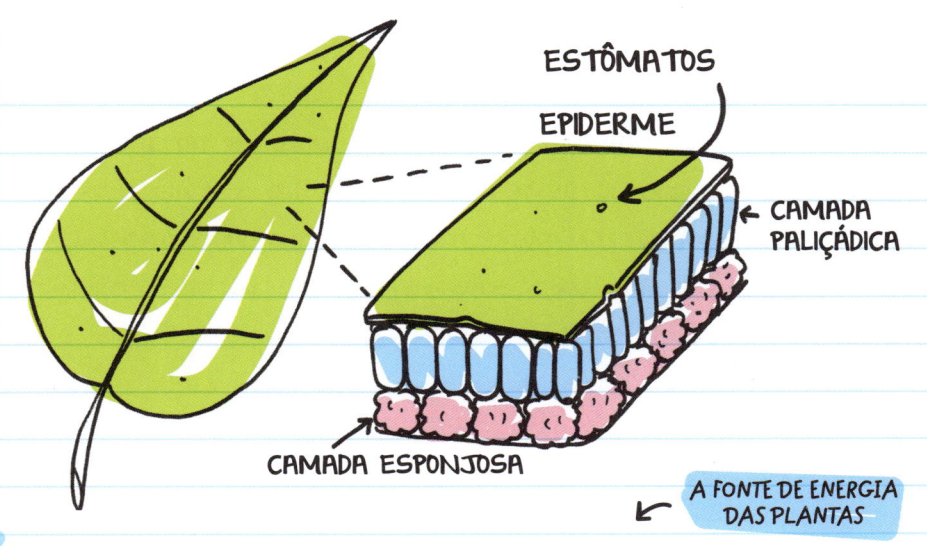

ESTÔMATOS
EPIDERME
CAMADA PALIÇÁDICA
CAMADA ESPONJOSA

A FONTE DE ENERGIA DAS PLANTAS

CAMADA PALIÇÁDICA: a camada abaixo da epiderme, que contém cloroplastos para realizar a fotossíntese.

CAMADA ESPONJOSA: a camada abaixo da camada paliçádica. O nome vem da disposição das células, que ficam um pouco folgadas, deixando bolsões de ar que armazenam CO_2 ou oxigênio, como uma esponja. A maioria do tecido vascular que distribui a água e o alimento fica na camada esponjosa.

2. **Caule:** o apoio das folhas, dos galhos, etc.

3. **Raiz:** a estrutura que absorve água, gases e nutrientes do solo, bem como muitas vezes armazena alimento. Estruturalmente, a raiz também sustenta a planta e evita que ela seja levada pelo vento ou pela água.

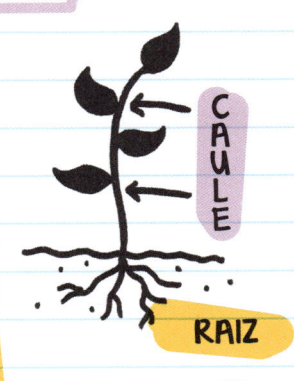

CAULE

RAIZ

Reprodução das plantas com flores

Todas as angiospermas são plantas com flores. As sementes são formadas quando a parte feminina da flor é POLINIZADA (fecundada) pelo pólen da parte masculina. Em muitas espécies, a mesma flor possui uma parte masculina e uma parte feminina; são as HERMAFRODITAS.

Os óvulos se desenvolvem no OVÁRIO, que fica no fundo de um tubo comprido chamado CARPELO no sistema reprodutor feminino. Nas flores hermafroditas, em volta do carpelo fica o sistema reprodutor masculino, chamado ESTAME. O estame produz PÓLEN, um "pó" colorido que contém o gameta masculino. O ESTIGMA é a parte do carpelo que recebe o pólen.

Uma semente é produzida quando o óvulo do ovário se une ao gameta masculino do pólen, um processo chamado POLINIZAÇÃO. Ela acontece quando o pólen do estame é transferido para o carpelo por meio do estigma. A maioria das plantas possui adaptações que impedem que elas se autopolinizem, como, por exemplo, a produção de óvulos e pólen em épocas diferentes do ano, ou a produção do néctar, que atrai insetos, que transportam o pólen para outras plantas. Depois que o pólen é depositado no estigma, o gameta masculino desce pelo carpelo até chegar ao óvulo que está no ovário.

As plantas costumam espalhar suas sementes ao longe, o que faz com que as novas plantas não fiquem muito próximas, evitando, assim, a competição por luz do sol, água e nutrientes do solo.

As plantas podem apresentar diferentes formas de DISPERSÃO DE SEMENTES:

- **VENTO**: as sementes são leves e possuem apêndices em formato de pluma, o que possibilita que sejam levadas pelo vento.

  COMO QUANDO AS SEMENTES DE UM DENTE-DE-LEÃO SÃO LEVADAS PELO VENTO

- **ÁGUA**: as sementes são levadas por rios e córregos.

- **ANIMAIS**: as sementes podem ficar presas nos pelos ou na pele dos animais. Os animais também podem comer uma fruta e espalhar a semente por meio das fezes.

- **EXPLOSÃO**: o fruto seca e explode, arremessando sementes em todas as direções.

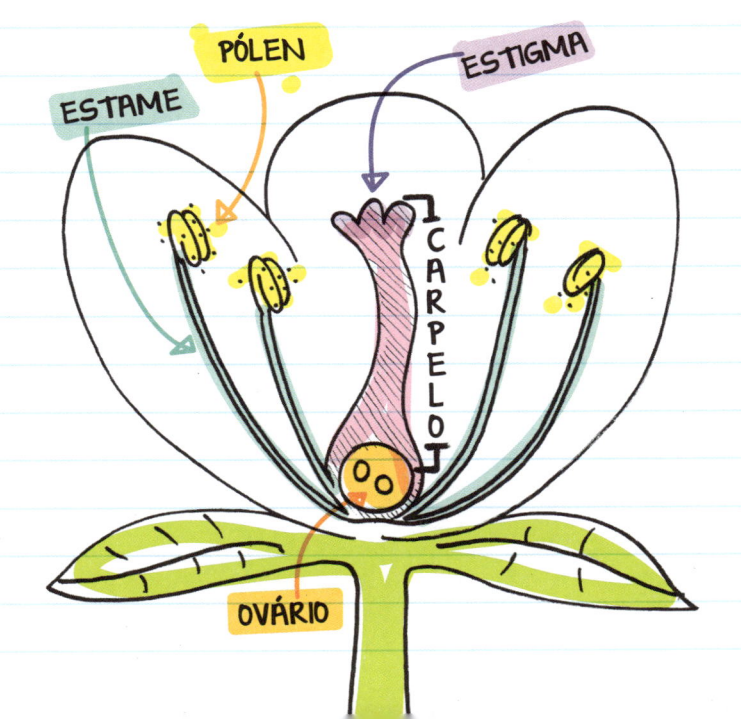

ESTAME — PÓLEN — ESTIGMA — CARPELO — OVÁRIO

Se a semente vai parar em um ambiente adequado em termos de temperatura e umidade, ela GERMINA (cresce), usando o alimento armazenado. O revestimento protetor da semente se parte e uma raiz primária se estende até o solo. A semente continua a se desenvolver, fazendo brotar raízes, caule e folhas, que permitem que a planta fabrique alimento e se apoie no solo.

VERIFIQUE SEUS CONHECIMENTOS

1. Em qual parte da flor estão contidos os gametas masculinos?

2. Explique a função das raízes.

3. Dê um exemplo de uma planta vascular sem sementes.

4. O que as plantas avasculares têm no lugar das raízes?

5. Por que as plantas avasculares sem sementes têm a espessura de apenas algumas células?

6. Como se chamam as plantas com sementes e flores?

7. Qual é o nome do pigmento verde que as plantas usam no processo de fotossíntese?

8. Qual é o nome do aparelho reprodutor masculino de uma planta com flor?

9. O que são os estômatos de uma planta?

10. Como são chamadas as plantas com sementes que não ficam protegidas por frutos?

11. Qual é a função do xilema de uma planta?

12. Como as plantas sem sementes se reproduzem?

RESPOSTAS

CONFIRA AS RESPOSTAS

1. No pólen.
2. As raízes proporcionam estabilidade, coletam água e nutrientes do solo.
3. As samambaias.
4. Os rizoides.
5. Porque cada célula precisa absorver nutrientes e água diretamente do ambiente.
6. Angiospermas.
7. Clorofila.
8. Estame.
9. Os estômatos são aberturas nas folhas que possibilitam a troca de gases, como oxigênio e dióxido de carbono, com o ambiente.
10. Gimnospermas.
11. Transportar água e nutrientes das raízes para outras partes da planta.
12. Através dos esporos.

A questão 3 possui mais de uma resposta correta.

Capítulo 33
ANIMAIS INVERTEBRADOS

CARACTERÍSTICAS dos ANIMAIS

A maioria dos animais apresenta as seguintes características:

São **PLURICELULARES** (possuem muitas células)
São **HETERÓTROFOS** (se alimentam de outros organismos)
São **MÓVEIS** (podem se deslocar para procurar alimento, abrigo e segurança)

A maioria dos animais possui **SIMETRIA**, o que significa que, se divididos, os pedaços serão muito semelhantes entre si. O ser humano, o cão e muitos outros animais têm **SIMETRIA BILATERAL**, o que significa que, se você dividir o corpo deles com um corte longitudinal, as duas partes vão ser muito parecidas. Outros animais possuem **SIMETRIA RADIAL**, o que significa que possuem várias partes iguais dispostas ao longo de um círculo, como a estrela-do-mar. Existem também uns poucos animais **ASSIMÉTRICOS**, como o narval (uma variedade de baleia), que possui um chifre na mandíbula superior esquerda.

INVERTEBRADOS

Os animais que não possuem coluna vertebral são chamados INVERTEBRADOS. Dentre os invertebrados há uma grande variedade de animais, como vermes, esponjas, vieiras, lagostas e gafanhotos. A maioria das espécies de animais pertence à categoria dos invertebrados.

Esponjas

Inicialmente os cientistas pensaram que as esponjas fossem parte do reino vegetal porque elas são SÉSSEIS, ou seja, imóveis. Diferentemente das plantas, porém, as ESPONJAS são heterótrofas. Para se alimentar, as esponjas filtram da água organismos microscópicos.

Na reprodução sexual, a maioria das esponjas é HERMAFRODITA, o que significa que a mesma esponja produz gametas masculinos e femininos. As esponjas se reproduzem tanto de forma SEXUADA quanto ASSEXUADA, o que significa que elas combinam os gametas masculinos e femininos, produzindo um descendente que possui novas informações genéticas, ou se reproduzem de forma assexuada, gerando um filho idêntico ao genitor.

Cnidários

Os CNIDÁRIOS são animais ocos que apresentam duas camadas de células; as células internas envolvem uma cavidade digestiva. Possuem tentáculos em volta da boca.

QUE É POR ONDE TAMBÉM ELIMINAM EXCREMENTOS!

Entre os cnidários estão a água-viva, a anêmona-do-mar, as hidras e os corais. Para capturar presas, os cnidários soltam células urticantes dos tentáculos. É por isso que a água-viva queima ao contato.

Platelmintos

Os PLATELMINTOS são vermes alongados e achatados que apresentam simetria bilateral. A maioria dos platelmintos é de parasitas, o que significa que vivem em um hospedeiro, como uma pessoa ou um cachorro, obtendo dele alimento e abrigo. A TÊNIA, um tipo de platelminto parasita, mora no intestino do hospedeiro.

As tênias são feitas de segmentos corporais com órgãos reprodutores masculino e feminino. Quando crescem, elas vão desenvolvendo novos segmentos, ficando cada vez mais compridas. A tênia infecta outros organismos por meio de ovos. Um segmento fica cheio de ovos fecundados, daí se rompe. Então os ovos deixam o hospedeiro por meio das fezes do animal, se depositando em gramados ou outras plantas. Quando outros animais comem a grama ou as plantas, os ovos de tênia entram no novo hospedeiro. Nojento!

ALGUMAS PODEM ALCANÇAR MAIS DE 15 METROS!

Nematódeos

Os NEMATÓDEOS, como as lombrigas, são como dois tubos compridos encaixados um dentro do outro. Uma cavidade cheia de fluido separa o tubo interno do tubo externo. Os corpos dos nematódeos são mais complexos do que os dos platelmintos porque elas possuem boca para comer e ânus para eliminar os excrementos.

Anelídeos

Os ANELÍDEOS são vermes segmentados. Eles possuem corpos compostos por anéis, ou segmentos, que se repetem. (É fácil se lembrar de sua estrutura corporal por causa do nome.) Os anelídeos possuem sistema circulatório fechado, boca para comer e ânus para eliminar excrementos.

As minhocas e as sanguessugas são dois exemplos de anelídeos. As minhocas vivem no solo e se alimentam de matéria orgânica. A respiração se dá através da pele. Elas são cobertas por uma fina camada de muco, que ajuda o gás a passar pela pele. (É por isso que as minhocas são tão viscosas.)

Moluscos

Os MOLUSCOS são organismos de corpo mole que costumam ter uma concha. Seus órgãos internos ficam em um saco revestido por uma camada de tecido chamada manto. Nos moluscos com conchas, o manto secreta a concha. Entre os moluscos estão o caracol, a vieira e o polvo.

Artrópodes

Os ARTRÓPODES possuem **APÊNDICES** como pernas e antenas e uma cobertura corporal

> **APÊNDICE**
> uma estrutura que fica presa a uma estrutura maior. Assim, por exemplo, um braço é um apêndice porque está preso a um corpo (ao menos assim esperamos).

externa dura chamada EXOESQUELETO. Como o exoesqueleto não acompanha o crescimento do animal conforme o artrópode vai se desenvolvendo, ele abandona o exoesqueleto e constrói um novo, num processo chamado MUDA. A maioria dos artrópodes é de insetos, mas existem muitos outros tipos, como aranhas, escorpiões, centopeias e crustáceos. Os artrópodes são o maior grupo de animais, com mais de um milhão de espécies.

INSETOS

Os insetos são um grupo de organismos muito diversificados, mas todos possuem corpos que podem ser divididos em três partes:

1. CABEÇA: à qual estão ligados olhos e antenas

2. TÓRAX: ao qual estão ligadas pernas ou asas

3. ABDOME

Assim como muitos moluscos, os insetos possuem sistema circulatório aberto, o que significa que o sangue não corre em vasos, como no ser humano, mas simplesmente flui pelo corpo inteiro.

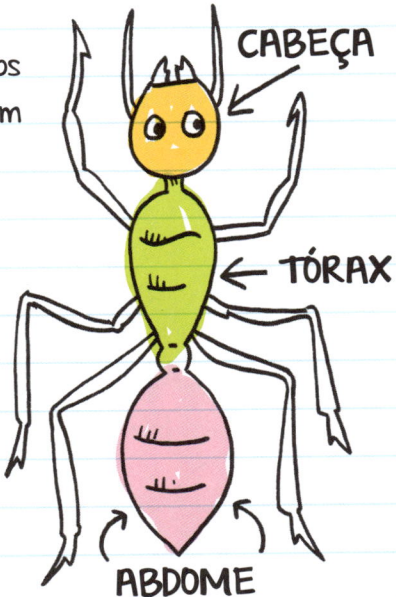

Muitos insetos, como a borboleta, a formiga, a abelha e o besouro, sofrem modificações drásticas entre o nascimento e a vida adulta. Essa transformação física que alguns insetos sofrem é chamada **METAMORFOSE**.

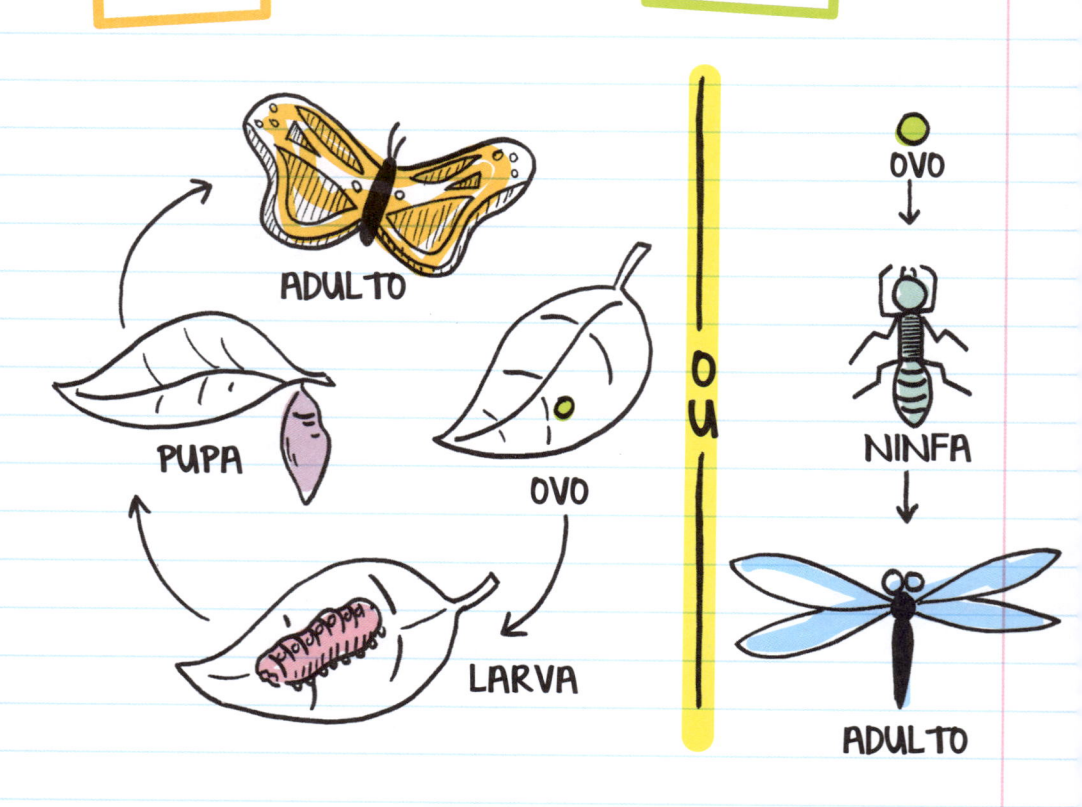

METAMORFOSE
uma transformação do corpo

A metamorfose pode se dar em quatro etapas:
OVO
LARVA
PUPA
ADULTO

Ou em três etapas:
OVO
NINFA
ADULTO

ADULTO
PUPA
OVO
LARVA

OU

OVO
NINFA
ADULTO

Nas etapas de larva e de ninfa, praticamente tudo que o inseto faz é se alimentar (uma lagarta é basicamente uma boca ligada a um estômago ambulante). A etapa ADULTA é dedicada à reprodução. Muitos insetos adultos simplesmente não comem.

← NÃO SABEM O QUE ESTÃO PERDENDO!

ARACNÍDEOS

Aranhas, escorpiões e carrapatos são exemplos de aracnídeos. O corpo dos aracnídeos possui apenas duas partes: o CEFALOTÓRAX, que inclui a cabeça e o tórax, e o abdome. Os aracnídeos possuem também quatro pares de pernas.

CENTOPEIAS E PIOLHOS-DE-COBRA

As centopeias e os piolhos-de-cobra possuem corpos compridos e segmentados. As centopeias possuem um par de pernas por segmento e os piolhos-de-cobra possuem dois pares de pernas por segmento.

CRUSTÁCEOS

Os crustáceos vivem principalmente na água e podem ser de vários tamanhos. A maioria possui antenas, apêndices para mastigar e cinco pares de pernas. Entre os crustáceos estão o caranguejo, a lagosta, a pulga-d'água, o camarão e a craca.

Equinodermos

Os EQUINODERMOS possuem um revestimento espinhoso e simetria radial (as partes do corpo estão dispostas de forma simétrica em relação ao centro). Os equinodermos não possuem cabeça nem cérebro. Entre eles estão o ouriço-do-mar, a estrela-do-mar, o lírio-do-mar e a bolacha-da-praia.

VERIFIQUE SEUS CONHECIMENTOS

Associe o termo à definição correta:

1. Heterótrofo
2. Aracnídeo
3. Minhoca
4. Cefalotórax
5. Artrópodes
6. Esponja
7. Lombriga
8. Cnidários
9. Simetria bilateral
10. Apêndice

A. Anelídeo com sistema circulatório fechado.
B. Verme que possui boca e ânus.
C. Organismo que se alimenta de outros organismos.
D. Invertebrados que possuem exoesqueletos e apêndices.
E. Animais ocos com duas camadas de células, como a água-viva, a anêmona-do-mar, a hidra e o coral.
F. Região da cabeça e do tórax de um aracnídeo.
G. Um invertebrado séssil.
H. Artrópode cujo corpo possui duas partes.
I. Simetria de ambos os lados após corte longitudinal.
J. Uma estrutura que está ligada a uma estrutura maior.

RESPOSTAS

CONFIRA AS RESPOSTAS

1. C
2. H
3. A
4. F
5. D
6. G
7. B
8. E
9. I
10. J

Capítulo 34
ANIMAIS VERTEBRADOS

CORDADOS

Os CORDADOS são animais que, em algum estágio do desenvolvimento, possuem:

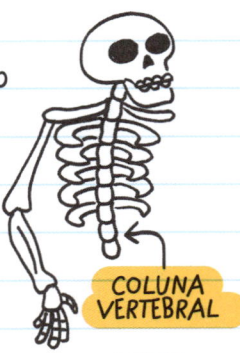

NOTOCORDA
uma estrutura em formato de bastão (como a coluna vertebral) que sustenta o corpo

TUBO NERVOSO DORSAL
estrutura embrionária que se estende ao longo do dorso do animal e dá origem ao seu sistema nervoso

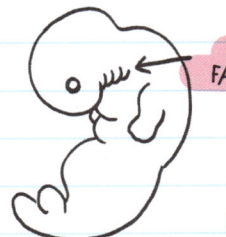

FENDA FARÍNGEA
uma abertura entre o interior do corpo e o meio externo que costuma estar presente apenas nas etapas iniciais do desenvolvimento

COLUNA VERTEBRAL

QUERO ATUM.

SISTEMA NERVOSO

FENDA FARÍNGEA

O maior grupo de cordados são os vertebrados. Os vertebrados possuem ENDOESQUELETO, que é um esqueleto interno que sustenta o corpo, fornece pontos de fixação para os músculos e protege os órgãos. O endoesqueleto inclui estruturas como a caixa torácica, os ossos da perna e o crânio.

Os vertebrados podem ser animais de sangue frio ou de sangue quente. Os animais de sangue frio são chamados ECTOTÉRMICOS e sua temperatura corporal muda de acordo com a temperatura ambiente. No frio, a temperatura dos ectotérmicos diminui e eles ficam menos ativos.

ECTOTÉRMICO de sangue frio

Já os ENDOTÉRMICOS são animais de sangue quente cuja temperatura interna não varia muito e pode ser controlada por mecanismos internos. O ser humano, por exemplo, é endotérmico, enquanto os lagartos são ectotérmicos.

ENDOTÉRMICO de sangue quente

PEIXES

Os PEIXES (o maior grupo de vertebrados) respiram debaixo d'água usando BRÂNQUIAS, estruturas que fazem troca de gases com a água. Os peixes possuem nadadeiras nas laterais do corpo, que os ajudam a se movimentar na água, e também nas costas e na barriga, o que lhes confere estabilidade.

Os peixes possuem um endoesqueleto feito de osso ou só de CARTILAGEM, que é um tecido duro e flexível. (As orelhas e os narizes humanos são feitos de cartilagem; é por isso que conseguimos dobrar o nariz e as orelhas com as mãos.) Quase todos os peixes são ósseos.

Peixes ósseos

Os PEIXES ÓSSEOS possuem escamas e também estão cobertos por uma camada de muco que os ajuda a deslizar pela água. Além disso, possuem uma estrutura interna em formato de balão, chamada BEXIGA NATATÓRIA, que infla e murcha, ajudando-os a flutuar ou afundar.

Os peixes ósseos se reproduzem por FECUNDAÇÃO EXTERNA, na qual os óvulos são fecundados fora do corpo. Em alguns casos, as fêmeas liberam óvulos e os machos nadam por cima dos óvulos, liberando espermatozoides para fecundá-los.

Peixes cartilaginosos

Os PEIXES CARTILAGINOSOS possuem esqueletos feitos de cartilagem. Muitos têm boca sugadora com garras ou dentes que os ajudam a se fixar num peixe hospedeiro e sugar o seu sangue, como se fossem vampiros. Os tubarões e as arraias também são peixes cartilaginosos.

ANFÍBIOS

Os ANFÍBIOS são animais que, em sua maioria, passam parte da vida na água e parte em terra. Rãs, sapos e salamandras são exemplos de anfíbios.

Assim como os peixes, os anfíbios são ectotérmicos. Quando faz frio, muitos ectotérmicos ficam DORMENTES (inativos), poupando energia. Quando faz calor e o ar está muito seco, podem ir para debaixo do solo em busca de um ambiente fresco e úmido onde possam permanecer até que a temperatura ambiente se torne mais tolerável.

Para respirar, os anfíbios usam tanto os pulmões quanto a pele. Você já notou que a pele dos sapos é reluzente? Os anfíbios precisam estar sempre úmidos para poderem respirar através da pele.

Tal como os peixes, a maioria dos anfíbios também realiza fecundação externa. Em geral, os anfíbios recém-nascidos têm um aspecto completamente diferente dos anfíbios adultos. Eles passam por uma metamorfose, uma transformação corporal. Anfíbios jovens, como os girinos, vivem exclusivamente na água, possuem brânquias e não possuem pernas. Quando chega à idade adulta, o anfíbio desenvolve pernas e pulmões, e muitas vezes é capaz de sobreviver em lugares onde existe pouca água. No entanto, ele retorna à água na época da reprodução.

RÉPTEIS
← NOS REGISTROS FÓSSEIS, APARECEM DEPOIS DOS ANFÍBIOS

Os RÉPTEIS são vertebrados que vivem principalmente em ambiente terrestre. Assim como os peixes e os anfíbios, eles são ectotérmicos. Quando um lagarto está com frio, ele toma banho de sol numa pedra para se aquecer. Por outro lado, quando está com calor, encontra abrigo em algum lugar fresco debaixo de uma pedra. No inverno, muitos répteis passam por um processo parecido com a hibernação chamado BRUMAÇÃO. Tartarugas, lagartos, jacarés e cobras são exemplos de répteis.

Os répteis realizam fecundação interna, o que significa que o óvulo é fecundado pelo espermatozoide dentro do corpo da fêmea. Seus ovos têm casca em vez de membrana, uma adaptação que lhes permite botá-los em terra sem que os ovos morram, e são AMNIÓTICOS, ou seja, a gema serve de alimento ao embrião em crescimento. A galinha também bota ovos amnióticos (a parte amarela do ovo é a gema).

AVES

As AVES são vertebrados que possuem asas, pernas, bico e penas. (Na verdade, os únicos animais que possuem penas são as aves.) As aves são ENDOTÉRMICAS, o que significa que, em vez de obter calor do ambiente, ele é gerado no organismo através da queima de energia. Elas botam ovos duros, que precisam ser chocados para que se mantenham aquecidos até os filhotes nascerem. Nem todas as aves são capazes de voar. O pinguim e o avestruz, por exemplo, não voam, mas ambos são muito velozes na água e em terra, respectivamente.

MAMÍFEROS

NO REGISTRO FÓSSIL, APARECEM AINDA MAIS RECENTEMENTE DO QUE OUTROS GRUPOS.

O cachorro, a baleia, o ser humano, o urso e o canguru são exemplos de MAMÍFEROS. Eles possuem esse nome pelo fato de serem dotados de GLÂNDULAS MAMÁRIAS, as quais produzem leite para alimentar seus descendentes. Os mamíferos, assim como as aves, são endotérmicos. Muitos mamíferos possuem cabelos e pelos, que ajudam a isolar o calor e a estabilizar a temperatura corporal.

Comparados à maioria dos animais, os mamíferos costumam levar muito mais tempo cuidando dos filhotes. Assim, por exemplo, os mamíferos amamentam seus descendentes por semanas ou até meses com o leite das glândulas mamárias. Todos os mamíferos realizam fecundação interna.

Existem três tipos principais de mamífero:

1. MONOTREMOS: mamíferos que botam ovos. Existem apenas cinco espécies vivas de monotremos: o ornitorrinco e quatro espécies de equidnas (que parecem um tamanduá com espinhos). Os monotremos são encontrados apenas na Austrália, Tasmânia e Nova Guiné.

2. MARSUPIAIS: mamíferos que geralmente abrigam os filhotes recém-nascidos numa bolsa, como o canguru, o gambá e o coala.

3. PLACENTÁRIOS: mamíferos que dispõem de um órgão parecido com um saco, chamado PLACENTA, envolvido na alimentação dos embriões dentro do útero. A placenta possui o CORDÃO UMBILICAL, que é um tubo que transporta alimento, água e oxigênio para o embrião e devolve os resíduos para a mãe. Seu umbigo é o ponto onde o cordão umbilical ligava você à sua mãe!

ONDE ESTÁ ESSE MALDITO UMBIGO?

95% DE TODAS AS ESPÉCIES DE MAMÍFEROS SÃO PLACENTÁRIAS.

Os mamíferos podem ser **HERBÍVOROS**, **ONÍVOROS** ou **CARNÍVOROS**.
Os herbívoros, como o boi, comem plantas; os onívoros, como o ser humano, comem plantas e carne; os carnívoros, como o leão, comem apenas carne.

Os mamíferos possuem uma capacidade de aprendizado e memorização mais acentuada do que outros tipos de animal. Também possuem sistemas nervosos complexos e cérebros grandes.

HERBÍVORO
comedor de plantas

ONÍVORO
comedor de plantas e animais

CARNÍVORO
comedor de carne

Os mamíferos já existiam na época dos dinossauros, mas eles viviam principalmente debaixo do solo e eram parecidos com os pequenos roedores atuais. Depois que os dinossauros foram extintos (há cerca de 65 milhões de anos), passou a haver menos competição e os mamíferos ocuparam todos os nichos ecológicos deixados pelos dinossauros. Hoje existe uma grande variedade de espécies de mamíferos vivendo em diversos habitats no mundo inteiro.

VERIFIQUE SEUS CONHECIMENTOS

1. Os vertebrados são animais que possuem _____.

2. Todos os vertebrados são _____, animais que em algum ponto da vida possuem notocorda, um tubo nervoso dorsal e fendas faríngeas.

3. Quais são os mamíferos que botam ovos?

4. Os invertebrados ectotérmicos são os _____, _____ e _____.

5. Peixes podem ter esqueletos _____ ou _____. O tubarão possui um esqueleto _____.

6. De que modo as fêmeas dos mamíferos alimentam os filhotes?

7. Os anfíbios respiram usando os _____ e a ____.

8. O que os peixes fazem para afundar ou flutuar?

9. Como muitos répteis fazem para sobreviver quando está muito frio?

10. Cite e explique os três tipos de hábito alimentar dos mamíferos.

11. Descreva alguns meios que os ectotérmicos usam para manter a temperatura do corpo em níveis adequados.

RESPOSTAS

CONFIRA AS RESPOSTAS

1. endoesqueleto
2. cordados
3. Os monotremados.
4. peixes, anfíbios, répteis
5. ósseos, cartilaginosos, cartilaginoso
6. Suas glândulas mamárias produzem leite.
7. pulmões, pele
8. Os peixes possuem uma bexiga natatória que pode inflar ou murchar para fazê-los flutuar ou afundar, respectivamente.
9. Quando está muito frio, os répteis sobrevivem entrando num estado de inatividade chamado brumação.
10. Os mamíferos que comem apenas carne são chamados carnívoros. Os mamíferos que comem apenas plantas são chamados herbívoros. Os mamíferos que comem plantas e outros animais são chamados onívoros.
11. Como os ectotérmicos dependem do ambiente para controlar a temperatura do corpo, quando faz calor eles podem ir para debaixo da terra, afundar na água ou buscar sombra. Quando faz frio, podem procurar um local ensolarado.

A questão 11 possui mais de uma resposta correta.

Capítulo 35

HOMEOSTASE E O COMPORTAMENTO DE PLANTAS E ANIMAIS

A **HOMEOSTASE** é a tendência de um organismo a manter o equilíbrio interno, independentemente do que esteja acontecendo no meio externo. Assim, por exemplo, quando faz muito calor, as pessoas suam. Suar é uma resposta homeostática ao calor e permite manter a temperatura do corpo constante. Nos animais, a homeostase inclui todo tipo de reação que mantém constantes a temperatura do corpo e a concentração de açúcar e de oxigênio no sangue. Nas plantas, a homeostase mantém constante a concentração de água e nutrientes. A homeostase é o modo como animais e plantas reagem a uma mudança do ambiente, conhecida como **ESTÍMULO**.

> **HOMEOSTASE**
> ações que asseguram ao organismo um equilíbrio interno, ainda que o ambiente esteja em constante modificação

> **ESTÍMULO**
> uma mudança no ambiente

A HOMEOSTASE e o COMPORTAMENTO das PLANTAS

Tropismo

O TROPISMO é o crescimento de um vegetal em reação a um estímulo.

O FOTOTROPISMO é o crescimento em resposta à luz; o crescimento das plantas em direção às janelas é um exemplo disso. Existem muitos tipos diferentes de tropismo: as plantas podem responder à gravidade (as raízes crescem para baixo e o caule cresce para cima) e ao contato (as trepadeiras se agarram às paredes).

> **TROPISMO**
> crescimento vegetal em resposta a um estímulo

Transpiração

A TRANSPIRAÇÃO é a liberação de vapor d'água por uma planta. A transpiração permite o controle da concentração de água e da temperatura.

É também uma forma de evaporação. As folhas possuem pequenas aberturas chamadas estômatos. Quando eles se abrem, a água escapa e evapora. Quanto maior a frequência com que os estômatos são abertos, mais a planta transpira. As plantas do deserto e as coníferas possuem estômatos menores; com isso, menos água escapa e a planta economiza água.

UFA! QUE CALOR!

A transpiração também serve como mecanismo de resfriamento (como a evaporação do suor nos animais) e ajuda a movimentar a água rica em nutrientes das raízes para as folhas.

Dormência

Muitas árvores perdem as folhas no inverno porque a árvore reage ao frio entrando num estado de DORMÊNCIA, no qual o crescimento e a atividade da planta são interrompidos. O processo permite conservar energia. Assim, quando condições tais como o frio e a baixa umidade do ambiente se revelam desfavoráveis para a sobrevivência, as plantas param de crescer, o que lhes permite viver em condições adversas. Já na primavera, elas enviam a energia armazenada nas raízes de volta aos galhos para que eles possam produzir folhas novamente.

DORMÊNCIA um estado de inatividade

HOMEOSTASE e COMPORTAMENTO dos ANIMAIS

Comportamento dos animais

O comportamento dos animais é adaptado ao ambiente e costuma ser uma resposta a um estímulo ou uma mudança no ambiente.

Os comportamentos podem ser INATOS ou APRENDIDOS. Os comportamentos inatos são geneticamente programados; não precisam ser aprendidos. Assim, por exemplo, nadar é um comportamento inato das baleias. Ninguém precisa ensinar uma baleia a nadar; isso foi programado em seu DNA ao longo de milhões de anos de evolução. Muitas vezes nos referimos a esses comportamentos como INSTINTO. Já outros comportamentos são aprendidos. Por exemplo: os leões aprendem a caçar observando suas mães.

Controle da temperatura

Os animais possuem vários tipos de mecanismo para ajudá-los a controlar a temperatura corporal. Quando eles ficam com calor, os vasos sanguíneos se dilatam, enviando sangue à pele e dissipando o aquecimento. Depois de praticar exercícios, ficamos com o rosto vermelho porque o sangue corre para a pele.

Os animais adotam vários tipos de comportamento e reação para garantir que seus corpos permaneçam na temperatura correta. Quando você corre durante algum tempo, provavelmente começa a suar. O suor é um mecanismo que ajuda a controlar a temperatura do corpo. Os cachorros, por outro lado, resfriam o corpo ofegando.

Os endotérmicos não dependem do ambiente para manter a temperatura do corpo. Alguns mamíferos apresentam camadas mais grossas de pelagem no inverno, as quais retêm o calor que o corpo está se esforçando para produzir, mas perdem essa pelagem extra na primavera, evitando que haja superaquecimento.

Adaptações ao clima

Os animais e as plantas em geral se adaptam ao clima do local onde vivem. Uma ADAPTAÇÃO é qualquer comportamento ou estrutura que ajuda um organismo a sobreviver. Os cactos, por exemplo, são adaptados à vida no deserto por possuírem caules carnudos que armazenam água e uma pele grossa e cerosa que evita a perda de água.

JÁ CHEGOU A PRIMAVERA?

HIBERNAÇÃO
um período de inatividade e metabolismo mais lento nas épocas frias do ano

Quando o ambiente fica frio, alguns animais, como o urso, entram num estado de inatividade chamado **HIBERNAÇÃO**. Quando um animal hiberna, os batimentos cardíacos e o ritmo da respiração ficam mais lentos e a temperatura do corpo diminui. Durante a hibernação, o animal se abriga numa caverna ou cava uma toca e entra em sono profundo. Quando a temperatura sobe do lado de fora, o animal acorda e sai do abrigo.

ESTIVAÇÃO é um processo semelhante à hibernação que acontece nos climas quentes e secos. Muitos anfíbios vão para tocas subterrâneas e usam a estivação para sobreviver nos meses quentes e secos.

ESTIVAÇÃO
um período de inatividade e metabolismo mais lento nas épocas quentes e secas do ano

Migração

Quando o tempo esfria, alguns animais se mudam para lugares mais quentes. Esse movimento sazonal é chamado MIGRAÇÃO. Em épocas de temperaturas mais baixas e escassez de alimentos, algumas aves chegam a percorrer 70 mil quilômetros em viagens anuais de ida e volta.

QUE PENA! VOCÊS VÃO PERDER O HALLOWEEN!

Comportamento cooperativo

Às vezes os animais trabalham em equipe para conseguir alguma coisa. Assim, por exemplo, as abelhas e formigas cooperam para construir colônias complexas. Alguns animais, como os gorilas, vivem em grupos com uma complexa hierarquia social.

Comportamento de acasalamento

Muitos comportamentos dos animais têm como objetivo atrair um parceiro. Algumas aves, por exemplo, possuem cantos e danças de acasalamento elaborados. Os machos fazem o possível para impressionar as fêmeas com suas penugens coloridas e movimentos complexos de dança.

O SER HUMANO NÃO É A ÚNICA ESPÉCIE QUE SE ESFORÇA PARA CONSEGUIR UM PARCEIRO!

VERIFIQUE SEUS CONHECIMENTOS

1. Descreva algumas adaptações dos animais que mantêm a temperatura corporal num nível adequado.

2. O que é tropismo?

3. Em que situação as plantas e os animais podem ficar inativos?

4. Enumere alguns tipos de inatividade de plantas e animais.

5. Explique o que é comportamento cooperativo e dê um exemplo.

6. Explique como funciona a transpiração.

7. Os comportamentos dos animais podem ser inatos ou aprendidos. Explique a diferença.

CONFIRA AS RESPOSTAS

1. Alguns animais apresentam pelagem espessa em épocas frias e a perdem na primavera.
2. Tropismo é o crescimento de uma planta em resposta a um estímulo.
3. As plantas e os animais podem entrar em estado de inatividade quando as condições ambientais não são adequadas para a sobrevivência.
4. Em baixas temperaturas, as plantas podem entrar numa fase de dormência, o que significa que param de crescer, conservando energia. Durante o inverno, alguns animais hibernam, o que significa que se abrigam numa caverna ou toca e entram em sono profundo. Outros animais, como as aves, migram para lugares mais quentes no inverno.
5. Comportamento cooperativo é o trabalho em equipe realizado pelos animais para conseguir alguma coisa, como acontece quando várias leoas se unem para caçar uma presa.
6. Transpiração é a liberação de água para o ambiente, o que resfria o organismo. É realizada por animais e vegetais.
7. Um comportamento aprendido é aquele que um animal absorve a partir da experiência ou da observação de outros animais. Um comportamento inato (ou instinto) é aquele geneticamente programado e que, portanto, não precisa ser aprendido.

As questões 1, 4 e 5 possuem mais de uma resposta correta.

Unidade 9

O corpo humano e os sistemas corpóreos

Capítulo 36
SISTEMAS ESQUELÉTICO E MUSCULAR

A ESTRUTURA HIERÁRQUICA do CORPO

O corpo é como uma fábrica: possui uma hierarquia organizacional e diferentes sistemas que realizam tarefas distintas:

A unidade mais básica do corpo é a célula. ← COMO SE FOSSE UM ÚNICO OPERÁRIO NUMA FÁBRICA

Quando grupos de células trabalham em equipe numa tarefa semelhante, são chamados tecidos. Existem vários tipos de tecido no corpo, como o muscular e o nervoso. ← COMO UMA EQUIPE DE OPERÁRIOS

Quando os tecidos trabalham em conjunto realizando uma tarefa maior, são chamados órgãos. Os rins, o coração, o fígado e o intestino são exemplos de órgãos. ← COMO UM DEPARTAMENTO DA FÁBRICA

Os órgãos também podem trabalhar em conjunto para realizar tarefas ainda mais complexas. Esses conjuntos de órgãos são chamados SISTEMAS. O sistema cardiovascular, por exemplo, é responsável pela circulação de sangue, oxigênio e nutrientes pelo corpo.

VÁRIOS DEPARTAMENTOS TRABALHANDO JUNTOS

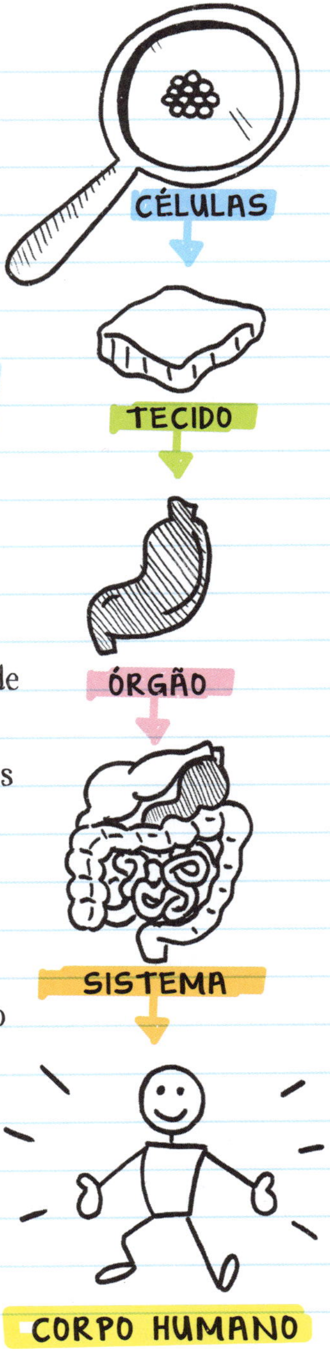

CÉLULAS

TECIDO

ÓRGÃO

SISTEMA

CORPO HUMANO

TIPOS de TECIDO

Nosso corpo é formado por quatro tipos principais de tecido:

1. **TECIDO EPITELIAL:** a camada externa de tecido do corpo (em outras palavras, A PELE) e também o tecido que reveste algumas superfícies internas, além do que forma as glândulas.

2. **TECIDO CONJUNTIVO:** liga tecidos. Os ligamentos são um tecido conjuntivo que conecta os ossos entre si. (Os ossos também são um tipo de tecido conjuntivo.) O tecido conjuntivo também preenche espaços. A cartilagem das orelhas e do nariz é feita desse tecido.

3. **TECIDO MUSCULAR:** tecido que pode se contrair e relaxar, criando movimento.

4. **TECIDO NERVOSO:** tecido que transmite mensagens ao longo do corpo.

A PELE

A pele é a camada mais externa do corpo e também o maior órgão. A pele serve a múltiplos propósitos:

- Protege o corpo de lesões
- Forma uma barreira, evitando que bactérias e organismos entrem no organismo
- Evita a perda de água
- Regula a temperatura corporal
- Possui terminações nervosas que transmitem ao cérebro informações sobre temperatura, tato e dor
- Produz vitamina D à presença de luz ultravioleta do Sol. (A vitamina D ajuda o corpo a absorver cálcio.)
- Libera resíduos. (As glândulas sudoríparas também eliminam resíduos.)

Quando o corpo sente calor, os vasos sanguíneos se dilatam e aumentam a circulação do sangue próxima à superfície da pele, liberando energia térmica. (É por isso que o rosto fica vermelho quando você se exercita.) A pele também possui milhões de glândulas sudoríparas. Quando o corpo se aquece, você começa a suar. O suor então evapora, resfriando seu corpo.

Já quando seu corpo esfria, os vasos sanguíneos se contraem, limitando a passagem de sangue para a pele e evitando assim a perda de calor.

A pele é feita de três camadas:

A EPIDERME é a camada mais externa; a DERME é a camada abaixo da epiderme e possui vasos sanguíneos, terminações nervosas, folículos pilosos e glândulas sudoríparas e sebáceas; o TECIDO SUBCUTÂNEO é a camada mais interna, que armazena a gordura que isola e acolchoa o corpo.

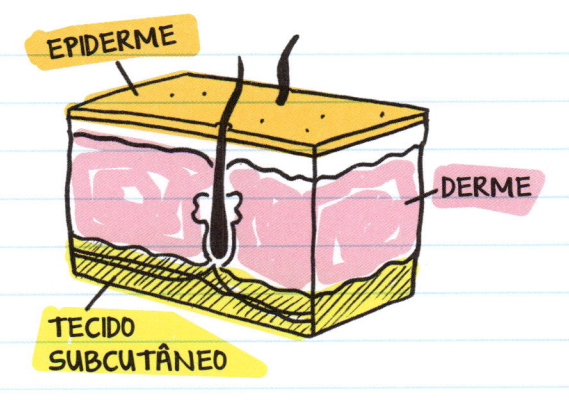

SISTEMA MUSCULAR

O SISTEMA MUSCULAR controla os movimentos: tanto os movimentos voluntários, como caminhar e correr, quanto os movimentos involuntários, como os batimentos cardíacos e as contrações do estômago.

Os músculos que você consegue controlar são chamados MÚSCULOS VOLUNTÁRIOS. E os músculos que você não consegue controlar são chamados MÚSCULOS INVOLUNTÁRIOS. Os músculos do braço e da perna são voluntários, e os do coração e do estômago são involuntários.

Os músculos criam movimento por meio de contração e relaxamento. Eles dependem de energia para se contrair e também produzem energia mecânica (movimento) e energia térmica (calor).

Os músculos mudam de tamanho de acordo com seu uso. Se você faz flexões diariamente, por exemplo, os músculos dos seus braços e do seu peito tendem a ficar maiores e mais fortes.

Tipos de tecido muscular

Nossos corpos possuem três tipos de tecido muscular:

1. MÚSCULOS ESTRIADOS ESQUELÉTICOS: músculos voluntários que movimentam ossos, como os músculos dos braços e pernas. Os tecidos conjuntivos que unem os músculos esqueléticos aos ossos são chamados **TENDÕES**. Os músculos esqueléticos costumam trabalhar aos pares: quando um músculo ligado a um osso se contrai, outro músculo ligado ao mesmo osso relaxa.

O BÍCEPS SE CONTRAI
O TRÍCEPS RELAXA

2. MÚSCULOS NÃO ESTRIADOS: músculos involuntários que trabalham em órgãos internos, como os do **SISTEMA DIGESTÓRIO**.

3. MÚSCULOS ESTRIADOS CARDÍACOS: músculos involuntários que fazem o coração bater. Os músculos cardíacos são encontrados apenas no coração.

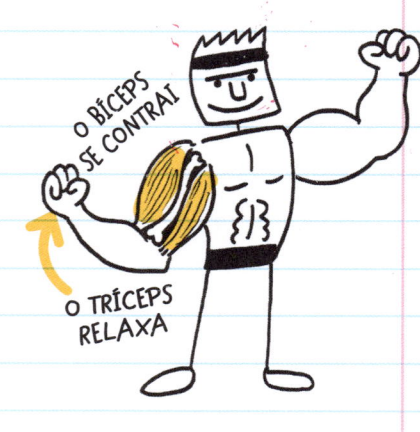

SISTEMA ESQUELÉTICO

O sistema esquelético possui muitas funções:

> Dá sustentação e forma ao corpo.

> Protege os órgãos internos, como os pulmões e o cérebro!

> Armazena cálcio e outros minerais.

Os sistemas esquelético e muscular trabalham em equipe para criar movimento.

Cartilagem

O esqueleto é feito de ossos duros e um tecido duro flexível chamado cartilagem.

A cartilagem é um tecido liso, firme e flexível que existe na extremidade dos ossos. A cartilagem atua como um amortecedor, reduzindo o atrito entre os ossos das articulações.

Existe cartilagem também nas orelhas e no nariz.

CARTILAGEM

JÁ NOTOU QUE UM ESQUELETO NÃO TEM ORELHA NEM NARIZ?

Ossos

Embora os OSSOS pareçam apenas varas rígidas, são na verdade órgãos complexos formados por diferentes tipos de tecido. A parte externa é uma membrana dura chamada PERIÓSTEO. O periósteo possui vasos sanguíneos e terminações nervosas capazes de transmitir sinais de dor.

O OSSO COMPACTO fica abaixo do periósteo. Cálcio e minerais fosfóreos, que são depositados e armazenados no osso compacto, endurecem os ossos.

O OSSO ESPONJOSO fica abaixo do osso compacto nos ossos longos, como o osso da coxa e o osso do braço. O osso esponjoso é como uma esponja dura: possui grande número de bolsões de ar, que o tornam mais leve.

A MEDULA ÓSSEA ocupa o centro do osso e parte do osso esponjoso. A medula óssea pode ser amarela ou vermelha. A medula amarela é feita de gordura, enquanto a vermelha é feita de células especiais que produzem as células do sangue.

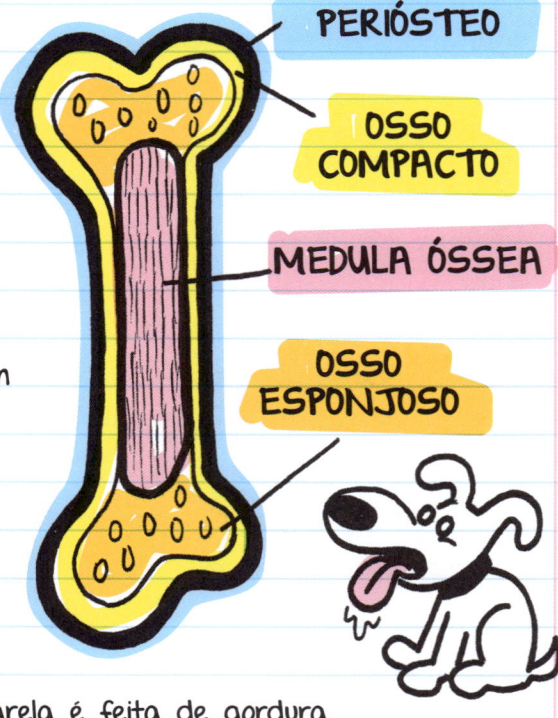

Articulações

A ARTICULAÇÃO é o ponto onde os ossos se encontram, tais como os joelhos ou cotovelos. O LIGAMENTO é um tipo de tecido conjuntivo que une os ossos nas articulações. Em geral, as articulações permitem movimento, mas algumas, como as do crânio, são fixas.

Existem quatro tipos principais de articulação, e cada um possui um tipo diferente de movimento.

1. ARTICULAÇÃO DE PIVÔ: os ossos giram em torno de um ponto.
NOS PULSOS, PESCOÇO E COTOVELO

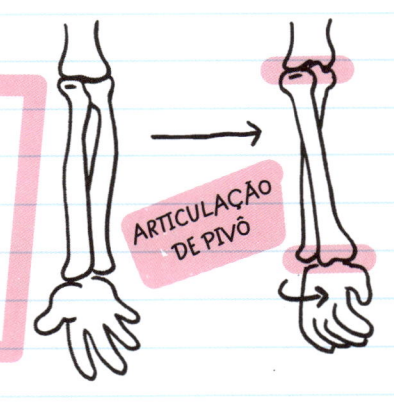

ARTICULAÇÃO DE PIVÔ

2. ARTICULAÇÃO DESLIZANTE: os ossos deslizam por outros ossos.
NOS PULSOS, TORNOZELOS E VÉRTEBRAS

ARTICULAÇÃO DESLIZANTE

3. ARTICULAÇÃO EM DOBRADIÇA: os ossos abrem e fecham em relação a um eixo, como a dobradiça de uma porta.

↪ NOS JOELHOS, COTOVELOS E DEDOS

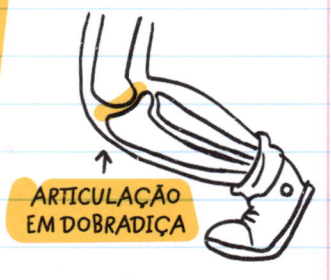

ARTICULAÇÃO EM DOBRADIÇA

4. ARTICULAÇÃO TIPO BOLA E SOQUETE: o osso fica num soquete e pode fazer movimentos de rotação.

↪ NOS OMBROS E QUADRIS

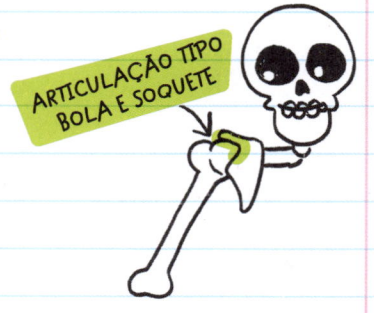

ARTICULAÇÃO TIPO BOLA E SOQUETE

VERIFIQUE SEUS CONHECIMENTOS

1. Cite três funções da pele.

2. Que tipos de articulação existem no braço, do ombro até os dedos?

3. Onde podem ser encontrados os músculos cardíacos?

4. Como se chamam os músculos que você é capaz de controlar?

5. Que minerais são responsáveis pela rigidez dos ossos?

6. Qual é a diferença entre ligamentos e tendões?

7. De que modo sua pele reage quando você está com frio?

8. Quais as funções do sistema esquelético?

RESPOSTAS

CONFIRA AS RESPOSTAS

1. A pele serve como barreira física, regula a temperatura corporal, produz vitamina D, remove resíduos corporais e abriga terminações nervosas que captam sensações.

2. O ombro é uma articulação tipo bola e soquete; o cotovelo é tanto uma articulação em dobradiça como uma articulação de pivô; o pulso é tanto uma articulação de pivô quanto uma articulação deslizante; e os dedos são articulações em dobradiça.

3. Somente no coração.

4. Músculos voluntários.

5. O cálcio e o fósforo.

6. Os ligamentos ligam ossos a outros ossos, e os tendões ligam músculos a ossos.

7. Quando você está com frio, os vasos sanguíneos se contraem, limitando a passagem de sangue para a pele e evitando assim a perda de calor.

8. O sistema esquelético sustenta e dá forma ao corpo, protege os órgãos internos e armazena cálcio e outros minerais.

A questão 1 possui mais de uma resposta correta.

Capítulo 37
SISTEMAS NERVOSO E ENDÓCRINO

SISTEMA NERVOSO

O SISTEMA NERVOSO é como um serviço de telefone celular e de e-mail para o corpo. Ele coleta e transmite informações sobre tudo que está acontecendo ao redor. O sistema nervoso reage a estímulos externos (mudanças no ambiente que produzem uma resposta).

O ENCÉFALO, a MEDULA ESPINHAL e os ÓRGÃOS DOS SENTIDOS, como olhos, orelhas, nariz, língua e pele, fazem parte do sistema nervoso.

Divisões

O sistema nervoso está dividido em dois sistemas principais:

1. O SISTEMA NERVOSO CENTRAL (SNC) é formado pelo encéfalo e pela medula espinhal (um cordão alojado na coluna vertebral). O conjunto é chamado assim porque o encéfalo é o centro de controle do corpo e a medula espinhal, além de outras funções, transmite mensagens do encéfalo para o corpo e vice-versa.

2. O SISTEMA NERVOSO PERIFÉRICO (SNP) é formado por todos os nervos. A palavra "periférico" significa fora do centro, portanto o sistema nervoso periférico fica fora do centro do corpo. Esse sistema possui dois tipos de neurônio: **NEURÔNIOS SENSORIAIS** e **NEURÔNIOS MOTORES**. Os neurônios sensoriais transmitem ao cérebro informações dos sentidos (como a temperatura ambiente e a sensação de dor). Já os neurônios motores transmitem informações do cérebro para os músculos, dizendo ao corpo para se movimentar. O sistema nervoso periférico, por sua vez, se divide em:

- **SISTEMA NERVOSO SOMÁTICO**, que controla os movimentos voluntários, como correr, caminhar e mastigar.

- **SISTEMA NERVOSO AUTÔNOMO**, que controla os movimentos involuntários, aqueles que o corpo faz automaticamente, como respirar e digerir alimentos. O sistema nervoso autônomo também controla os reflexos.

O sistema nervoso

VOCÊ NÃO PODE ME VER POR DENTRO, PODE?

AHN... NÃO. VOCÊ ESTÁ ÓTIMO.

SISTEMA NERVOSO CENTRAL

SISTEMA NERVOSO PERIFÉRICO

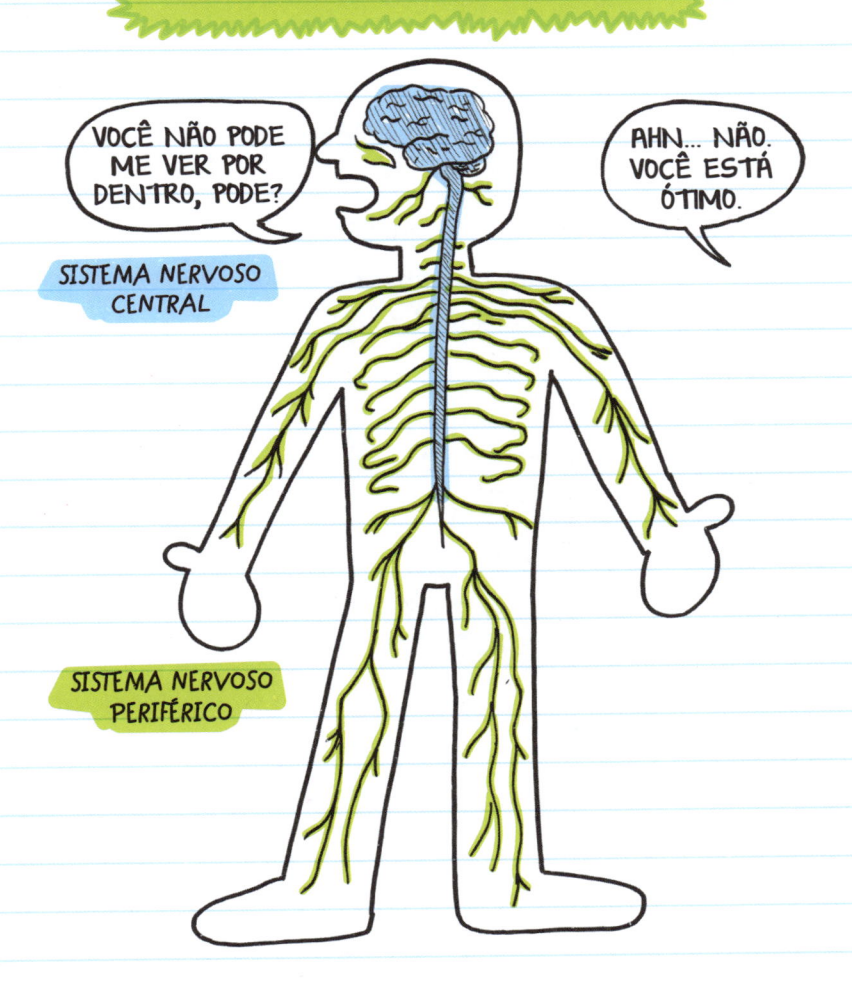

O encéfalo

O ENCÉFALO é o centro de controle do sistema nervoso. As três partes principais do encéfalo são o CÉREBRO, o TRONCO ENCEFÁLICO e o CEREBELO.

1. O CÉREBRO controla seus pensamentos e ações. Também controla suas sensações de paladar, visão, tato, audição e olfato. Basicamente, toda vez que você usa o encéfalo conscientemente, está usando o cérebro. O cérebro pode ser dividido em hemisfério esquerdo e hemisfério direito.

2. O TRONCO ENCEFÁLICO controla processos vitais involuntários, como respiração, digestão e batimentos cardíacos. Ele está ligado diretamente à medula espinhal.

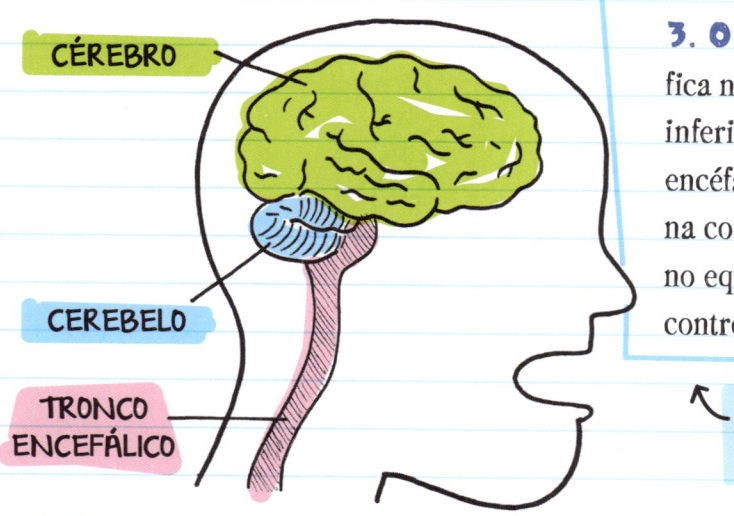

CÉREBRO

CEREBELO

TRONCO ENCEFÁLICO

3. O CEREBELO fica na parte inferior traseira do encéfalo e auxilia na coordenação, no equilíbrio e no controle motor.

SEM ELE, VOCÊ SERIA UM TRAPALHÃO!

As pessoas que usam mais o lado direito do cérebro são consideradas mais artísticas, criativas e imaginativas. As pessoas que usam mais o lado esquerdo são consideradas mais lógicas, matemáticas e verbais. Os dois hemisférios estão ligados por um feixe de fibras nervosas chamado **CORPO CALOSO**.

Nervos

Os nervos conectam o sistema nervoso central ao resto do corpo. As células que formam os nervos são chamadas NEURÔNIOS e transmitem mensagens chamadas impulsos. Existem três tipos principais de neurônio: os NEURÔNIOS SENSITIVOS recebem informações como as sensações de tato e olfato, transmitindo-as para o encéfalo e a medula espinhal; os NEURÔNIOS ASSOCIATIVOS fazem a conexão entre os diferentes neurônios; e os NEURÔNIOS MOTORES transmitem as mensagens para estimular glândulas e músculos.

Um neurônio é formado por um corpo celular, um axônio e dendritos:

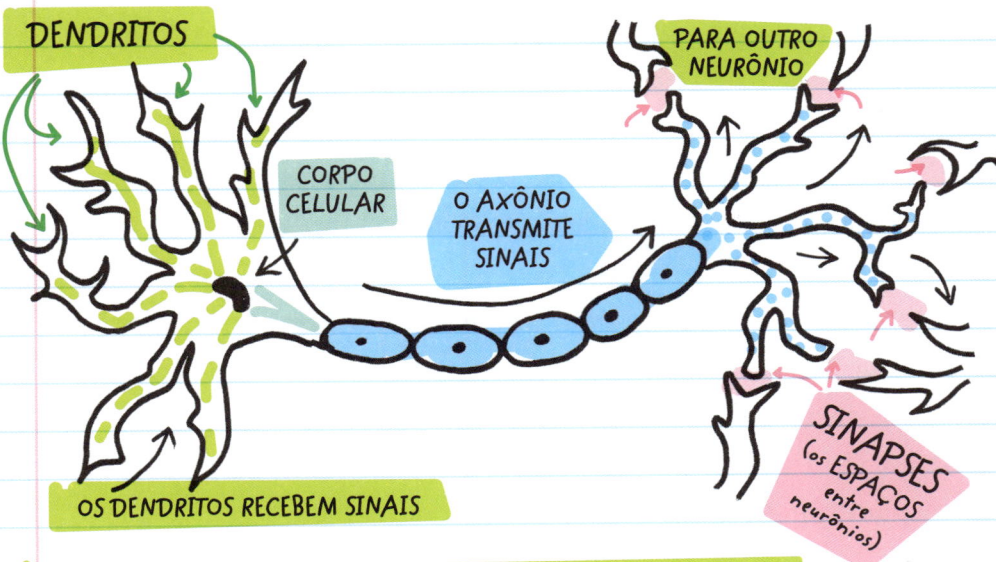

DENDRITOS

CORPO CELULAR

O AXÔNIO TRANSMITE SINAIS

PARA OUTRO NEURÔNIO

SINAPSES (os ESPAÇOS entre neurônios)

OS DENDRITOS RECEBEM SINAIS

Os **DENDRITOS**, que parecem pequenos galhos, recebem um impulso, ou sinal, de outro neurônio e o transmitem para o corpo celular.

O **AXÔNIO**, que parece um galho muito mais longo, transmite o sinal do corpo celular para o neurônio seguinte, passando adiante a mensagem. O espaço entre neurônios é chamado **SINAPSE**.

Na sinapse, o axônio pode liberar um **NEUROTRANSMISSOR**, uma substância que transmite o sinal para o neurônio seguinte. Os dendritos recebem o sinal, enviam um impulso para o corpo celular e o processo se repete.

TUDO ISTO ACONTECE NUM INSTANTE

Órgãos sensoriais

Os RECEPTORES e ÓRGÃOS SENSORIAIS, como olhos, orelhas, nariz, pele e língua, recebem estímulos do ambiente. Os estímulos podem ser qualquer coisa, desde algo que belisca a pele até um mau cheiro no ar. Os receptores e órgãos sensoriais transmitem as informações para os nervos, que por sua vez enviam um impulso elétrico para a medula espinhal e o encéfalo.

Os olhos, por exemplo, coletam informações a respeito das coisas que você vê e as transmitem a um nervo, que então envia o sinal para o encéfalo. A LENTE e a CÓRNEA do olho focalizam a luz na RETINA, situada na parte traseira do olho, que contém receptores. A retina transmite as informações para o NERVO ÓPTICO e o nervo óptico as transmite para o encéfalo.

CÓRNEA — FOCALIZA A LUZ

LENTE

RETINA — TRANSMITE INFORMAÇÕES

NERVO ÓPTICO — LEVA INFORMAÇÕES AO CÉREBRO

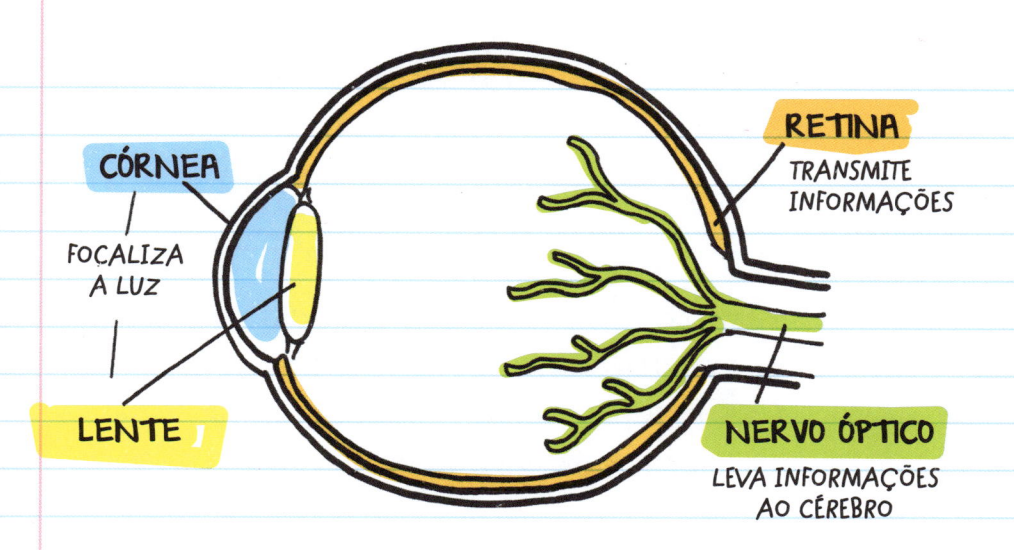

A orelha recebe ondas sonoras. É constituída de três partes: a ORELHA EXTERNA, a ORELHA MÉDIA e a ORELHA INTERNA. A orelha externa inclui aquela parte da orelha que podemos ver e o canal auditivo. Este tem formato de funil, o que possibilita captar o som.

As ondas sonoras entram no canal auditivo e chegam à membrana timpânica. As "batidas de tambor" causadas pelas ondas sonoras fazem vibrar o fluido e os pelinhos da orelha interna. Os neurônios ligados aos pelos detectam o movimento e produzem impulsos que são transmitidos ao longo dos nervos até o encéfalo.

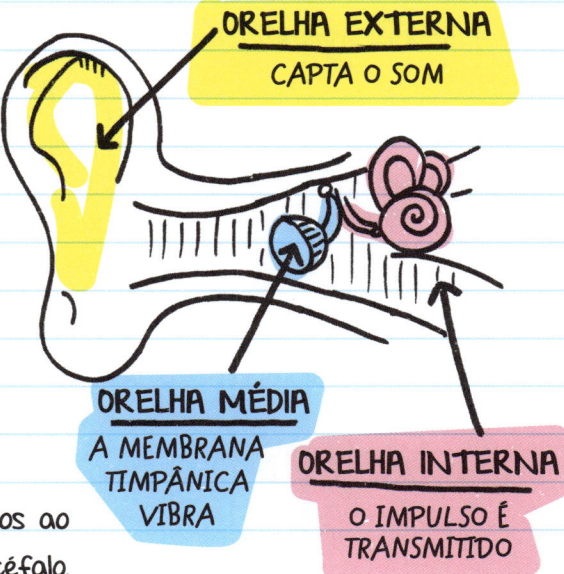

ORELHA EXTERNA — CAPTA O SOM

ORELHA MÉDIA — A MEMBRANA TIMPÂNICA VIBRA

ORELHA INTERNA — O IMPULSO É TRANSMITIDO

> O fluido e os pelinhos da orelha interna também ajudam a manter seu senso de equilíbrio. Quando você se movimenta, o fluido também se movimenta e os pelos transmitem as informações da posição da sua cabeça em relação ao encéfalo.

O nariz é revestido por células sensoriais chamadas CÉLULAS OLFATIVAS, que percebem odores. A parede interna do nariz é umedecida por um muco. As moléculas odoríferas transportadas pelo ar se dissolvem nesse muco, estimulando as células olfativas.

A língua possui pequenos sensores chamados PAPILAS GUSTATIVAS. As papilas gustativas percebem gostos e transmitem as informações para o cérebro. Em cada região da língua, as papilas gustativas se apresentam mais sensíveis a diferentes gostos, como doce, salgado, azedo e amargo. O paladar e o olfato têm uma conexão muito forte. Como a boca e a cavidade nasal estão interligadas, quando você come algo, moléculas odoríferas sobem para o nariz, ajudando a perceber o sabor. É por isso que, quando você está resfriado e seu nariz está entupido, os alimentos parecem insípidos.

A PELE possui células sensíveis a temperatura, textura, pressão e dor. As células passam essas informações para células nervosas, que enviam um sinal elétrico para o sistema nervoso central.

SISTEMA ENDÓCRINO

O SISTEMA ENDÓCRINO é o outro sistema de mensagens do corpo que, em vez de enviar sinais elétricos por meio de nervos, envia mensagens químicas para o corpo por meio da corrente sanguínea. Os mensageiros químicos do sistema endócrino são chamados HORMÔNIOS e são produzidos por GLÂNDULAS ENDÓCRINAS.

As glândulas endócrinas liberam hormônios diretamente na corrente sanguínea, que os transporta para diferentes partes do corpo. Tais hormônios ajudam seu corpo a realizar várias atividades, como dormir, se reproduzir e controlar a quantidade de açúcar no sangue.

As glândulas endócrinas mais importantes são as seguintes:

HIPÓFISE

- Está ligada ao cérebro e possui o tamanho de uma ervilha
- Controla uma série de funções, como a pressão sanguínea, o metabolismo e o alívio da dor
- Produz o hormônio do crescimento
- Controla outras glândulas, como os ovários e os testículos

TIREOIDE

- Fica abaixo da laringe, a parte da garganta onde estão as cordas vocais
- Regula, entre outras coisas, o metabolismo e a quantidade de cálcio absorvida pelos ossos

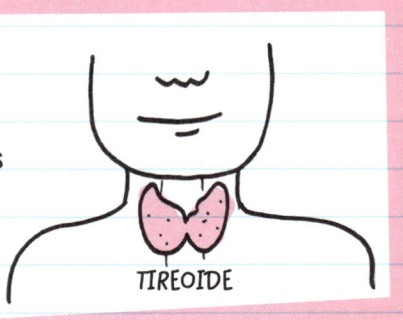

PÂNCREAS
- Produz **INSULINA**, um hormônio que controla o nível de açúcar no sangue

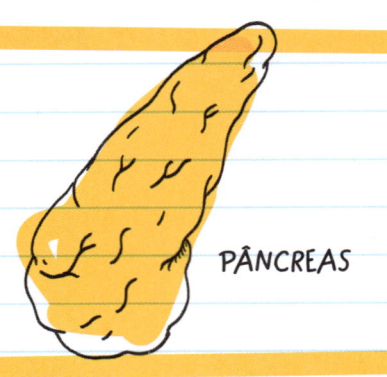

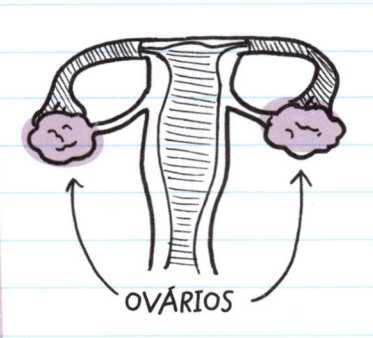

PÂNCREAS

OVÁRIOS (mulheres)
- Produzem **ESTROGÊNIO**, um hormônio sexual feminino que, dentre outras coisas, controla a puberdade, e **PROGESTERONA**, um hormônio sexual feminino que, dentre outras coisas, exerce um papel importante no controle da capacidade feminina de dar à luz

OVÁRIOS

TESTÍCULOS (homens)
- Produzem **TESTOSTERONA**, um hormônio sexual masculino que, dentre outras coisas, controla a puberdade e a capacidade masculina de produzir espermatozoides

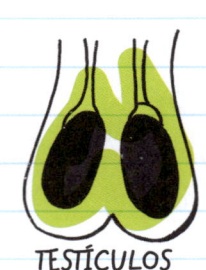

TESTÍCULOS

VERIFIQUE SEUS CONHECIMENTOS

1. Os nervos do braço fazem parte do sistema nervoso _____.

2. Qual é a função do tronco encefálico?

3. Quais são os cinco órgãos dos sentidos?

4. O olho usa a _____ e a _____ para focalizar a luz.

5. A mensagem que um neurônio envia é chamada _____, e o espaço entre dois neurônios é chamado _____.

6. Qual é a glândula que controla outras glândulas?

7. Qual é a função dos hormônios?

RESPOSTAS

CONFIRA AS RESPOSTAS

1. periférico
2. É a parte do encéfalo que controla muitas ações involuntárias.
3. Olhos, orelhas, nariz, língua e pele.
4. lente, córnea
5. impulso, sinapse
6. A hipófise.
7. Os hormônios são os mensageiros químicos do sistema endócrino que ajudam seu corpo a realizar várias atividades, como dormir, se reproduzir e controlar a quantidade de açúcar no sangue.

Capítulo 38
SISTEMAS DIGESTÓRIO E EXCRETOR

SISTEMA DIGESTÓRIO

O sistema digestório é responsável por obter, a partir dos alimentos ingeridos, os nutrientes necessários para as diferentes funções do organismo, como movimento, crescimento, reprodução e processos de cura de enfermidades. Entre os nutrientes estão as vitaminas, os minerais, as proteínas, as gorduras e os carboidratos.

Existem dois tipos de digestão:

1. DIGESTÃO MECÂNICA, na qual o corpo decompõe fisicamente o alimento, como acontece, por exemplo, na mastigação. O estômago também decompõe mecanicamente os alimentos, por meio de contrações.

2. DIGESTÃO QUÍMICA, na qual o corpo decompõe o alimento através de reações químicas. Tais reações são aceleradas por enzimas produzidas em todo o sistema digestório. Enzimas são proteínas especiais que facilitam as reações químicas.

Sistema digestório

O sistema digestório inclui os seguintes componentes:

BOCA: a digestão começa na boca, onde a mastigação (digestão mecânica) estimula as **GLÂNDULAS SALIVARES** a liberar saliva (digestão química), que transforma o alimento numa pasta macia (o chamado bolo alimentar). A pasta é empurrada para baixo até o...

> A SALIVA TRANSFORMA CARBOIDRATOS EM AÇÚCARES SIMPLES.

ESÔFAGO: onde o alimento continua a ser empurrado para baixo por uma série de contrações chamadas **PERISTALTISMO**, até o...

> O PERISTALTISMO TAMBÉM ACONTECE NO RESTANTE DO SISTEMA DIGESTÓRIO, FAZENDO O ALIMENTO SE MOVIMENTAR.

ESTÔMAGO: um músculo gigante que agita o alimento, reduzindo-o a partículas menores (digestão mecânica). O estômago também libera enzimas e outras substâncias que decompõem o alimento (digestão química). O alimento se mistura aos sucos gástricos para produzir o **QUIMO** (uma mistura pastosa de alimento e ácido), que passa para o...

O sistema digestório

GLÂNDULAS SALIVARES — liberam saliva, que decompõe carboidratos

BOCA

ESÔFAGO

ESTÔMAGO — libera enzimas e outras substâncias que decompõem os alimentos

QUIMO

DUODENO — onde acontece a maior parte da digestão

INTESTINO DELGADO — onde a maior parte dos nutrientes passa para a corrente sanguínea

INTESTINO GROSSO — onde a maior parte da água é absorvida pelo corpo

RETO e ÂNUS — expelem excrementos

399

INTESTINO DELGADO: a primeira parte do intestino delgado é chamada **DUODENO** e contém sucos digestivos liberados pelo fígado e pelo pâncreas. Enquanto a **BILE** liberada pelo fígado emulsifica as gorduras, o **SUCO PANCREÁTICO** decompõe quimicamente carboidratos, gorduras e proteínas. A maior parte da digestão acontece no duodeno. E é no intestino delgado que os nutrientes também passam para a corrente sanguínea. O quimo transforma-se em quilo e seu próximo destino é o...

INTESTINO GROSSO: o lugar onde a maior parte da água é absorvida pelo corpo. Quando a água do quilo é absorvida, as partes não digeridas endurecem e formam os excrementos. O final do intestino grosso possui uma parte chamada **RETO**, que conduz até o **ÂNUS**, a última parte do sistema digestório. Juntos, eles controlam quando vamos ao banheiro para expelir as fezes.

Nutrição

Nosso corpo precisa de uma série de nutrientes para permanecer saudável.

PROTEÍNAS: o corpo usa proteínas para reparar e fabricar células. Elas são compostas de aminoácidos, os quais o corpo reaproveita para formar novas proteínas. As proteínas são encontradas na carne, nos ovos, no feijão, na ervilha e nos laticínios.

PROTEÍNAS

VOCÊ LITERALMENTE É O QUE COME!

CARBOIDRATOS: o corpo queima carboidratos para obter energia rapidamente. Eles estão presentes em açúcares, amidos e fibras. Os açúcares simples proporcionam energia rapidamente, mas ela também se esgota depressa, ao passo que os carboidratos mais complexos, presentes nos amidos e fibras, fornecem energia mais lentamente, pois o corpo precisa decompô-los antes de consumi-los. Os carboidratos são encontrados no pão, nas massas, na batata, no açúcar, nas frutas, nos legumes e nas verduras.

GORDURAS: fornecem energia, isolamento e acolchoamento ao corpo. Também ajudam o corpo a absorver algumas vitaminas. As gorduras são encontradas nos peixes, nas carnes, nas nozes e sementes oleaginosas, nos óleos e nos ovos.

VITAMINAS: são compostos orgânicos e nutrientes essenciais dos quais o organismo precisa para o crescimento e a execução das funções celulares, embora sejam necessários apenas em pequenas quantidades. As vitaminas estão presentes em muitos alimentos, mas alguns contêm quantidades maiores delas.

MINERAIS: alguns minerais também são necessários para manter o organismo saudável. Cálcio, fósforo, potássio, sódio, ferro e iodo são exemplos de minerais importantes para o corpo. Os minerais são encontrados no espinafre, nos laticínios, na banana, nas nozes e sementes oleaginosas, nos ovos, na carne e nos frutos do mar.

SISTEMA EXCRETOR

O SISTEMA EXCRETOR remove excretas do organismo, ajudando a manter a homeostase. O corpo possui várias formas de eliminar excretas. Quando você exala, excreta dióxido de carbono, um produto residual da respiração. A pele excreta sal, água e outras substâncias por meio do suor.

Sistema urinário

O SISTEMA URINÁRIO filtra o sangue e descarta os resíduos e o excesso de água, sal e minerais. Os rins são os principais órgãos do sistema urinário. Ali o sangue é constantemente filtrado por milhões de pequenas unidades de filtragem chamadas NÉFRONS. Os líquidos filtrados pelos rins são coletados e levados para o URETER, um tubo que liga o rim à BEXIGA URINÁRIA, onde a URINA é armazenada. A bexiga se expande para armazenar a urina até que esta deixe o corpo por um tubo chamado URETRA.

VERIFIQUE SEUS CONHECIMENTOS

1. O que é o quimo?

2. O que o corpo queima quando precisa de energia rapidamente?

3. A maioria dos nutrientes é absorvida no intestino _____.

4. Como se chama o tubo que liga o rim à bexiga urinária?

5. Qual substância o corpo usa para restaurar e fabricar células?

6. O que é peristaltismo?

7. O que são néfrons?

8. A água é absorvida no intestino _____.

9. Dê um exemplo de digestão mecânica e um exemplo de digestão química.

10. Onde a urina é armazenada?

RESPOSTAS 403

CONFIRA AS RESPOSTAS

1. O quimo é o alimento combinado aos sucos gástricos.
2. Os carboidratos.
3. delgado
4. Chama-se ureter.
5. As proteínas.
6. Peristaltismo são as contrações que fazem o alimento se movimentar no sistema digestório.
7. Néfrons são as unidades de filtragem dos rins.
8. grosso
9. A mastigação é um exemplo de digestão mecânica. A saliva é o primeiro passo na digestão química dos alimentos.
10. A urina é armazenada na bexiga urinária.

A questão 9 possui mais de uma resposta correta.

Capítulo 39
SISTEMAS RESPIRATÓRIO E CARDIOVASCULAR

SISTEMA RESPIRATÓRIO

A respiração celular se dá por uma série de reações que decompõem a glicose, um açúcar simples, liberando assim energia química. Para usar esse açúcar, ou "queimar essas calorias", o corpo necessita de oxigênio, do mesmo modo que uma fogueira precisa de oxigênio para que haja combustão. A respiração celular usa oxigênio e, como produtos residuais, libera dióxido de carbono e água. O sangue é o sistema de entrega que transporta o oxigênio dos pulmões para as células e o dióxido de carbono das células para os pulmões.

Sistema respiratório

Você inspira o ar pela boca e pelo nariz.

Em seguida, o ar vai para a **FARINGE**, uma passagem na garganta que conduz aos sistemas digestório e respiratório. A **EPIGLOTE** é uma válvula (uma pequena porta de vaivém no fundo da garganta) que evita que o alimento entre nas vias aéreas quando você come, mas permanece aberta quando você respira.

Em seguida, o ar vai para a **LARINGE**, a parte das vias aéreas onde ficam as cordas vocais.

E depois vai para a **TRAQUEIA**, que é revestida de cartilagem para mantê-la firme. A traqueia também é revestida de muco e pequenas estruturas móveis semelhantes a pelos para capturar bactérias, poeira e partículas que não devem entrar nos pulmões.

ESSES PELINHOS (CHAMADOS **CÍLIOS**) VARREM TODA ESSA SUJEIRA PARA CIMA, PARA QUE VOCÊ POSSA CUSPI-LA, EXPELIR ASSOANDO O NARIZ OU ENGOLI-LA. (É MELHOR DIGERI-LA DO QUE DEIXÁ-LA ENTUPIR SEUS PULMÕES! SEJA COMO FOR... É NOJENTO!)

Em seguida, o ar entra em tubos que conduzem aos pulmões, os chamados **BRÔNQUIOS**. Os brônquios se ramificam em tubos menores chamados **BRONQUÍOLOS**.

Os bronquíolos se conectam diretamente aos **ALVÉOLOS**, que são milhões de saquinhos de ar. O oxigênio enche os alvéolos e passa para os capilares, para assim ser distribuído com o sangue pelo corpo, permitindo que a respiração possa acontecer nas células. Ao mesmo tempo, os resíduos de dióxido de carbono no sangue entram nos alvéolos e são exalados.

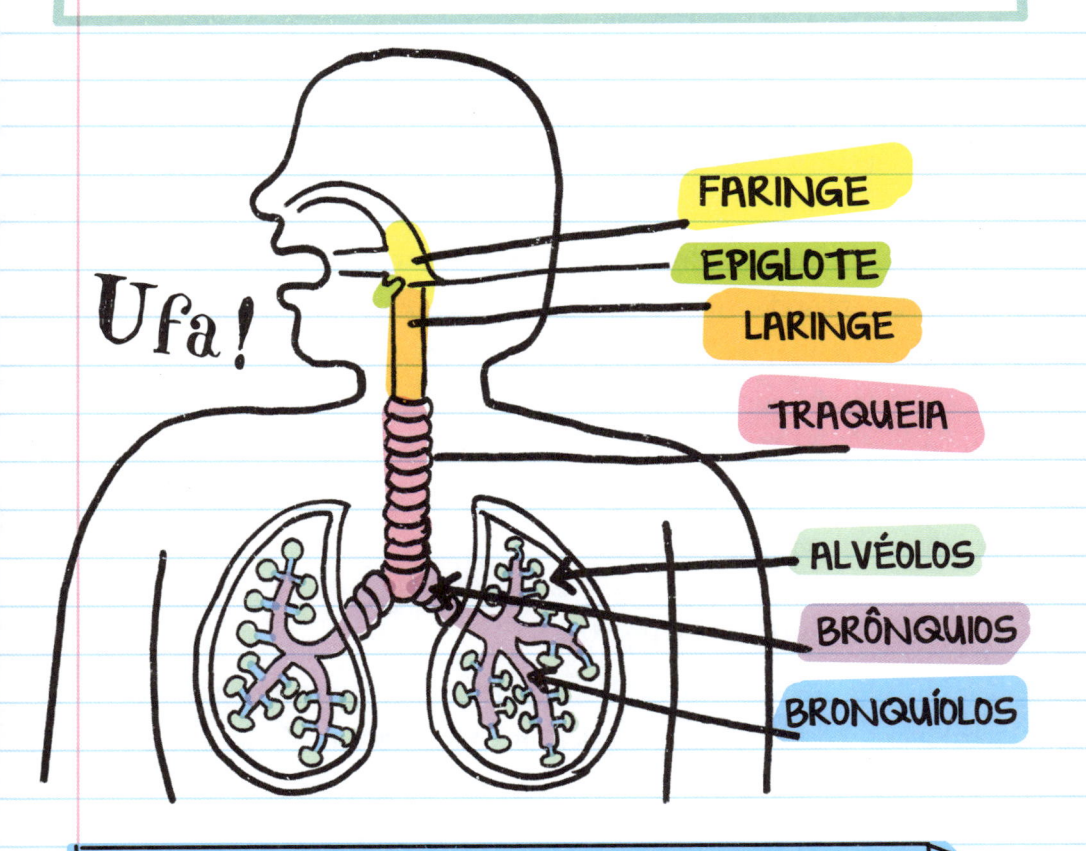

Ufa!

- FARINGE
- EPIGLOTE
- LARINGE
- TRAQUEIA
- ALVÉOLOS
- BRÔNQUIOS
- BRONQUÍOLOS

FUMAR paralisa os cílios da traqueia, razão pela qual os fumantes têm uma tosse rouca. São os cílios que se encarregam de varrer toda a sujeira da traqueia. Supernojento!

Respiração

A RESPIRAÇÃO é o processo mecânico de inspirar e expirar. O processo é automático: não é preciso pensar para respirar. Quando precisamos de mais oxigênio, respiramos mais depressa (é por isso que ficamos ofegantes quando fazemos exercício: o corpo necessita de mais oxigênio para queimar mais calorias e assim obter mais energia).

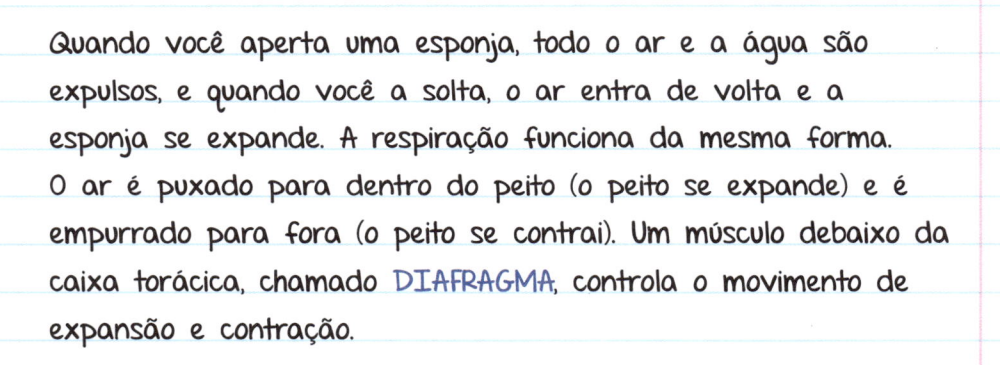

DIAFRAGMA

Quando você aperta uma esponja, todo o ar e a água são expulsos, e quando você a solta, o ar entra de volta e a esponja se expande. A respiração funciona da mesma forma. O ar é puxado para dentro do peito (o peito se expande) e é empurrado para fora (o peito se contrai). Um músculo debaixo da caixa torácica, chamado DIAFRAGMA, controla o movimento de expansão e contração.

SISTEMA CARDIOVASCULAR

O SISTEMA CARDIOVASCULAR é o sistema de transporte que leva substâncias como oxigênio e nutrientes para diferentes partes do corpo, e também coleta resíduos para serem descartados.

Sangue

Se o sistema cardiovascular é o sistema de transporte do corpo, o sangue é o veículo. O sangue é o tecido que transporta oxigênio, nutrientes, resíduos e outras substâncias.

Os resíduos do metabolismo das células são coletados e transportados pelo sangue para os rins, exceto o dióxido de carbono, que vai para os pulmões, onde é exalado. O sangue também abriga células do sistema imunológico que combatem doenças e curam ferimentos.

O SANGUE CONTÉM:

PLASMA: parte líquida do sangue, na qual estão em solução ou suspensão as substâncias a serem transportadas, como açúcar (glicose), nutrientes, minerais, vitaminas e resíduos

HEMÁCIAS: células que transportam oxigênio para as células do corpo

LEUCÓCITOS: células do sistema imunológico que combatem doenças

PLAQUETAS: fragmentos de células que coagulam o sangue (cessam o sangramento quando você se machuca)

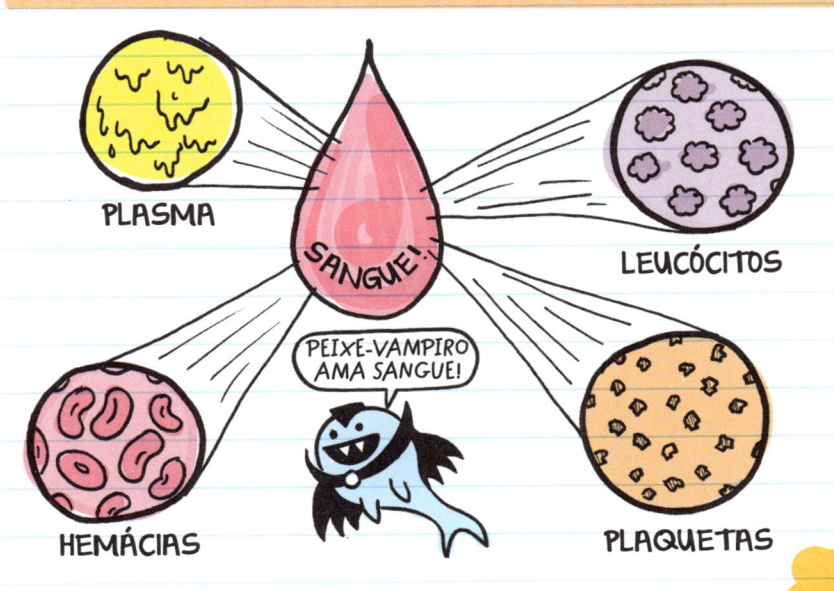

PLASMA

SANGUE!

LEUCÓCITOS

PEIXE-VAMPIRO AMA SANGUE!

HEMÁCIAS

PLAQUETAS

A viagem do sangue pelo corpo

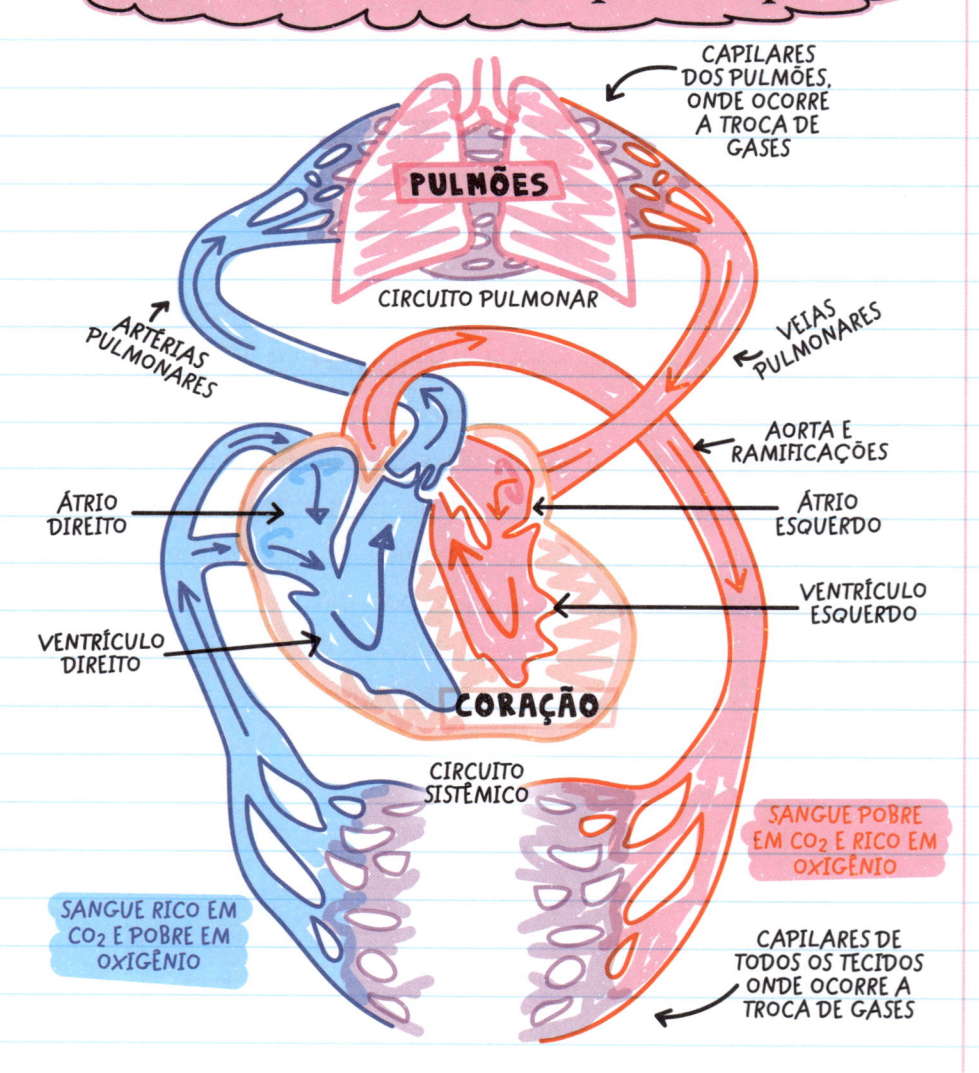

PULMÕES — CAPILARES DOS PULMÕES, ONDE OCORRE A TROCA DE GASES

CIRCUITO PULMONAR

ARTÉRIAS PULMONARES

VEIAS PULMONARES

AORTA E RAMIFICAÇÕES

ÁTRIO DIREITO — ÁTRIO ESQUERDO

VENTRÍCULO DIREITO — VENTRÍCULO ESQUERDO

CORAÇÃO

CIRCUITO SISTÊMICO

SANGUE POBRE EM CO_2 E RICO EM OXIGÊNIO

SANGUE RICO EM CO_2 E POBRE EM OXIGÊNIO

CAPILARES DE TODOS OS TECIDOS ONDE OCORRE A TROCA DE GASES

Sangue arterial dos pulmões → átrio esquerdo → ventrículo esquerdo → aorta e outras artérias → capilares (troca de sangue arterial por sangue venoso) → átrio direito → ventrículo direito → pulmões para oxigenação e o ciclo se repete

Coração

O coração é o motor do sistema cardiovascular. Ele bombeia o sangue para o restante do corpo e é composto por quatro câmaras: ÁTRIO ESQUERDO, VENTRÍCULO ESQUERDO, ÁTRIO DIREITO e VENTRÍCULO DIREITO.

O sangue rico em oxigênio passa dos pulmões para o lado esquerdo do coração, indo primeiro para o átrio esquerdo e depois para o ventrículo esquerdo. A partir daí, é bombeado para o restante do corpo, passando pela aorta, a maior artéria do organismo. O sangue ARTERIAL circula pelo corpo, liberando oxigênio e coletando dióxido de carbono. O sangue VENOSO retorna para o coração, passando pelo átrio direito e pelo ventrículo direito, e aí é bombeado de volta aos pulmões. Uma vez nos pulmões, o sangue coleta oxigênio, libera dióxido de carbono e o processo se repete.

Vasos sanguíneos

Os vasos sanguíneos são como ruas e estradas do sistema cardiovascular. Quando o corpo bombeia sangue arterial para o restante do corpo, ele é transportado através dos vasos sanguíneos.

Os vasos sanguíneos que levam o sangue para longe do coração são chamados ARTÉRIAS. Possuem paredes musculares espessas que regulam o fluxo de sangue.

Essas paredes podem se expandir e se contrair, deixando passar uma quantidade maior ou menor de sangue. Partindo das artérias, o sangue passa por pequenos vasos sanguíneos chamados CAPILARES, que levam o sangue diretamente para as células do corpo.

Depois que o sangue leva oxigênio, glicose e nutrientes para as células e coleta dióxido de carbono e outros resíduos, ele começa a viagem de volta ao coração em vasos sanguíneos chamados VEIAS. As veias possuem válvulas de mão única que permitem que o sangue corra em apenas uma direção, mantendo o fluxo no sentido correto.

VERIFIQUE SEUS CONHECIMENTOS

1. O que são alvéolos?

2. Qual é o trajeto percorrido pelo ar no sistema respiratório?

3. O que é a epiglote?

4. Que tipo de troca de gases ocorre nos pulmões?

5. Qual é o músculo que controla a inspiração e a expiração?

6. Descreva os vasos pelos quais o sangue passa desde o momento em que deixa o coração até o momento em que retorna.

7. Como se chamam as células que transportam oxigênio?

8. Depois que o sangue é oxigenado nos pulmões, para qual câmara do coração ele vai primeiro?

RESPOSTAS

CONFIRA AS RESPOSTAS

1. Os alvéolos são saquinhos de ar. Os pulmões são formados por milhões de alvéolos, onde ocorrem as trocas gasosas.

2. Quando você inspira, o ar passa pela boca e o nariz, desce pela garganta até a faringe e chega à laringe. Depois, vai até os brônquios, que se ramificam em bronquíolos. Os bronquíolos conduzem o ar diretamente aos alvéolos dos pulmões. Em seguida, o ar retorna pelo mesmo caminho.

3. A epiglote é uma válvula que se fecha, evitando que o alimento entre nas vias aéreas. Quando você respira, a epiglote permanece aberta.

4. O sangue recebe oxigênio e libera dióxido de carbono.

5. O diafragma.

6. O sangue que deixa o coração passa pelas artérias rumo aos capilares. Nos capilares, acontecem as trocas de nutrientes e gases com as células das proximidades. Depois de passar pelos capilares, o sangue retorna ao coração pelas veias.

7. Hemácias.

8. Para o átrio esquerdo.

Capítulo 40
SISTEMAS IMUNOLÓGICO E LINFÁTICO

O **SISTEMA IMUNOLÓGICO** (também chamado de imunitário em alguns materiais didáticos) nos protege de doenças infecciosas. É como um exército particular que combate invasores nocivos.

PATÓGENOS
bactérias, vírus e outros organismos (como fungos e protistas) que podem causar doenças

IMUNIDADE NÃO ESPECÍFICA

Assim como um exército, o sistema imunológico possui diversas táticas para proteger o corpo. Barreiras físicas são a primeira linha de defesa: ← COMO AS MURALHAS DE UM CASTELO

A pele funciona como uma barreira física que evita que os **PATÓGENOS** entrem no corpo.

> ESTAMOS AJUDANDO!

> CAIAM FORA, PATÓGENOS!

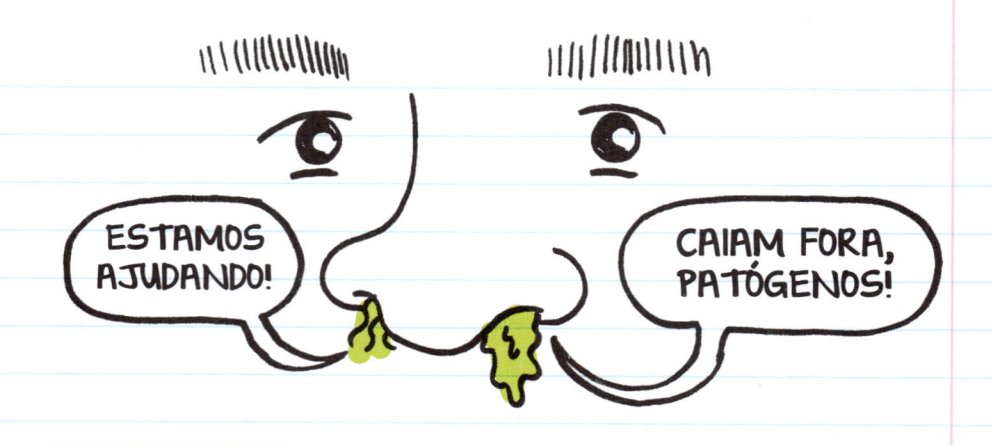

O muco e os cílios do sistema respiratório capturam e removem patógenos quando eles entram nas vias aéreas.

A saliva e o **SUCO GÁSTRICO** matam muitos tipos de bactéria.

← É COMO OS DEFENSORES MEDIEVAIS QUE DERRAMAVAM ÓLEO FERVENTE NOS INVASORES!

Mas, embora haja defesas, às vezes os patógenos conseguem encontrar um meio de invadir o castelo do seu corpo por cortes ou machucados. Não se preocupe: o corpo possui um sistema de retaguarda a postos para combatê-los.

Leucócitos

Os patógenos que conseguem entrar no corpo são combatidos por leucócitos, que são guerreiros ferozes. Os leucócitos digerem e destroem bactérias e outros patógenos que invadem o organismo. Existem muitos tipos diferentes de leucócito e cada um deles possui uma tarefa diferente. Os MACRÓFAGOS, por exemplo, são leucócitos que usam a força bruta para absorver e destruir qualquer patógeno que encontrem.

IMUNIDADE PASSIVA e ATIVA

O corpo pode ganhar imunidade de forma passiva ou ativa. Quando o corpo combate uma infecção ou doença, ele produz ANTICORPOS em resposta ao patógeno. Esses anticorpos são mantidos armazenados para combater o patógeno caso ele volte, o que é uma forma de imunidade, a chamada IMUNIDADE ATIVA.

Você também pode ganhar imunidade recebendo anticorpos produzidos por outro organismo. Essa forma de imunidade é chamada IMUNIDADE PASSIVA porque o corpo não trabalhou para desenvolvê-la. Um bebê, por exemplo, recebe imunidade passiva da mãe durante a gravidez e, depois do nascimento, através do leite materno.

Vacinas

Na vacinação, geralmente uma pequena quantidade de um patógeno inativo é injetada no seu organismo. O corpo então monta uma resposta imunológica, produzindo anticorpos, os quais permanecem no sangue, preparados para combater o patógeno real caso um dia o encontrem.

Inflamação

Se você sofre um corte ou um arranhão, a região em volta pode ficar vermelha, inchada, quente e sensível; esse fenômeno é chamado INFLAMAÇÃO. Ele é causado quando as células são danificadas devido a uma infecção ou ferimento e liberam uma substância que aumenta a passagem de sangue para a região ferida. Com o aumento do fluxo sanguíneo, mais leucócitos podem chegar ao local danificado para combater possíveis patógenos.

SISTEMA LINFÁTICO

O SISTEMA LINFÁTICO é como um tubo de drenagem: ele coleta um fluido (chamado LINFA) e filtra esse fluido em pequenos aglomerados de tecido espalhados pelo corpo, conhecidos como LINFONODOS.

Os linfonodos concentram um tipo de leucócito chamado LINFÓCITO. Quando o sangue passa pelos linfonodos, os linfócitos atacam os patógenos e os removem do corpo. O pescoço possui muitos linfonodos; quando você está doente, eles muitas vezes incham devido à presença de todos esses pequenos guerreiros.

DOENÇAS

As doenças humanas podem ser causadas por vários tipos de organismo. Eis alguns exemplos de patógenos e as doenças que eles causam:

As bactérias podem causar faringite, otite, tuberculose e pneumonia.

Os vírus podem causar gripe, resfriado, poliomielite, sarampo, verrugas e aids.

Os protistas podem causar malária, disenteria e giardíase.

Os fungos podem causar pé de atleta e candidíase.

As bactérias podem ser mortas e removidas do corpo por anticorpos e antibióticos, mas, quando você é infectado por um vírus, muitas vezes ele permanece com você pelo resto da vida!

Doenças infecciosas

Quando você pega um resfriado de um amigo, é porque um vírus viajou do seu amigo até você. Uma doença infecciosa é aquela que pode passar de um organismo infectado para um organismo são. Algumas delas podem ser transmitidas pelo ar, pela água, pelos alimentos ou pelo contato físico entre dois organismos. Outras, como a aids, são transmitidas por fluidos corporais, como o sangue e o sêmen. Alguns vírus e bactérias também conseguem sobreviver em maçanetas e corrimãos. Lavar as mãos é o meio mais fácil e eficaz de se proteger das doenças infecciosas.

Doenças não infecciosas

Doenças não infecciosas são aquelas que não são causadas por patógenos e que não podem ser transmitidas de uma pessoa a outra. Diabetes, doenças genéticas e câncer são exemplos de doenças não infecciosas. O CÂNCER é uma doença não infecciosa na qual as células sofrem uma mutação em seu DNA, que faz com que elas se reproduzam de forma descontrolada, gerando cópias de si mesmas que também são cancerosas. A multiplicação desregrada acaba criando tumores, que prejudicam o funcionamento do organismo. Para combater o câncer, os médicos tentam remover ou matar as células cancerosas (geralmente por meio de cirurgia, quimioterapia ou radioterapia).

VERIFIQUE SEUS CONHECIMENTOS

1. Explique por que ocorrem as inflamações.

2. Quando você fica doente, os _____ ficam cheios de linfócitos.

3. O que é uma doença infecciosa?

4. Quando você toma uma _____, uma pequena quantidade de um patógeno é injetada no seu corpo para que você adquira imunidade.

5. Explique a diferença entre imunidade ativa e passiva.

6. Qual é a função do sistema imunológico?

7. Cite quatro patógenos.

8. Cite um exemplo de doença não infecciosa.

RESPOSTAS 421

CONFIRA AS RESPOSTAS

1. Quando as células são danificadas, o fluxo de sangue na região ferida aumenta para que mais células sanguíneas possam combater os possíveis patógenos.

2. linfonodos

3. Uma doença infecciosa é aquela que pode ser transmitida de um organismo a outro.

4. vacina

5. Quando seu corpo fabrica anticorpos, trata-se de imunidade ativa; quando você recebe anticorpos de outro organismo, trata-se de imunidade passiva.

6. Ele protege o organismo de doenças e agentes estranhos.

7. Os vírus, as bactérias, os protistas e os fungos.

8. A diabetes.

> A questão 8 possui mais de uma resposta correta.

Capítulo 41

REPRODUÇÃO E DESENVOLVIMENTO HUMANO

SISTEMA GENITAL

Quando as pessoas se reproduzem, as células sexuais masculina e feminina se unem, formando um zigoto (uma célula resultante da fecundação que possui um conjunto completo de cromossomos), o qual se desenvolve até se tornar um bebê.

Os corpos do homem e da mulher possuem sistemas genitais diferentes, cada um com adaptações específicas que facilitam a combinação do material genético. ← ROMÂNTICO, NÃO?

Sistema genital masculino

O SISTEMA GENITAL MASCULINO é composto por vários órgãos, alguns internos e outros externos.

Esse sistema possui os seguintes componentes:

PÊNIS: órgão externo que contém um tubo chamado URETRA. O **SÊMEN** e a urina saem do corpo pela uretra.

> **SÊMEN**
> fluido reprodutor masculino

ESCROTO: órgão externo em formato de saco que contém os testículos

TESTÍCULOS: produzem espermatozoides e testosterona, um hormônio sexual masculino

O ESPERMATOZOIDE é a célula sexual masculina e é composto de cabeça e cauda: a cabeça possui o material genético (DNA) e a cauda confere mobilidade. Quando o espermatozoide está pronto para deixar o corpo, ele sai dos testículos, passando por um tubo que fica atrás da bexiga urinária, e é misturado ao FLUIDO SEMINAL, que ajuda o espermatozoide a se movimentar e lhe fornece energia. A combinação de fluido seminal e espermatozoides é chamada SÊMEN. O sêmen sai do corpo pela uretra, um tubo que atravessa o pênis.

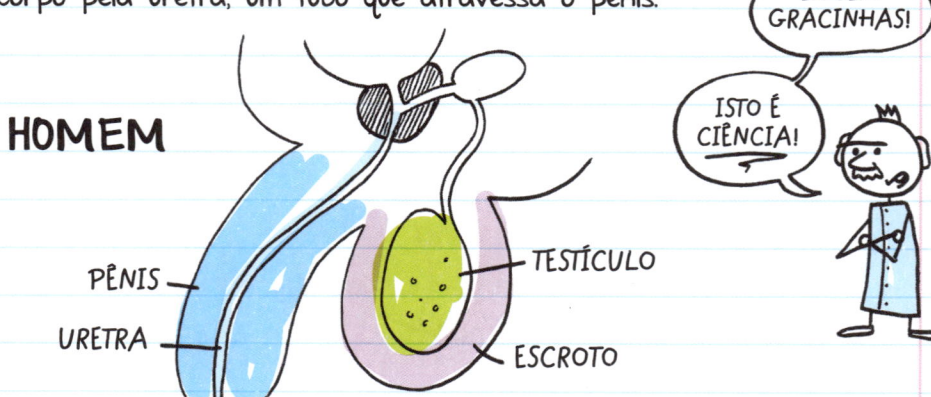

HOMEM

- PÊNIS
- URETRA
- TESTÍCULO
- ESCROTO

EI! SEM GRACINHAS!

ISTO É CIÊNCIA!

Sistema genital feminino

O SISTEMA GENITAL FEMININO é composto por ovários, tubas uterinas, útero, vagina, entre outros.

OVÁRIOS: pequenos órgãos, que parecem amêndoas, ligados ao útero. Produzem e liberam óvulos e também produzem hormônios sexuais, como estrogênio e progesterona.

TUBAS UTERINAS: tubos que se ligam ao útero. Os óvulos que deixam os ovários viajam até o útero pelas tubas uterinas.

ÓVULOS e **OVULAÇÃO:** as células sexuais femininas (óvulos) contêm informações genéticas (DNA). As mulheres já nascem com todos os seus óvulos: mais ou menos de 1 a 2 milhões.

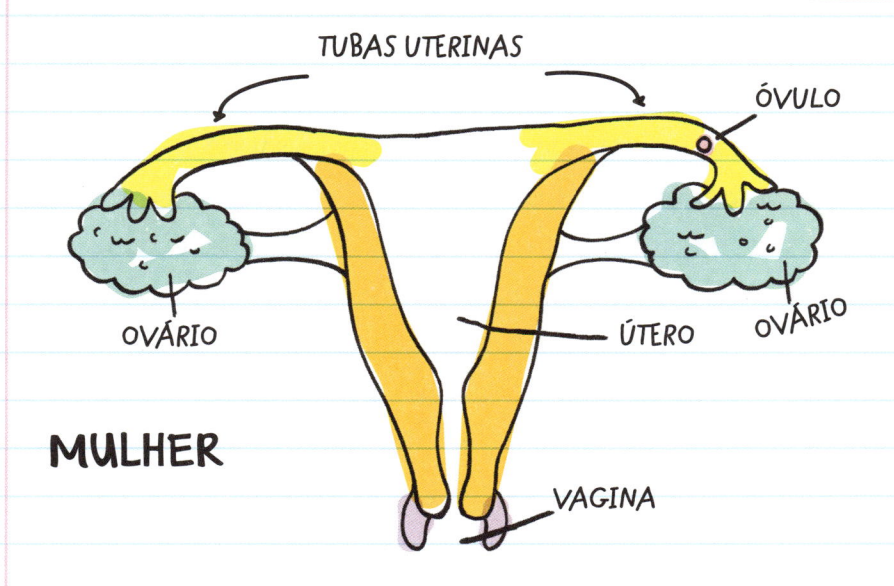

TUBAS UTERINAS
ÓVULO
OVÁRIO
ÚTERO
OVÁRIO
MULHER
VAGINA

Por volta de uma vez por mês, a mulher **OVULA**, ou seja, libera um óvulo maduro do ovário direito ou esquerdo. Com a ajuda de pequenos cílios, o óvulo viaja por uma das tubas uterinas e pode ser fecundado por um espermatozoide.

ÚTERO: órgão oco onde um óvulo fecundado pode se desenvolver. O útero está ligado às tubas uterinas e à vagina.

VAGINA: canal que liga o útero à parte externa do corpo e funciona como porta de entrada e saída do sistema genital feminino. É por onde espermatozoides entram no corpo da mulher e os bebês saem ao deixar o útero.

O CICLO MENSTRUAL: mais ou menos uma vez por mês, o corpo da mulher passa por mudanças, se preparando para a reprodução; é o chamado CICLO MENSTRUAL. O útero da mulher adulta é uma espécie de hotel para bebês e periodicamente se prepara para receber um hóspede, um ÓVULO FECUNDADO. Você pode encarar o ciclo menstrual como os preparativos de um hotel. Todos os meses, o corpo se prepara para a possibilidade de receber um hóspede, enchendo de sangue a parede do útero a fim de criar um ambiente favorável para um possível óvulo fecundado. Quando um óvulo é fecundado, ele se fixa na parede do útero e começa a se desenvolver. Quando não, parte da parede do útero se decompõe e sai pela vagina num processo chamado MENSTRUAÇÃO. É como se o hotel estivesse trocando a roupa de cama para receber futuros hóspedes.

DESENVOLVIMENTO HUMANO e VIDA

Fecundação

O desenvolvimento humano começa pela FECUNDAÇÃO, na qual as células sexuais masculina e feminina se unem, formando uma célula, o ZIGOTO, que possui um conjunto completo de cromossomos. Como as células sexuais masculina e feminina (espermatozoide e óvulo) possuem apenas 23 cromossomos, quando se combinam o zigoto fica com um conjunto completo de 46 cromossomos, metade da mamãe, metade do papai.

O processo de fecundação começa quando os espermatozoides são depositados na vagina. Eles nadam até alcançar o óvulo, geralmente ao longo das tubas uterinas. Embora possa haver até 300 milhões de espermatozoides depositados na vagina correndo em direção ao óvulo, apenas um fecunda o óvulo.

GÊMEOS

Os GÊMEOS FRATERNOS (ou dizigóticos) são formados quando dois óvulos são liberados ao mesmo tempo pelos ovários e ambos são fecundados. Como os gêmeos fraternos se desenvolvem a partir de óvulos e espermatozoides diferentes, são tão semelhantes geneticamente quanto dois irmãos nascidos em épocas diferentes.

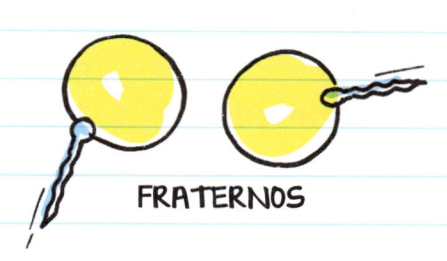

FRATERNOS

Os GÊMEOS IDÊNTICOS (ou monozigóticos) se formam a partir de um único óvulo e um único espermatozoide. Inicialmente, o zigoto se divide em dois e, em seguida, cada uma das células resultantes forma um embrião. O resultado são dois bebês que possuem o mesmo material genético.

IDÊNTICOS

Desenvolvimento

O período de tempo entre a formação do zigoto e o nascimento é chamado GRAVIDEZ. Como o zigoto leva cerca de nove meses para se desenvolver completamente, esse é o tempo que a gestação costuma durar. Durante esse intervalo, o zigoto se desenvolve dentro da mãe, tornando-se primeiro um **EMBRIÃO** e em seguida um **FETO** (após dois meses). O feto continua a crescer e a se desenvolver até se tornar um bebê completamente formado.

EMBRIÃO
um zigoto ligado ao útero

FETO
um embrião com mais de oito semanas de idade

Nascimento

Uma vez que o feto está totalmente desenvolvido, está pronto para entrar no mundo. Em geral, a mãe dá à luz a criança por meio da vagina. Mas às vezes a criança precisa ser removida por meio de uma cirurgia chamada CESARIANA. Quando o bebê nasce, o cordão umbilical é cortado e o bebê começa a respirar por conta própria.

Desenvolvimento humano

FECUNDAÇÃO → ZIGOTO → EMBRIÃO → FETO → BUÁÁÁ!

NOVE MESES DEPOIS, NASCEU!

Após o nascimento

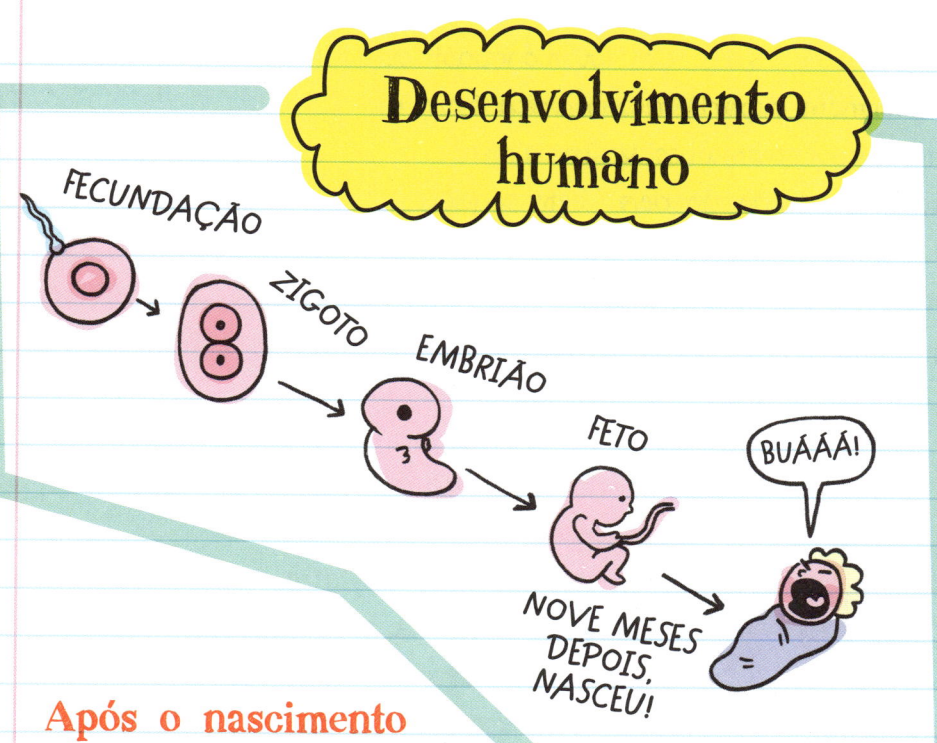

Durante o desenvolvimento, o bebê passa pelos seguintes estágios:

PERÍODO NEONATAL: as primeiras quatro semanas após o nascimento, nas quais o corpo do bebê se adapta à vida fora do útero.

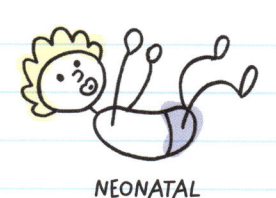

NEONATAL

PRIMEIRA INFÂNCIA: o bebê aprende a engatinhar, a ficar de pé e, finalmente, a andar. O desenvolvimento do cérebro durante essa época, na qual a criança explora o novo mundo, é incrivelmente rápido.

PRIMEIRA INFÂNCIA

INFÂNCIA E PRÉ-ADOLESCÊNCIA: as crianças aprendem a coordenar o corpo, a falar, a se vestir, a desenhar, correr, escrever e ler. A pré-adolescência termina na puberdade, que geralmente começa a acontecer quando a criança tem cerca de 12 anos.

INFÂNCIA E PRÉ-ADOLESCÊNCIA

ADOLESCÊNCIA

ADOLESCÊNCIA: é quando o corpo passa pela puberdade. Nessa época, os meninos ficam mais altos e fortes, a voz se torna mais grave e crescem pelos no rosto e na região púbica. As meninas também ficam mais altas e fortes, os seios e pelos púbicos se desenvolvem e os quadris ficam mais largos. O desenvolvimento cerebral também pode ser rápido durante os anos da adolescência.

VIDA ADULTA: começa após a adolescência e é a última etapa do desenvolvimento. No adulto, os ossos param de crescer. Conforme ocorre o envelhecimento, os ossos e músculos vão ficando mais fracos e a pele começa a ficar enrugada. Manter o corpo e o cérebro ativos a vida inteira ajuda a retardar o processo de envelhecimento e é importante para a saúde.

VIDA ADULTA

VERIFIQUE SEUS CONHECIMENTOS

1. O que são os ovários?

2. O que é a ovulação?

3. Depois de dois meses, um embrião passa a ser chamado de _ _ _ _ _.

4. A mistura de espermatozoides ao fluido seminal é chamada _ _ _ _ _ _.

5. Onde fica armazenado o material genético da célula sexual masculina?

6. Como a urina e o sêmen saem do corpo?

7. Como o óvulo viaja dos ovários até o útero?

8. Um zigoto se desenvolve e se torna um _ _ _ _ _ _ _ _ quando é implantado na parede uterina.

9. As mulheres grávidas dão à luz depois de cerca de _ _ _ _ meses.

10. O escroto contém os _ _ _ _ _ _ _ _ _ _ _ _.

11. Cite algumas mudanças que meninos e meninas experimentam durante a puberdade.

RESPOSTAS 431

CONFIRA AS RESPOSTAS

1. Os ovários são os órgãos reprodutores femininos.
2. A ovulação é a liberação de um óvulo pelo ovário.
3. feto
4. sêmen
5. Na cabeça do espermatozoide.
6. Através da uretra.
7. Pelas tubas uterinas.
8. embrião
9. nove
10. testículos
11. Os meninos ficam mais altos e fortes, a voz fica mais grave e eles ganham pelos no rosto e na região púbica. As meninas também ficam mais altas e fortes, desenvolvem seios, pelos púbicos e os quadris alargam. Durante essa época também acontece um rápido desenvolvimento cerebral nos meninos e meninas.

A questão 11 possui mais de uma resposta correta.

Unidade 10

A história da vida: hereditariedade, evolução e fósseis

Capítulo 42
HEREDITARIEDADE E GENÉTICA

A genética é o estudo do funcionamento dos genes e de como as características de um organismo são passadas de pais para filhos. Grande parte da aparência e do comportamento dele é determinada pela genética. A passagem de características de uma geração a outra é chamada HEREDITARIEDADE.

CARACTERÍSTICAS e ALELOS

As características genéticas abrangem praticamente todas as características de um organismo. Entre as mais visíveis no ser humano estão a altura, a cor do cabelo, dos olhos e da pele, mas também há as características menos óbvias, aquelas comportamentais, como ciclos do sono, agressividade e outros instintos.

ALELO
uma forma (ou variante) de um gene

O gene é um segmento de um cromossomo, codificado pelo DNA. Alguns genes podem existir em duas formas diferentes, chamadas **ALELOS**. Se um dos alelos é mais atuante do que o outro, pode acobertar as características do alelo mais "fraco". O alelo forte é chamado **ALELO DOMINANTE** e o alelo que fica mascarado é chamado **ALELO RECESSIVO**. O alelo recessivo se manifesta apenas quando os dois alelos são recessivos. Convencionou-se usar uma letra para representar os dois alelos de um gene. Uma letra maiúscula representa o alelo dominante e uma letra minúscula representa o alelo recessivo.

> **ALELO DOMINANTE**
> o alelo que sempre se manifesta
>
> **ALELO RECESSIVO**
> o alelo que pode ser mascarado pelo alelo dominante. Manifesta-se apenas quando os dois alelos são recessivos.

Assim, por exemplo, a letra "R" pode representar um alelo que determina se uma ervilha é lisa ou enrugada.

Quando um alelo é dominante e o outro é recessivo, apenas

R — Alelo dominante para lisa
r — Alelo recessivo para enrugada

RR — As ervilhas serão lisinhas
Rr
rr — As ervilhas serão enrugadas

o dominante é expresso. Por isso, os alelos de um organismo não podem ser conhecidos apenas pela observação de suas características. Os genes que um organismo possui correspondem ao seu **GENÓTIPO** e as características que ele expressa correspondem ao seu **FENÓTIPO**. Não podemos observar o genótipo de um organismo, mas podemos observar o fenótipo.

435

GENÓTIPO
os genes de um organismo

FENÓTIPO
as características visíveis resultantes dos genes de um organismo e de fatores ambientais

Quando um organismo possui dois alelos iguais, ou seja, dois alelos dominantes ou dois alelos recessivos, é chamado **HOMOZIGOTO** em relação a essa característica. Quando um organismo possui dois alelos diferentes (um recessivo e um dominante), é chamado **HETEROZIGOTO**.

> Como as ervilhas RR e rr

> Como as ervilhas Rr

HOMOZIGOTO
um organismo que possui dois alelos iguais

HETEROZIGOTO
um organismo que possui dois alelos diferentes, um dominante e um recessivo

GREGOR MENDEL

GREGOR MENDEL, um cientista e monge austríaco, foi uma das primeiras pessoas a estudar a genética a fundo. Mendel cuidava do jardim de um mosteiro e começou a perceber padrões no modo como as ervilhas herdavam certas características, como a cor das sementes, a cor das flores e o formato e a cor das vagens. Ele acompanhou uma determinada característica durante várias gerações a fim de estabelecer qual delas era dominante e qual era recessiva. A página a seguir apresenta as principais ideias de Mendel.

Algumas características são controladas por dois genes chamados alelos.

Um alelo pode ser dominante ou recessivo.

Quando os cromossomos se separam durante a reprodução, cada célula sexual ganha um alelo para cada característica. Assim, quando as células sexuais dos pais se combinam, os filhos ganham aleatoriamente um alelo de cada pai.

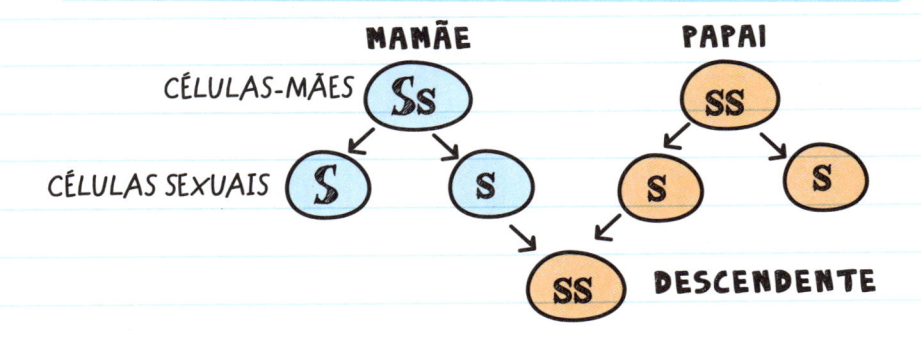

MAMÃE — CÉLULAS-MÃES: Ss
PAPAI — CÉLULAS-MÃES: SS

CÉLULAS SEXUAIS: S, s (mamãe) / S, S (papai)

DESCENDENTE: Ss

QUADROS de PUNNETT

Depois de cruzar milhares de plantas, Mendel foi capaz de estimar a probabilidade de que uma planta específica herdasse certas qualidades.

O QUADRO DE PUNNETT é uma ferramenta para determinar a probabilidade de um descendente expressar determinada característica. Assim, por exemplo, uma planta alta que é heterozigota em relação à altura poderia ser representada por Bb; uma planta alta que é homozigota pode ser representada por BB; e uma planta baixa que é homozigota pode ser representada por bb.

Em um quadro de Punnett, os alelos de cada genitor são indicados no alto e na lateral do quadro. Cada um dos quadrados mostra os possíveis alelos de um descendente. Como um dos alelos de cada genitor passa para o descendente, cada quadradinho recebe um alelo de cada genitor, da seguinte forma:

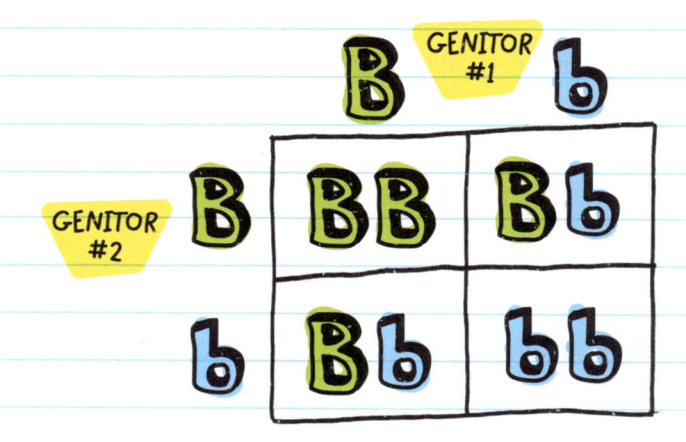

→ NÃO IMPORTA QUAL DOS GENITORES ESTÁ NA LATERAL OU NO ALTO.

GENITOR #1: B b
GENITOR #2: B b

	B	b
B	BB	Bb
b	Bb	bb

Neste caso, os genitores são heterozigotos em relação à altura. Por isso, existem três combinações que produzem um descendente alto (BB, Bb e Bb) e em apenas uma combinação é expresso o fenótipo recessivo da característica baixo (bb).

Como cada quadrado representa um descendente, a probabilidade de genitores Bb e Bb terem um descendente com o genótipo BB é $\frac{1}{4}$ (25%), Bb é $\frac{1}{2}$ (50%) e bb é $\frac{1}{4}$ (25%). Em termos de fenótipo, ou característica expressa, $\frac{3}{4}$ (75%) serão altos e $\frac{1}{4}$ (25%) serão baixos.

> **LEMBRE-SE:** Esses números representam apenas a probabilidade de cada resultado. As plantas que produziram quatro descendentes podem não ter exatamente três descendentes altos e um baixo. Pode ser que saiam dois de cada tipo ou quatro do mesmo tipo. As plantas que tiverem quatrocentos descendentes, porém, provavelmente terão cerca de trezentos descendentes altos e cem baixos.

DETERMINAÇÃO do SEXO

Os quadros de Punnett também podem ser usados para determinar a probabilidade de se ter um filho ou uma filha. Dos nossos 23 pares de cromossomos, apenas um determina o nosso sexo. Os cromossomos que determinam o sexo são chamados CROMOSSOMOS X e Y. Uma mulher tem dois cromossomos X (XX) e um homem tem um cromossomo X e um cromossomo Y (XY).

Quadro de Punnett mostrando a determinação do sexo

	HOMEM	
	X	Y
MULHER X	XX	XY
X	XX	XY

Como metade dos descendentes é XX e metade é XY, a probabilidade tanto de se ter um filho quanto de se ter uma filha é 50%. Como a mulher sempre contribui com um cromossomo X, é a contribuição do homem que determina o sexo da criança.

Outros tipos de herança

Embora Mendel tenha contribuído muito para o avanço da genética, muitas vezes a herança é mais complexa do que o modelo mendeliano determina. Às vezes, por exemplo, vários genes trabalham em conjunto produzindo um único resultado, como a cor da pele. Existem vários genes que contribuem para a cor da pele, dos olhos e do cabelo. Nossas características são intrincadas!

Além disso, no caso de algumas características, um alelo não é completamente dominante e por isso não mascara o alelo recessivo. Em vez de haver dominância completa, o descendente pode apresentar características intermediárias dos dois genitores, uma forma de herança chamada DOMINÂNCIA INCOMPLETA. Às vezes nenhum dos alelos domina o outro e as duas características são expressas no indivíduo, o que chamamos CARACTERÍSTICA CODOMINANTE.

Em ambos os casos, ser heterozigoto resulta em algum tipo de mistura.

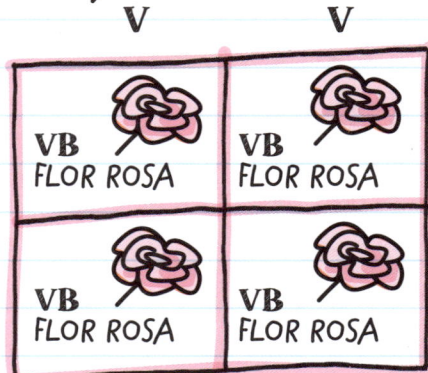

	VV FLOR VERMELHA	
	V	V
BB FLOR BRANCA B	VB FLOR ROSA	VB FLOR ROSA
B	VB FLOR ROSA	VB FLOR ROSA

Efeitos ambientais

Na verdade, nem todas as características genéticas são necessariamente expressas. Algumas podem ser resultado de uma combinação entre genética e ambiente. A genética pode acentuar as chances de alguém desenvolver determinada característica, mas podem ser necessários fatores ambientais para que tal característica seja expressa. Por exemplo: algumas pessoas são geneticamente predispostas à obesidade. Se a pessoa vai de fato ficar obesa, depende de fatores ambientais, como hábitos alimentares e exercícios físicos. A maioria das características induzidas pelo ambiente não pode ser herdada. Se você se bronzeia ou aprende a tocar bateria, seu filho não vai nascer bronzeado ou mais talentoso para ritmos.

DOENÇAS e ALTERAÇÕES GENÉTICAS
Alterações cromossômicas

Às vezes um descendente herda um número de cromossomos fora do padrão. Uma alteração cromossômica comum é a SÍNDROME DE DOWN, na qual o descendente herda três cópias do cromossomo 21 em vez de duas. Em geral, pessoas com síndrome de Down podem apresentar dificuldade de aprendizado, problemas cardíacos e outros tipos de problema físico.

Doenças genéticas recessivas

Embora os genes transmitam características como a cor do cabelo e dos olhos, também transmitem doenças genéticas como fibrose cística, uma doença pulmonar. A maioria das doenças genéticas é recessiva, o que significa que são mascaradas por outros alelos e não apresentam qualquer sintoma, a menos que a criança herde o alelo recessivo de ambos os genitores.

Heranças ligadas ao sexo

Se uma doença genética é transmitida pelo cromossomo X ou Y, a doença é chamada HERANÇA LIGADA AO SEXO. As doenças ligadas ao sexo afetam mais um sexo do que outro. Assim, por exemplo, o daltonismo é uma doença recessiva ligada ao sexo e transmitida pelo cromossomo X. Como os homens possuem apenas um cromossomo X, se um sujeito herdar o alelo responsável pelo daltonismo, será daltônico. Como as mulheres possuem um segundo cromossomo X, elas serão daltônicas apenas se receberem o alelo nos dois cromossomos X, o que é um tanto raro.

ENGENHARIA GENÉTICA

Os cientistas podem adotar processos biológicos ou químicos para alterar os genes de uma célula, o que é chamado ENGENHARIA GENÉTICA. Por meio da engenharia genética, os cientistas conseguem desenvolver culturas que sobrevivem em diversos ambientes e são resistentes a várias substâncias e pragas. Graças à engenharia genética, existem tomates resistentes às geadas e milho resistente a herbicidas. Plantações que tiveram seus genes alterados são chamadas ORGANISMOS GENETICAMENTE MODIFICADOS (OGM).

O HERBICIDA É UMA SUBSTÂNCIA QUE MATA ERVAS DANINHAS.

VERIFIQUE SEUS CONHECIMENTOS

1. Defina "fenótipo".

2. Defina "genótipo".

3. Os _____ __ _____ são usados para mostrar os possíveis genótipos do descendente e a probabilidade de cada um ocorrer.

4. Eis os princípios centrais da genética mendeliana:

    A. Cada característica é controlada por dois genes chamados _____.

    B. Alelos podem ser dominantes ou _____. Os alelos _____ mascaram os alelos _____.

    C. Os filhos ganham um alelo de cada um dos ____.

5. O que é dominância incompleta?

6. Se a mãe e o pai são portadores do alelo para fibrose cística, cada um com o genótipo Cc, a probabilidade de terem uma criança doente com o genótipo cc é ___.

    (DICA: DESENHE UM QUADRO DE PUNNETT)

7. Quando um gene é transmitido pelo cromossomo X ou Y, é chamado _____ _____ __ ____.

8. Defina "engenharia genética".

9. Um organismo com alelos Aa é chamado _____, enquanto um organismo com aa ou AA é chamado _____.

RESPOSTAS 443

CONFIRA AS RESPOSTAS

1. Fenótipo é o modo como os genes são expressos (como uma característica "se manifesta") e pode ter influência de fatores ambientais.

2. Genótipo é a composição genética de um organismo (os genes que o organismo possui).

3. quadros de Punnett

4. A. alelos
   B. recessivos, dominantes, recessivos
   C. pais

5. Dominância incompleta é um tipo de herança na qual a característica do descendente é uma mistura das características da mãe e do pai, como uma flor rosa que se forma a partir de flores ancestrais brancas e vermelhas.

6. $\frac{1}{4}$ (25%)

	GENITOR 2	
	C	c
GENITOR 1 C	CC	Cc
c	Cc	**cc**

7. herança ligada ao sexo

8. A engenharia genética é a modificação intencional de genes por meio de processos biológicos ou químicos.

9. heterozigoto, homozigoto

Capítulo 43

EVOLUÇÃO

TEORIA da EVOLUÇÃO

Muitas das espécies que hoje conhecemos na Terra existiam de uma forma muito diferente há milhões de anos. A mudança de uma espécie ao longo de muitas gerações é chamada EVOLUÇÃO.

A TEORIA de LAMARCK das CARACTERÍSTICAS ADQUIRIDAS

JEAN-BAPTISTE LAMARCK concebeu uma das primeiras teorias da evolução. Lamarck propôs que as características obtidas no decorrer da vida de um organismo eram transmitidas para a geração seguinte. É verdade que características são transmitidas de uma geração a outra... Mas será que TODAS as características são transmitidas? Segundo os experimentos de Mendel, não.

CHARLES DARWIN e a SELEÇÃO NATURAL

Um cientista chamado CHARLES DARWIN desenvolveu a teoria mais importante da evolução, uma teoria baseada na SELEÇÃO NATURAL. Boa parte do que se sabe hoje a respeito da evolução se baseia nas descobertas e nas ideias iniciais de Darwin.

A teoria da seleção natural descreve o modo como as espécies vão se modificando ao longo do tempo, se adaptando ao ambiente. Todos os organismos competem pela sobrevivência. Como o espaço e o alimento são limitados, os organismos com características mais adequadas para um determinado ambiente superam outros na luta pela sobrevivência, um conceito chamado SOBREVIVÊNCIA DO MAIS APTO. Em geral, a característica que confere a um organismo uma vantagem na sobrevivência é transmitida aos seus descendentes. Por isso, seria mais adequado falar em sobrevivência e reprodução do mais apto.

Quando uma espécie não está apta para o ambiente, seja porque ele sofreu muitas modificações ou porque a competição pela sobrevivência aumentou, essa espécie pode se tornar **EXTINTA**. A extinção ocorre quando morrem todos os membros de uma espécie.

EXTINÇÃO
quando morrem todos os membros de uma espécie

Os pontos principais da seleção natural

> Indivíduos da mesma espécie possuem características diferentes.

> Organismos competem entre si pela sobrevivência.

> Indivíduos com características que os ajudam a sobreviver se reproduzem com mais sucesso. Tais indivíduos bem-sucedidos transmitem suas características vantajosas aos descendentes.

> No devido tempo, indivíduos com a variação vantajosa podem se tornar uma espécie separada quando sua população aumenta ou quando são isolados da população original.

DE QUE MODO SÃO FORMADAS NOVAS ESPÉCIES?

Variação e adaptação

A evolução é o processo de diferenciação genética dos organismos. A evolução conduziu a uma ampla diversidade de organismos na Terra. Os indivíduos de uma população possuem **VARIAÇÕES**, ou diferenças genéticas, em suas características. Quando a variação é vantajosa para a espécie, é chamada **ADAPTAÇÃO**. Os cientistas chamam as variações vantajosas de adaptações porque o organismo dotado da citada característica está mais bem adaptado ao

> **VARIAÇÃO**
> diferenças genéticas entre indivíduos da mesma espécie
>
> **ADAPTAÇÃO**
> variações herdadas que fazem um organismo se ajustar melhor ao ambiente

ambiente. Assim, por exemplo, as aves possuem ossos ocos que as tornam mais leves e as ajudam a voar. Às vezes as diferenças genéticas são pequenas, mas, se as mudanças são grandes, as espécies podem se diferenciar de um **ANCESTRAL COMUM** ao longo de muitas gerações.

> **ANCESTRAL COMUM**
> um ancestral biológico compartilhado

Mutações genéticas

As mutações genéticas acontecem o tempo todo, alterando o DNA de um organismo e produzindo novas características. Em geral, a mutação do DNA é danosa para o organismo e diminui suas chances de sobrevivência. Em alguns raros casos, porém, ela pode aumentar as chances de o organismo sobreviver e se reproduzir. Com o tempo, os indivíduos com a adaptação podem originar uma nova espécie.

Isolamento geográfico e migração

Às vezes uma população de organismos fica isolada do restante da população devido a acidentes geográficos como o surgimento de montanhas, rios ou oceanos. No novo ambiente, a população isolada pode sofrer diferentes mutações genéticas e variações. Depois de muitas gerações, essa população isolada pode ficar muito diferente do restante da espécie (os ancestrais) e se tornar uma nova espécie, incapaz de se acasalar com a população original.

Seleção artificial

É possível criar novas espécies ou raças cruzando apenas indivíduos selecionados da população. Assim, por exemplo, se você quisesse criar uma raça de cães pretos a partir de uma população de cães com pelagem de cores diferentes, cruzaria apenas os exemplares pretos até que os alelos de todas as outras cores fossem eliminados. A humanidade tem recorrido à seleção artificial para criar centenas de raças de cães e de outros animais. Nós usamos a seleção artificial com muita frequência nos vegetais, especialmente nas plantas comestíveis. A seleção artificial é como a seleção natural, com a diferença de que quem faz a seleção são pessoas, não a natureza.

QUANTO TEMPO LEVA para a EVOLUÇÃO ACONTECER?

Embora todos os cientistas concordem que as espécies se modificam e os organismos se adaptam, existem opiniões diferentes em relação à velocidade com que essa evolução ocorre. Alguns cientistas acreditam que a evolução tende a ser um processo muito lento, que demora milhões de anos: esse modelo de evolução se chama GRADUALISMO. Já outros acreditam que a evolução acontece em saltos, explicados numa teoria chamada EQUILÍBRIO PONTUADO. Existem evidências que corroboram as duas teorias e é provável que uma combinação dos dois modelos tenha produzido a diversidade da vida na Terra.

PROVAS da EVOLUÇÃO
Fósseis

A maioria das provas da evolução foi originalmente encontrada nos fósseis. Eles são capazes de preservar a estrutura de um organismo de várias formas e nos dão uma ideia muito boa sobre a aparência de certos organismos no decorrer da longa história da Terra. Entretanto, o registro dos fósseis não é completo. Como as condições essenciais para preservar o fóssil de um organismo são raras, sempre haverá lacunas no registro. Apesar disso, ele está se tornando cada vez mais completo com tantas descobertas novas.

E FÓSSEIS SÃO DIFÍCEIS DE ENCONTRAR!

Outra área de estudos que fornece provas da evolução é a EMBRIOLOGIA, o estudo dos embriões. Comparar o desenvolvimento embrionário de várias espécies ajuda a entender que muitas delas apresentam as mesmas características no início de seu desenvolvimento. Os embriões de todos os vertebrados, por exemplo, possuem músculos dispostos em grupos ou feixes e uma cauda. Além disso, também possuem uma cobertura dura e protetora para o cérebro. Isso significa que, afinal de contas, não somos muito diferentes dos outros animais!

SEMELHANÇAS ENTRE OS EMBRIÕES

PEIXE SALAMANDRA TARTARUGA GALINHA PORCO VACA COELHO SER HUMANO

Dados estruturais

As espécies vivas também nos fornecem alguns dados a respeito da evolução. Assim, por exemplo, muitas espécies possuem **ESTRUTURAS HOMÓLOGAS**, ou seja, estruturas corporais semelhantes e com a mesma origem. Alguns exemplos de estruturas homólogas são o braço humano, a asa das aves, a nadadeira das baleias, a pata dianteira dos cachorros e os membros dianteiros dos sapos. A semelhança entre as estruturas corporais fornece informações sobre a origem de cada espécie e sobre ancestrais comuns.

> **ESTRUTURAS HOMÓLOGAS**
> estruturas corporais semelhantes

As **ESTRUTURAS VESTIGIAIS**, que são estruturas do corpo que já não apresentam função, podem fornecer mais dados a respeito da evolução. Uma estrutura vestigial é um resquício de uma espécie ancestral, já tendo sido uma parte funcional e importante, mas que em algum momento deixou de ser significativa. Assim, por exemplo, os seres humanos não possuem cauda, mas ainda temos o cóccix, que fazia parte da cauda dos nossos ancestrais. O apêndice e as amígdalas também são estruturas vestigiais.

> **ESTRUTURAS VESTIGIAIS**
> estruturas do corpo que já não possuem função, mas ajudam a identificar as características dos ancestrais de uma espécie

Dados do DNA

Nosso DNA também possui muitos dados a respeito da evolução, por isso os cientistas comparam o DNA de espécies diferentes a fim de descobrir semelhanças que possam nos fornecer informações sobre ancestrais comuns. As taxas de mutação também podem servir de fonte para estudar as mudanças das espécies ao longo do tempo. A análise de DNA aumentou muito nossos conhecimentos sobre evolução e até nos forçou a reclassificar espécies, determinando-as como mais ou menos relacionadas em relação ao que pensávamos originalmente!

A EVOLUÇÃO dos PRIMATAS

Os PRIMATAS são um grupo de mamíferos do qual fazem parte os seres humanos, os símios e os lêmures. Os primatas possuem características comuns que os diferenciam dos outros mamíferos, o que sugere que possuem um ancestral comum. Eis algumas características:

Polegares opositores, que permitem que você segure um copo e se pendure num trepa-trepa

Visão binocular, que permite avaliar as distâncias

Ombros com movimento giratório, que permite levantar os braços acima da cabeça

Cérebro relativamente grande, que permite processar informações visuais e lidar com interações sociais

OI!

Entre 4 e 6 milhões de anos atrás, surgiram primatas semelhantes aos humanos, que andavam sobre duas pernas, chamados HOMINÍDEOS. Um dos fósseis de hominídeos mais antigos, apelidado LUCY, foi descoberto na África. Mas ele não é o único; atualmente já foram encontrados e analisados milhares de outros exemplares. Os fósseis de hominídeos de 1,5 a 2 milhões de anos atrás já exibem características mais humanas. E um hominídeo fossilizado foi encontrado perto de algumas ferramentas, por isso foi chamado de HOMO HABILIS, que quer dizer "humano hábil".

Os seres humanos atuais pertencem à espécie HOMO SAPIENS SAPIENS. O *Homo sapiens sapiens* surgiu a partir da espécie HOMO SAPIENS, que significa "humano sábio".

SERÁ QUE O SEGUNDO "SAPIENS" SIGNIFICA HUMANO SUPERSÁBIO?

O *Homo sapiens sapiens* é a única espécie de hominídeo que ainda não está extinta. Os primeiros *Homo sapiens* surgiram há 400 mil anos e se ramificaram em dois grupos: NEANDERTAIS e CRO-MAGNONS. Os neandertais eram baixinhos e pesados, com grandes arcadas supraciliares e queixo pequeno. Eles moravam em cavernas, faziam ferramentas e caçavam animais. Embora os neandertais sejam parecidos conosco, eles provavelmente eram um ramo da evolução humana, não nossos ancestrais diretos. Os cro-magnons, por outro lado, provavelmente são nossos ancestrais diretos. Eles eram quase iguais a nós. Moravam em cavernas, possuíam ferramentas e até faziam pinturas rupestres!

VERIFIQUE SEUS CONHECIMENTOS

1. Quem desenvolveu a teoria da evolução baseada na seleção natural?

2. _____ é uma variação de uma característica que ajuda um indivíduo a sobreviver e a se reproduzir.

3. Explique o que é equilíbrio pontuado.

4. O que são estruturas vestigiais? Dê um exemplo.

5. Partes do corpo que possuem estruturas parecidas são chamadas estruturas _____.

6. _____ genéticas é um meio pelo qual as mudanças acontecem.

7. _____ criou a teoria das características adquiridas, que caiu em descrédito.

8. O que é extinção?

9. ___-_____ são hominídeos primitivos, os quais são considerados nossos ancestrais diretos.

10. Explique o que é seleção artificial.

RESPOSTAS 455

CONFIRA AS RESPOSTAS

1. Charles Darwin.

2. Adaptação

3. Equilíbrio pontuado é a teoria de que a evolução acontece em surtos rápidos, entre longos intervalos de poucas mudanças.

4. Estruturas vestigiais são resquícios de estruturas corporais que já não possuem função. O apêndice é uma estrutura vestigial.

5. homólogas

6. Mutações

7. Lamarck

8. A extinção é quando todos os indivíduos de uma espécie morrem.

9. Cro-magnons

10. A seleção artificial acontece quando alguns indivíduos de uma espécie com características específicas são cruzados para dar origem a mais indivíduos com essas mesmas características.

Capítulo 44
FÓSSEIS E A IDADE DAS ROCHAS

FÓSSEIS

Os FÓSSEIS são impressões ou restos preservados de organismos pré-históricos. Muito do que sabemos sobre a história da vida na Terra vem do estudo dos fósseis.

Os fósseis podem revelar muita coisa a respeito da estrutura de um organismo e de seu ambiente. Apenas uma pequena porcentagem dos organismos se fossiliza. A maioria deles termina consumida ou decomposta por outros organismos, devolvendo assim seus nutrientes para o solo. Quando, porém, o organismo é enterrado rapidamente ou possui partes duras, como ossos, conchas ou dentes, as chances de ser preservado são maiores.

OS DIFERENTES MEIOS PELOS QUAIS OS ORGANISMOS SE FOSSILIZAM

SUBSTITUIÇÃO POR MINERAIS: Os ossos, dentes e conchas de muitos organismos possuem espaços ocupados pelo ar ou por algum material macio, como vasos sanguíneos. Depois que o organismo morre, os espaços são preenchidos por minerais do lençol freático, que logo endurecem.

SUBSTITUIÇÃO POR MINERAIS

PELÍCULAS DE CARBONO: Um organismo enterrado em sedimentos é comprimido e aquecido pela terra, causando a expulsão de todo o gás e líquido do corpo. Essa compressão deixa uma película fina de carbono nas rochas circundantes, formando uma silhueta do organismo.

PELÍCULAS DE CARBONO

CARVÃO: O carvão que usamos como combustível é feito de resíduos de vegetais. Como, porém, o material foi muito comprimido e carbonizado, não contém muitas informações úteis.

É POR ISSO QUE OS CHAMAMOS "COMBUSTÍVEIS FÓSSEIS".

CARVÃO

MOLDES E CONTRAMOLDES:
Quando um organismo enterrado se decompõe, deixa um espaço na rocha circundante chamado **MOLDE**. Quando sedimentos e minerais penetram no molde e endurecem, criam um **CONTRAMOLDE**, uma cópia do organismo.

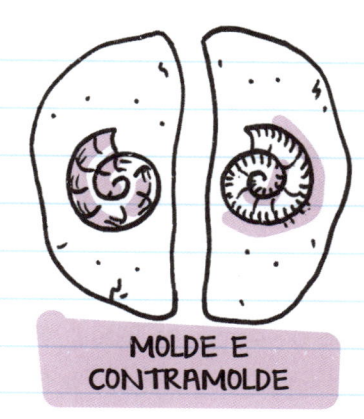

MOLDE E CONTRAMOLDE

RESTOS ORIGINAIS: Às vezes os restos dos organismos são preservados. Já foram encontrados insetos com milhões de anos de idade preservados em resina de árvore endurecida, chamada **ÂMBAR**. Partes de espécies extintas, como o mamute-lanoso, foram encontradas congeladas debaixo da terra. Restos de organismos também foram encontrados em poços de alcatrão na Califórnia.

RESTOS ORIGINAIS

VESTÍGIOS FÓSSEIS: Pegadas, trilhas e tocas de animais podem ser preservadas. Tais fósseis são especialmente interessantes porque fornecem informações a respeito do comportamento e do movimento dos organismos.

VESTÍGIOS FÓSSEIS

A IDADE das ROCHAS
Datação absoluta

Quando os cientistas precisam saber a DATA ABSOLUTA ou idade exata de uma rocha, podem defini-la por meio do **DECAIMENTO RADIOATIVO**, que acontece quando os átomos de um elemento se decompõem. Todas as rochas contêm elementos instáveis, como isótopos de carbono, potássio e urânio. Um desses isótopos (carbono-14, ou C-14) está presente em todos os organismos vivos. Como ele decai lentamente, mas de forma previsível, os cientistas podem medir a quantidade presente em um fóssil e assim deduzir sua idade. Esse trabalho de detetive, que permite a datação absoluta, é chamado DATAÇÃO POR CARBONO ou DATAÇÃO RADIOATIVA.

> **DECAIMENTO RADIOATIVO**
> a decomposição de um elemento

Datação relativa

A datação absoluta é um meio preciso de descobrir a idade de uma camada de rocha, no entanto a técnica não funciona em rochas sedimentares, nas quais estão enterrados quase todos os fósseis. (Como as rochas sedimentares são feitas de pedaços de outras rochas, a datação absoluta forneceria as idades de todos os pedaços diferentes do sedimento, não de quando ele se tornou uma rocha sedimentar.) Sendo assim, a DATAÇÃO RELATIVA das rochas compara a idade de uma rocha à idade de outra. Desse modo os cientistas determinam a sequência de rochas e estimam a idade com base na ordem das rochas e nos fósseis encontrados ali.

Geralmente, objetos enterrados mais fundo são mais antigos. De acordo com o PRINCÍPIO DA SOBREPOSIÇÃO, quando não são reviradas, as rochas mais antigas ficam embaixo, e as rochas mais recentes, em cima. E aí novas rochas se formam quando os sedimentos são comprimidos em camadas horizontais. Novos sedimentos também se acumulam nas camadas de rochas mais antigas e, por causa disso, as rochas mais recentes ficam por cima das mais antigas. Com base nesse princípio, os cientistas conseguem determinar as idades relativas das rochas. Porém o princípio da sobreposição só funciona quando as camadas de rochas não foram reviradas. Às vezes, uma falha pode separar camadas de rochas ou mesmo deslocar, dobrar e inverter camadas. Em outras situações, o magma pode irromper lentamente do manto e abrir caminho pelas rochas, num processo chamado INTRUSÃO. As rochas ígneas que vêm do manto podem ser mais jovens do que aquelas nas camadas superiores.

Inconformidades

As rochas se formam em camadas que são parte de sequências completas, e é por isso que a sobreposição pode ser usada para determinar a idade relativa de uma rocha. Às vezes, no entanto, uma camada de rochas pode ser removida pela erosão, deixando uma lacuna na sequência. Tais lacunas são chamadas INCONFORMIDADES e podem ser de três tipos:

DISCORDÂNCIA ANGULAR: Às vezes as camadas de rochas são empurradas para cima, formando uma inclinação ou uma ondulação. Quando a rocha sofre os efeitos da erosão, parte das camadas de rochas levantadas são levadas embora, de modo que as camadas deixam de ser paralelas. Então novos sedimentos são depositados no alto, formando novas camadas de rochas. O resultado é uma lacuna na sequência das rochas.

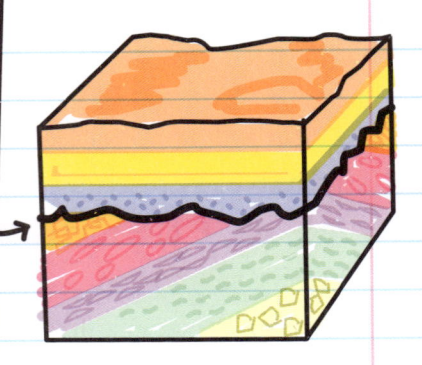

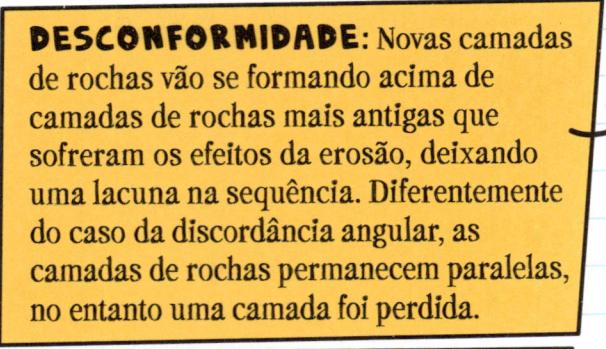

DESCONFORMIDADE: Novas camadas de rochas vão se formando acima de camadas de rochas mais antigas que sofreram os efeitos da erosão, deixando uma lacuna na sequência. Diferentemente do caso da discordância angular, as camadas de rochas permanecem paralelas, no entanto uma camada foi perdida.

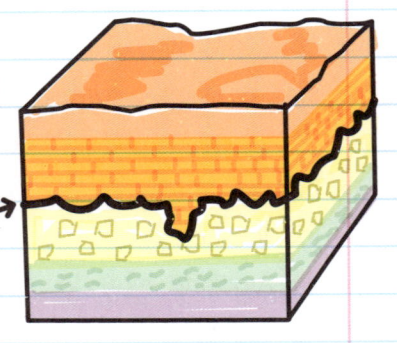

NÃO CONFORMIDADE: As rochas sedimentares se formam sobre um tipo de rocha diferente, como rochas metamórficas ou ígneas, que sofreram os efeitos da erosão.

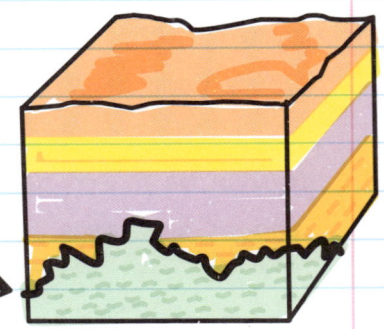

Fósseis-índices

Alguns organismos viveram na Terra apenas durante um período de tempo curto e específico. Seus fósseis são chamados FÓSSEIS-ÍNDICES porque constituem uma referência que pode ser usada para datar rochas e outros fósseis encontrados nas redondezas.

VERIFIQUE SEUS CONHECIMENTOS

1. O que são fósseis?

2. Quais são os diferentes meios pelos quais os organismos se fossilizam?

3. Quais são as partes dos animais que possuem mais chances de serem preservadas?

4. Pegadas preservadas são chamadas _____ fósseis.

5. O uso do decaimento radioativo para determinar a idade dos fósseis é chamado _____ ___ _____.

6. Quando um fóssil se dissolve deixando um espaço vazio, ele cria um _____, que pode ser preenchido com sedimentos para criar uma réplica, a qual chamamos _____.

7. Um fóssil que forma a silhueta de um organismo é uma _____ __ _____.

8. O que é intrusão?

9. Qual é o isótopo adotado pelos cientistas para descobrir a idade de um fóssil?

10. Explique o princípio da sobreposição.

11. O que são fósseis-índices?

CONFIRA AS RESPOSTAS

1. Fósseis são impressões ou restos preservados de organismos pré-históricos.

2. Substituição por minerais, películas de carbono, carvão, moldes e contramoldes, restos originais e vestígios fósseis.

3. As partes duras, como ossos, conchas e dentes.

4. vestígios

5. datação por carbono

6. molde, contramolde

7. película de carbono

8. A intrusão acontece quando o magma irrompe do manto e abre caminho pelas rochas.

9. O carbono-14, ou C-14.

10. De acordo com o princípio da sobreposição, as rochas mais antigas ficam embaixo e as rochas mais recentes ficam em cima.

11. São fósseis que podem ser usados como referência para datar rochas e outros fósseis encontrados nas redondezas.

Capítulo 45
A HISTÓRIA DA VIDA NA TERRA

ESCALAS de TEMPO

A ESCALA DE TEMPO GEOLÓGICO é uma escala de tempo organizada de acordo com a época em que certos organismos viveram na Terra. A escala de tempo geológico contém quatro divisões de tempo principais:

ÉON: a subdivisão mais longa, que pode durar até centenas de milhões de anos. É determinada pela prevalência de certos fósseis.

ERA: a segunda subdivisão mais longa. Uma era marca uma transição importante nos tipos de fóssil presentes.

PERÍODO: períodos são divisões dentro de uma era. Os períodos marcam estágios de uma era em que existiam diferentes tipos de vida.

ÉPOCA: a subdivisão mais curta, com duração de milhões de anos. Uma época divide períodos em unidades menores e é também determinada por mudanças das formas de vida.

ESCALA DE TEMPO GEOLÓGICO

RECENTE ↓ **ANTIGO**

ÉON	ERA	PERÍODO	
Fanerozoico	Cenozoica	Quaternário	
		Neogeno	
		Paleogeno	
	Mesozoica	Cretáceo	
		Jurássico	
		Triássico	
	Paleozoica	Permiano	
		Carbonífero	Pensilvaniano
			Mississipiano
		Devoniano	
		Siluriano	
		Ordoviciano	
		Cambriano	
Pré-cambriano / Proterozoico	Neoproterozoica	Ediacarano	
		Criogeniano	
		Toniano	
	Mesoproterozoica	Esteniano	
		Ectasiano	
		Calimiano	
	Paleoproterozoica	Estateriano	
		Orosiriano	
		Riaciano	
		Sideriano	
Pré-cambriano / Arqueano	Neoarqueano		
	Mesoarqueano		
	Paleoarqueano		
	Eoarqueano		

466

A escala de tempo geológico se baseia no surgimento e desaparecimento de formas de vida. Estas surgem e desaparecem quando evoluem e/ou quando se tornam extintas devido a fatores como mudanças ambientais. Tal como explica a teoria da seleção natural de Darwin, os organismos competem entre si por recursos e os indivíduos mais adaptados ao ambiente sobrevivem. Espécies que não estão mais adaptadas ao ambiente precisam migrar ou se adaptar, caso contrário vão se extinguir.

> MAIS DE 99% DE TODAS AS ESPÉCIES QUE VIVERAM NA TERRA ESTÃO EXTINTAS!

Aqui vai um mnemônico para não esquecer a ordem das eras do éon Fanerozoico:

Pandas **M**astigam **C**repes
(**P**aleozoica, **M**esozoica, **C**enozoica)

A EVOLUÇÃO e a TERRA

A Terra nem sempre teve o mesmo aspecto que possui atualmente. As placas tectônicas e o nível do mar têm modificado sua aparência continuamente. Antes da era Mesozoica, grande parte do planeta estava coberta por água. Ao final da era Paleozoica, o nível do mar baixou e os continentes foram compactados numa grande massa de terra chamada Pangeia. A divisão da Pangeia em continentes tal como conhecemos começou em meados da era Mesozoica. Os continentes ainda estão se deslocando até hoje.

> O INTERVALO PRÉ-CAMBRIANO COBRE MAIS DE 80% DA HISTÓRIA DA TERRA. (NÃO ACONTECEU MUITA COISA COM OS SERES VIVOS NOS PRIMEIROS 4 BILHÕES DE ANOS!)

A HISTÓRIA

Os cientistas dividem a história da Terra em dois intervalos principais: Pré-cambriano e Fanerozoico.

PRÉ-CAMBRIANO

Vai de 4,6 bilhões até 541,1 milhões de anos atrás, o que corresponde à maior parte da história da Terra (mais de 80%!).

SOMOS Nº1!

Surgiram os primeiros organismos – provavelmente cianobactérias, bactérias unicelulares que obtinham energia por meio de fotossíntese e liberavam oxigênio na atmosfera.

A camada de ozônio começou a surgir. Aos poucos, a combinação de oxigênio e ozônio na atmosfera foi criando um ambiente que permitia que outras formas de vida se desenvolvessem.

Ao final do intervalo Pré-cambriano, começaram a surgir alguns organismos pluricelulares simples.

DA TERRA

O Fanerozoico é dividido em 3 eras: Paleozoica, Mesozoica e Cenozoica.

1. PALEOZOICA

Vai de 541,1 milhões até 252 milhões de anos atrás.

Muitos organismos com conchas ou **EXOESQUELETOS** começaram a surgir. Também surgiram vertebrados, plantas, anfíbios e répteis. (Como na era Paleozoica grande parte da Terra estava coberta por águas rasas, a maioria dos animais era aquática.) Animais terrestres simples surgiram mais ou menos na metade dessa era também.

A Pangeia se formou ao final dessa era, com a colisão das placas continentais, originando montanhas.

> **EXOESQUELETO**
> O prefixo *exo* significa "fora" e um esqueleto é uma estrutura rígida. Assim, um exoesqueleto é uma estrutura externa dura.

> Como os organismos do intervalo Pré-cambriano não possuíam ossos ou outras partes duras, não existem muitos fósseis. A maior quantidade de registros vem da era Paleozoica.

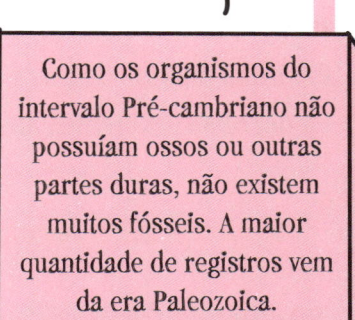

O final da era Paleozoica foi marcado por extinções em massa: 90% dos animais marinhos e 70% dos organismos terrestres foram extintos.

Os répteis foram um dos poucos tipos de organismo que sobreviveram da era Paleozoica até a Mesozoica porque eram bem adaptados à terra firme. Os cientistas não têm certeza do que causou as extinções em massa, embora suponha-se que sejam resultado da formação da Pangeia, da baixa no nível do mar e da formação dos desertos.

2. MESOZOICA

← "A IDADE DOS RÉPTEIS"

Vai de cerca de 252 milhões até 66 milhões de anos atrás (cerca de 4% da história da Terra).

Primeiro, a Pangeia se dividiu em duas massas de terra e, mais tarde, nos continentes atuais.

CRÁS!

EURÁSIA
AMÉRICA DO NORTE
ÁFRICA
AMÉRICA DO SUL
ÍNDIA
ANTÁRTICA
AUSTRÁLIA
PANGEIA

INTERVALO PRÉ-CAMBRIANO →

SE A LINHA DO TEMPO DA TERRA FOSSE ESTICADA NUM CAMPO DE FUTEBOL...

Os dinossauros surgiram nessa era.

Os primeiros mamíferos e aves também surgiram durante a era Mesozoica, embora os mamíferos fossem pequenos e subterrâneos em sua maioria.

As angiospermas (plantas floríferas) e as gimnospermas (plantas com sementes) surgiram nessa era.

O final da era Mesozoica foi marcado por uma nova rodada de extinções em massa, provavelmente causadas por um meteorito que colidiu contra a Terra e lançou uma quantidade enorme de poeira e fumaça na atmosfera!

A poeira e a fumaça bloquearam a luz solar, alterando assim o clima da Terra e causando a morte das plantas, o que resultou também na morte dos animais que se alimentavam delas.

ISSO NÃO É BOM.

... O PERÍODO COM O SER HUMANO MODERNO TERIA A LARGURA DE UMA FOLHA DE GRAMA

PALEOZOICA | MESOZOICA | CENOZOICA

3. CENOZOICA

"A ERA DOS MAMÍFEROS"

A era em que vivemos! Começou há cerca de 66 milhões de anos (menos de 2% da história da Terra).

As cadeias de montanhas modernas, como o Himalaia, se formaram nessa era.

Os mamíferos se tornaram muito maiores e mais dominantes do que seus predecessores, talvez devido à ausência de competição com os dinossauros.

Os primeiros seres humanos surgiram há cerca de 200 mil anos.

SOMENTE CERCA DE 0,000044% DA HISTÓRIA DA TERRA. NÃO ESTAMOS AQUI HÁ MUITO TEMPO!

HUM... SINTO CHEIRO DE CREPES?

VERIFIQUE SEUS CONHECIMENTOS

1. Quais são as divisões de tempo geológico, começando pela mais longa?

2. Quando surgiram os continentes como os conhecemos?

3. Por que houve extinções em massa ao final da era Paleozoica?

4. Em que se baseia a escala de tempo geológico?

5. Em qual era aconteceu uma extinção em massa provavelmente causada pelo impacto de um meteorito ou cometa?

6. Em qual era estamos vivendo hoje?

7. Descreva a superfície da Terra antes da era Mesozoica.

8. Qual foi o provável primeiro organismo a surgir na Terra? Como ele obtinha energia?

RESPOSTAS 473

CONFIRA AS RESPOSTAS

1. Éon, era, período e época.

2. Durante a era Mesozoica, depois que a Pangeia se dividiu.

3. As placas continentais se uniram para formar uma grande massa de terra chamada Pangeia. Muitos locais que anteriormente estavam debaixo d'água se tornaram terra. Boa parte dos organismos marinhos não conseguiu sobreviver e se extinguiu. Os répteis, que eram mais adaptados para viver em terra firme, sobreviveram.

4. A escala de tempo geológico se baseia no desaparecimento e aparecimento de formas de vida.

5. Na era Mesozoica.

6. Na era Cenozoica.

7. Estava coberta de água.

8. A cianobactéria. Ela obtinha energia por meio de fotossíntese.

Unidade 11

Ecologia:
habitats, interdependência e recursos

Capítulo 46
ECOLOGIA E ECOSSISTEMAS

A **ECOLOGIA** é o estudo da relação dos organismos (seres vivos) entre si e com o ambiente.

> **ECOLOGIA**
> o estudo das interações dos organismos entre si e com o ambiente

ECOSSISTEMAS

Os ecologistas estudam os **ECOSSISTEMAS**. O ecossistema é o conjunto de todos os organismos e fatores ambientais em dada região, inclusive suas interações, podendo ter qualquer tamanho, já que é simplesmente uma unidade. Pode ser tão pequeno como seu quintal ou tão grande quanto o maior ecossistema do mundo, a **BIOSFERA**, que contém todas as partes da Terra nas quais os organismos conseguem viver, como o subsolo, os mares, lagos e rios, o solo, as montanhas, as florestas e a atmosfera. A biosfera pode ser considerada o conjunto de todos os ecossistemas da Terra.

> **ECOSSISTEMA**
> os fatores vivos e não vivos que existem e interagem numa região

O ecossistema pode ser dividido em fatores **BIÓTICOS**, que são as partes vivas e que já viveram, e fatores **ABIÓTICOS**, que são as partes inanimadas. Dentre os fatores abióticos estão o ar, a água, o solo, a luz solar, a temperatura e o clima.

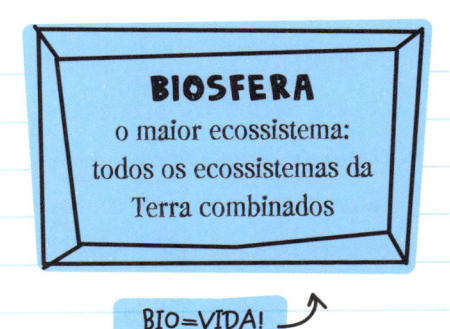

BIOSFERA
o maior ecossistema: todos os ecossistemas da Terra combinados

BIO=VIDA!

BIÓTICO
vivo ou que já viveu

ABIÓTICO
inanimado

FATORES ABIÓTICOS
Ar

A atmosfera, o ar que circunda a Terra, é um fator abiótico importante. Os animais, as plantas e outros organismos consomem oxigênio e liberam dióxido de carbono na respiração. As plantas usam o dióxido de carbono para processos essenciais, como a fotossíntese, que usa a luz solar, o CO_2 e a água para produzir moléculas de açúcar que fornecem energia. Depois de consumir o dióxido de carbono, as plantas liberam o oxigênio no ambiente. Os outros organismos então voltam a consumir esse oxigênio, que participa da conversão de moléculas de açúcar em energia.

O_2

ENERGIA!

CO_2

477

Água

Quase todos os processos vitais, como a fotossíntese, a respiração e a digestão, envolvem a água. Muitas plantas e animais dependem muito da água não só para o sustento, mas também como abrigo. A água é o habitat de peixes, rãs e muitos outros organismos.

Solo

O solo consiste numa mistura de rochas e partículas minerais, água e organismos mortos. Como cada tipo de solo possui diferentes nutrientes, é possível haver o desenvolvimento de várias espécies de vida vegetal.

Luz solar

Quase todos os alimentos só existem graças à luz solar. As plantas e algas capturam a energia solar e a utilizam para produzir energia química na forma de açúcares. Os animais então comem as plantas, obtendo energia.

Temperatura e clima

A maioria dos animais e plantas consegue sobreviver apenas numa determinada faixa de temperatura. A temperatura é afetada pela quantidade de luz solar que uma região recebe, bem como pelo ângulo dessa incidência de luz, pela altitude, pela existência de grandes massas de água nas imediações, pelas correntes marinhas e outros fatores. O clima também é afetado pela quantidade de vento e de chuva na região.

FATORES BIÓTICOS

Os fatores bióticos de um ecossistema incluem todas as suas partes vivas e que foram vivas. Cada organismo desempenha um papel no ecossistema, chamado NICHO ECOLÓGICO, e necessita de um ambiente específico para viver, chamado HABITAT. O conjunto de organismos de uma espécie que vivem em determinada região é chamado POPULAÇÃO. O conjunto de populações que vivem numa região é chamado COMUNIDADE. A comunidade de um parque, por exemplo, pode ser composta por vegetação rasteira, árvores, insetos e aves.

NÍVEIS de ORGANIZAÇÃO de um ECOSSISTEMA

Os ecossistemas podem ser divididos nos seguintes níveis (do menor para o maior):

ORGANISMO: um membro de uma população (um tucunaré do rio Amazonas)

POPULAÇÃO: o número total de um tipo de organismo (uma espécie) em determinada região (todos os tucunarés do rio Amazonas)

COMUNIDADE: todas as populações que habitam uma região (os diferentes tipos de peixes, bactérias, algas, plantas e outros seres vivos do rio Amazonas)

ECOSSISTEMA: todas as comunidades e fatores inanimados de uma região (o rio Amazonas como um todo)

BIOMA: uma região que pode conter vários ecossistemas (a floresta Amazônica)

BIOSFERA: o conjunto de todos os ecossistemas da Terra

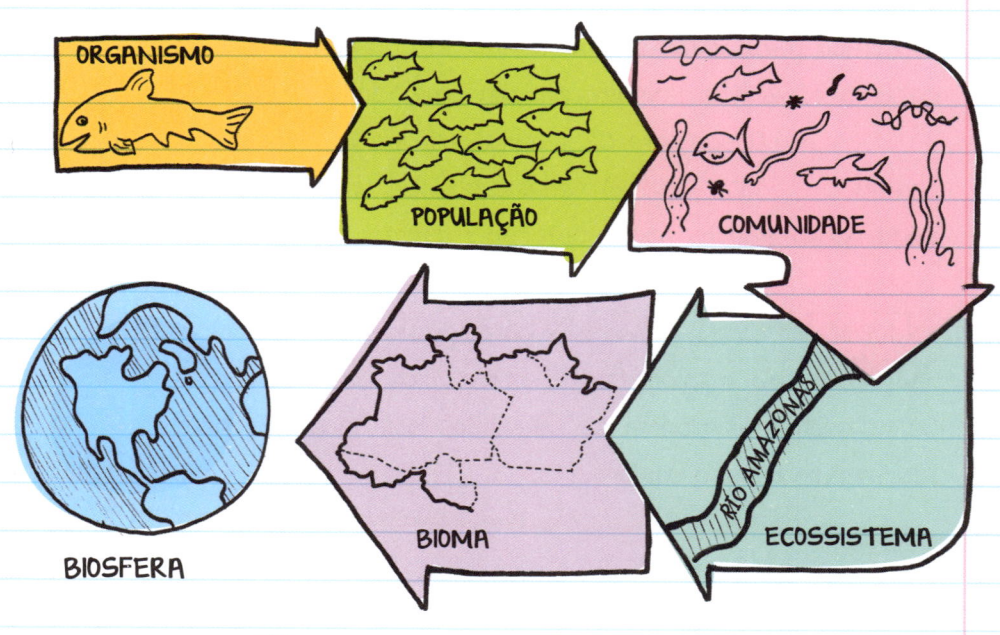

ORGANISMO → POPULAÇÃO → COMUNIDADE → ECOSSISTEMA → BIOMA → BIOSFERA

POPULAÇÕES

A DENSIDADE POPULACIONAL é o grau de proximidade entre os membros de uma população. As populações são mais densas quando um número maior de organismos ocupa uma área menor. Mesmo que a densidade populacional seja igual, as populações podem se distribuir de modo diferente. Algumas delas se aglomeram, enquanto outras se distribuem de maneira uniforme numa região.

Fatores limitantes

O número de organismos de uma população depende dos recursos disponíveis. E, como tais recursos restringem a população, são chamados FATORES LIMITANTES. Dentre eles estão os seguintes:

ÁGUA   **LUZ SOLAR**   **ALIMENTO**   **ESPAÇO VITAL**

Os organismos competem por esses recursos e dependem deles para assegurar a sobrevivência.

Nicho ecológico

Cada espécie apresenta o próprio nicho ecológico ou papel na comunidade. O nicho ecológico de um organismo engloba, entre outras características:

O QUE COME E QUANDO COME
QUANDO ESTÁ ATIVO
O QUE USA COMO ABRIGO
COMO SE REPRODUZ

> SE DOIS ORGANISMOS OCUPAM O MESMO NICHO, ESTÃO EM COMPETIÇÃO DIRETA.

Capacidade de suporte ambiental

A CAPACIDADE DE SUPORTE AMBIENTAL é o maior número de organismos que um ecossistema pode sustentar. A capacidade de suporte de um ecossistema é determinada pelos fatores limitantes e por aspectos como o número de outros organismos que vivem ali. Assim, por exemplo, se uma seca matar grande parte do capim de uma região, o número de ovelhas que dependem do capim para se alimentar também diminuirá. Desse modo, o número de ovelhas sustentadas pelo capim que sobrou será a nova capacidade de suporte ambiental.

Potencial biótico

Sem os fatores limitantes, como seria o crescimento de uma população? O POTENCIAL BIÓTICO é a maior taxa de reprodução possível de uma espécie em condições de vida ideais. Por exemplo: os cães possuem um potencial biótico maior do que os seres humanos porque podem dar à luz uma grande quantidade de filhotes de uma só vez. Os cães também são capazes de se reproduzir em idade tenra, normalmente antes de completar 1 ano. As pessoas, obviamente, levam um pouco mais de tempo.

> ALGUMAS BACTÉRIAS CONSEGUEM SE REPRODUZIR A CADA 20 MINUTOS!

O crescimento populacional e as migrações

A taxa de crescimento populacional depende do número de nascimentos e mortes de uma população. O Zimbábue, por exemplo, tem uma taxa de crescimento populacional humano anual de 2,3%; já a Grécia tem uma taxa de crescimento populacional de -0,06% (o que significa que a população está diminuindo).

Os números populacionais também podem ser afetados pelas MIGRAÇÕES, que ocorrem quando uma população se muda de um habitat para outro, tal como as aves que voam para o sul ou para o norte todos os anos. Algumas migrações são causadas por mudanças permanentes no habitat ou no clima, que acabam obrigando uma população a se deslocar.

VERIFIQUE SEUS CONHECIMENTOS

1. Quais são os níveis de um ecossistema, começando pelo menor?

2. Qual é a diferença entre um fator biótico e um fator abiótico? Cite exemplos de cada um.

3. O que é um fator limitante? Cite pelo menos quatro exemplos de fatores limitantes.

4. O que evita a competição entre as espécies pelos mesmos fatores limitantes?

5. O que é a capacidade de suporte ambiental de um ecossistema?

6. Se o pinguim bota um ovo por ano e o sabiá bota de 5 a 10 ovos por ano, qual deles possui maior potencial biótico?

7. De que modo a densidade populacional afeta os organismos?

8. Qual é a diferença entre os fatores abióticos e bióticos de um deserto e de uma floresta?

RESPOSTAS 483

CONFIRA AS RESPOSTAS

1. Organismo, população, comunidade, ecossistema, bioma e biosfera.

2. Fatores bióticos são as partes vivas ou que foram vivas de um ecossistema, como plantas e animais. Fatores abióticos são os fatores inanimados de um ecossistema, como luz solar, água, ar, temperatura, clima e espaço vital.

3. Um fator limitante é um recurso finito que restringe o número de organismos de uma população capazes de sobreviver em determinado meio. Alguns fatores limitantes são espaço, alimento, luz solar e água.

4. Cada espécie apresenta um nicho ecológico ou papel na comunidade e também se adapta a diferentes comportamentos de alimentação e hábito de vida.

5. A capacidade de suporte é a maior população que um ecossistema pode sustentar.

6. O sabiá possui potencial biótico maior.

7. Quando a densidade populacional é muito grande, os recursos ficam escassos.

8. Um deserto recebe mais luz solar, é mais seco e possui apenas cactos e vegetação rasteira, que sustenta poucos animais. Uma floresta recebe mais água e, portanto, possui vegetação farta, sustentando maior quantidade de animais.

A questão 8 possui mais de uma resposta correta.

Capítulo 47

INTERDEPENDÊNCIA E OS CICLOS DE ENERGIA E MATÉRIA

RELACIONAMENTOS ENTRE POPULAÇÕES

A dependência entre populações para a sobrevivência dentro de uma comunidade é chamada INTERDEPENDÊNCIA. As populações existem em equilíbrios que mudam constantemente. Alguns relacionamentos ajudam a manter as comunidades em equilíbrio, outros podem alterá-las.

Competição

Organismos podem competir pelos mesmos recursos, tais como água, espaço e luz solar. Quando a competição por recursos é acirrada, os membros mais bem adaptados têm mais chances de sobreviver e de se reproduzir.

Predação

As populações mudam por causa das RELAÇÕES DE PREDADOR E PRESA. Os PREDADORES são animais que se alimentam de outros animais; as PRESAS são animais que servem de alimento. Para os predadores, a quantidade de presas é um fator limitante.

Cooperação

Os membros de uma população muitas vezes cooperam entre si, ajudando na sobrevivência mútua. Alguns macacos caçam em grupo, o que aumenta as chances de sucesso. Em alguns rebanhos, os animais avisam os companheiros sobre a presença de um predador.

Simbiose

Às vezes, organismos de espécies diferentes interagem de uma forma que beneficia ou prejudica um deles, ou mesmo ambos. Tal fenômeno é chamado SIMBIOSE. Existem três tipos de simbiose:

1. **MUTUALISMO:** as duas espécies se beneficiam da associação. Por exemplo, os pica-bois comem os carrapatos que infestam as zebras. Todos ganham: as aves se alimentam e as zebras se livram do incômodo.

2. COMENSALISMO: um organismo se beneficia da relação e o outro não é afetado. O peixe-palhaço, que é imune às toxinas da anêmona-do-mar, usa esse cnidário para se proteger de predadores e a anêmona-do-mar não é afetada.

3. PARASITISMO: um organismo se beneficia e o outro é prejudicado. Geralmente, um organismo, o PARASITA, se alimenta do outro organismo, o chamado HOSPEDEIRO. Os ancilóstomos entram no hospedeiro, como um cão ou um ser humano, e se alimentam de nutrientes em seu intestino delgado. Os ancilóstomos roubam nutrientes do hospedeiro.

Relações alimentares

Todo organismo precisa de uma fonte de energia para sobreviver. Existem dois tipos principais de organismo:

1. Aqueles que obtêm energia a partir da luz solar ou de substâncias químicas inorgânicas

2. Aqueles que precisam comer outros organismos para obter energia

> Os produtores também são conhecidos como **AUTÓTROFOS** (auto = próprio; trofo = alimento).

Produtores

Os produtores fabricam seu alimento. As plantas, algas e algumas bactérias são organismos produtores. A maioria deles obtém energia por meio da fotossíntese, que é a formação de moléculas de açúcar a partir de dióxido de carbono, água e luz solar.

Consumidores

Os consumidores se alimentam de outros organismos para obter energia. Os principais tipos são:

> Os consumidores também são conhecidos como **HETERÓTROFOS** (hetero = outro; trofo = alimento).

HERBÍVOROS: comedores de plantas. Os herbívoros comem produtores, como as plantas. As vacas são herbívoras porque só se alimentam de plantas.

OBA! CAPIM DE NOVO.

CARNÍVOROS: comedores de animais. Os carnívoros comem outros consumidores. Os tubarões são carnívoros porque se alimentam de peixes e mamíferos.

BRUTO!

ONÍVOROS: comedores de plantas e animais. Onívoros comem produtores e consumidores. A maioria das pessoas é onívora: se alimenta de produtores (como frutas, legumes e verduras) e consumidores (como carne de boi e carne de frango).

BEIJE O ONÍVORO

DECOMPOSITORES: onívoros que comem organismos mortos e outros rejeitos. Decompositores como fungos e bactérias decompõem rejeitos, plantas e animais mortos para obter alimento. Os decompositores são muito importantes, pois reciclam os nutrientes do ecossistema.

QUIMIOTRÓFICOS: organismos que obtêm energia diretamente de compostos químicos sem o auxílio da luz solar. Os quimiotróficos são tipicamente bactérias ou protistas unicelulares. Por exemplo, as bactérias metanogênicas vivem no fundo do mar, perto de chaminés vulcânicas submarinas. Elas não têm como recorrer à fotossíntese, por isso obtêm energia a partir de reações químicas entre moléculas presentes na vizinhança.

> Aqui vão algumas dicas para você se lembrar de qual consumidor come o quê. Os herbívoros podem comer **ervas**, que são plantas. Os carnívoros comem a **carne** de animais. O prefixo "oni" da palavra onívoros vem de "omni", que significa **tudo** em latim, porque os onívoros comem **DE TUDO**.

CADEIAS ALIMENTARES

A **CADEIA ALIMENTAR** é a representação de uma série de transferências de matéria e energia, na forma de alimento, de organismo para organismo.

Na cadeia alimentar mostrada ao lado, o capim é o produtor; o gafanhoto é o **CONSUMIDOR PRIMÁRIO**, ou seja, o consumidor que, por ser herbívoro, está na base da cadeia alimentar; a aranha é o **CONSUMIDOR SECUNDÁRIO**, porque se alimenta de herbívoros (os consumidores primários); o **CONSUMIDOR TERCIÁRIO** é a ave, e assim sucessivamente para os outros carnívoros, como a raposa e o lobo (que também se alimentam de carnívoros).

LOBO
RAPOSA
AVE
ARANHA
GAFANHOTO
CAPIM

TEIAS ALIMENTARES

No mundo real, as trocas de matéria e energia são muito mais complexas do que uma única cadeia alimentar. O mesmo organismo pode fazer parte de várias cadeias alimentares. Os cientistas usam TEIAS ALIMENTARES para mostrar todas as relações de alimentação em cadeias que se superpõem.

CICLOS de MATÉRIA e ENERGIA

A matéria e a energia estão sendo constantemente transformadas e recicladas no ambiente.

Ciclo da energia

A energia entra nas teias alimentares por meio dos produtores, que a obtêm a partir da luz solar ou de substâncias químicas. Essa energia então é armazenada em tecidos e células, e passada para os consumidores quando estes ingerem outros organismos.

A energia passa pelos ecossistemas, pelas cadeias alimentares e pelas teias alimentares. Em cada nível da cadeia alimentar, a maior parte da energia é transformada em movimento e calor. Apenas cerca de 10% da energia de um nível é transferida ao nível seguinte.

REDUÇÃO DA QUANTIDADE DE ENERGIA ↑

CONSUMIDORES TERCIÁRIOS

REDUÇÃO DO NÚMERO DE ORGANISMOS ↑

CONSUMIDORES SECUNDÁRIOS

CONSUMIDORES PRIMÁRIOS

PRODUTORES

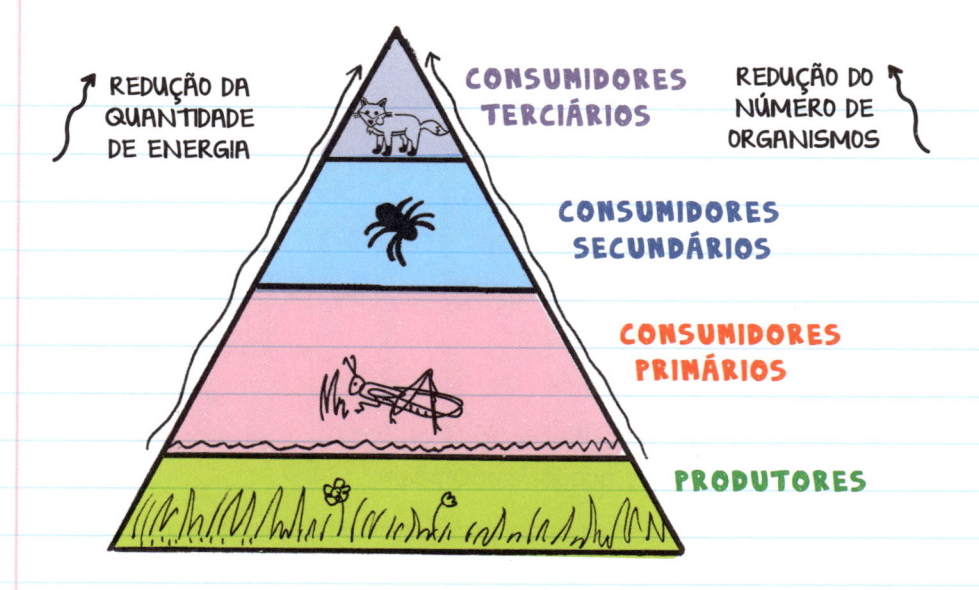

A PIRÂMIDE ECOLÓGICA pode mostrar a energia em cada nível alimentar de um ecossistema.

Ciclo da água

A água circula o tempo todo no ambiente: da chuva para os rios, mares e seres vivos, de volta à atmosfera por meio da evaporação... e o ciclo se repete. Até os animais são parte do ciclo, sempre consumindo e liberando água.

CONDENSAÇÃO

EVAPORAÇÃO

TRANSPIRAÇÃO

PRECIPITAÇÃO

ESCOAMENTO

LENÇOL FREÁTICO

491

Ciclo do nitrogênio

Como o nitrogênio faz parte de todas as proteínas, ele é um dos elementos mais importantes para as plantas e os animais. Embora a atmosfera seja composta por 78% de nitrogênio, as plantas e os animais não conseguem usar diretamente o nitrogênio do ar, mas dependem de um processo chamado FIXAÇÃO DE NITROGÊNIO, que converte o nitrogênio gasoso (N_2) em compostos de nitrogênio aproveitáveis. O CICLO DO NITROGÊNIO ocorre da seguinte maneira:

- O nitrogênio da atmosfera ou do solo entra no ciclo do nitrogênio por meio de **FIXADORES DE NITROGÊNIO**, como algumas bactérias, que produzem compostos de nitrogênio.

- As plantas absorvem os compostos de nitrogênio e os utilizam para fabricar células.

- Os animais obtêm nitrogênio se alimentando de plantas.

- Os excrementos de animais devolvem parte dos compostos de nitrogênio para o ambiente.

- Quando um animal ou uma planta morre, decompositores liberam os compostos de nitrogênio de volta para o solo.

  ↳ As plantas absorvem os compostos de nitrogênio do solo, reiniciando o processo.

  ↳ Outras bactérias removem o nitrogênio dos compostos e o devolvem à atmosfera na forma de N_2.

CICLO DO NITROGÊNIO

- PLANTAS ABSORVEM NITROGÊNIO PELAS RAÍZES
- ANIMAIS COMEM PLANTAS E OBTÊM NITROGÊNIO
- FOLHAS CAEM E DEVOLVEM NITROGÊNIO AO SOLO
- EXCREMENTOS DE ANIMAIS DEVOLVEM NITROGÊNIO AO AMBIENTE
- BACTÉRIAS ABSORVEM NITROGÊNIO
- BACTÉRIAS COMEÇAM DE NOVO

"AH, FALA SÉRIO."

CICLO do CARBONO e do OXIGÊNIO

O dióxido de carbono (CO_2) e o oxigênio (O_2) são continuamente absorvidos e liberados de volta para o ambiente por meio do CICLO DO CARBONO E DO OXIGÊNIO. Na atmosfera, o carbono se une a duas moléculas de oxigênio para criar o dióxido de carbono (CO_2).

"ESTAMOS CIRCULANDO!"

Plantas, algas e bactérias fabricam açúcar rico em carbono a partir do CO_2 no processo de fotossíntese. Ao fim do processo liberam oxigênio.

Organismos, como os seres humanos, quebram as moléculas de açúcar, obtendo energia por meio de um processo chamado respiração. Na respiração, os organismos inspiram oxigênio e liberam CO_2.

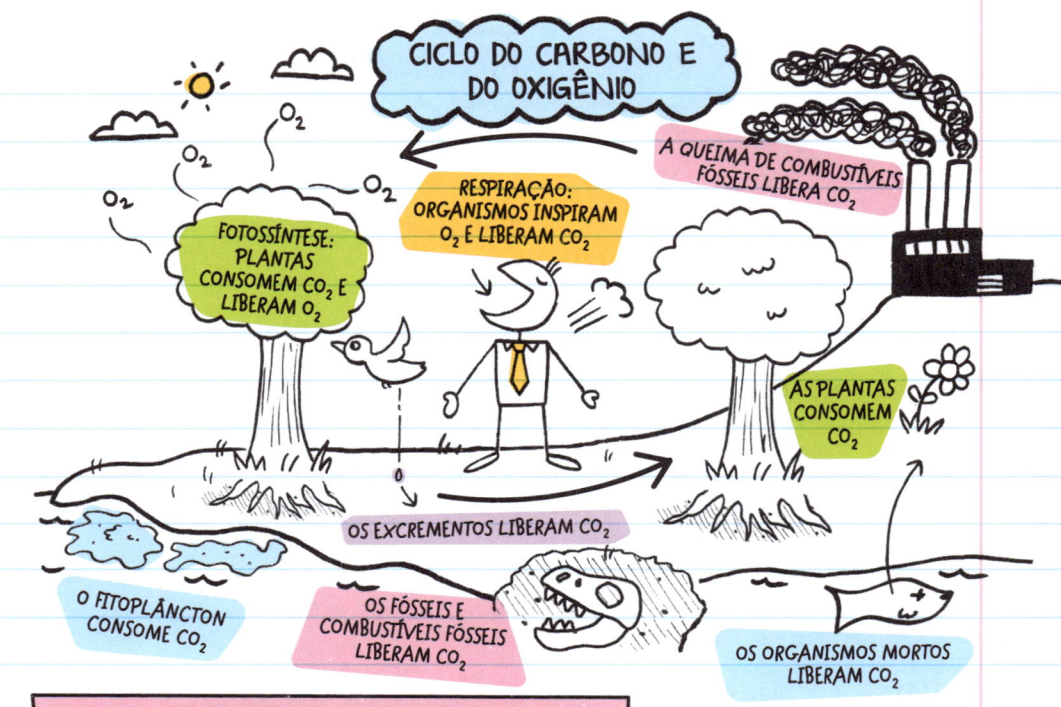

CICLO DO CARBONO E DO OXIGÊNIO

- **FOTOSSÍNTESE:** PLANTAS CONSOMEM CO_2 E LIBERAM O_2
- **RESPIRAÇÃO:** ORGANISMOS INSPIRAM O_2 E LIBERAM CO_2
- A QUEIMA DE COMBUSTÍVEIS FÓSSEIS LIBERA CO_2
- AS PLANTAS CONSOMEM CO_2
- OS EXCREMENTOS LIBERAM CO_2
- O FITOPLÂNCTON CONSOME CO_2
- OS FÓSSEIS E COMBUSTÍVEIS FÓSSEIS LIBERAM CO_2
- OS ORGANISMOS MORTOS LIBERAM CO_2

A queima de combustíveis fósseis e árvores também libera CO_2 para o ambiente.

Fungos e bactérias decompõem excrementos de animais e cadáveres de animais e plantas, liberando CO_2 para o ambiente.

As plantas consomem CO_2, repetindo o processo.

O oceano faz circular uma grande quantidade de dióxido de carbono por meio de uma variedade de processos físicos e biológicos. Em um deles, parte do CO_2 da atmosfera se difunde na água do mar. O CO_2 também entra no **CICLO DO CARBONO DO OCEANO**, quando organismos pequenos como o **FITOPLÂNCTON** ← "PLANTAS À DERIVA", EM GREGO fazem uso dele para a fotossíntese e se tornam parte da cadeia alimentar do oceano. Além disso, os animais marinhos produzem excrementos, morrem e se decompõem: tudo isso libera CO_2.

COMO EM TERRA FIRME!

VERIFIQUE SEUS CONHECIMENTOS

1. Os produtores e consumidores primários estão na base da _ _ _ _ _ _ alimentar.

2. O processo no qual os animais usam oxigênio para queimar açúcar e liberam dióxido de carbono é chamado _ _ _ _ _ _ _ _ _ _.

3. A _ _ _ _ _ alimentar é usada para mostrar as complexas relações de alimentação de um ecossistema.

4. O que é comensalismo?

5. A maior parte da energia entra num ecossistema por meio do processo de _ _ _ _ _ _ _ _ _ _ _ _ _.

6. Dê um exemplo de cooperação.

7. A _ _ _ _ _ _ _ _ _ ecológica pode mostrar a energia disponível em cada nível de alimentação de um ecossistema.

8. O capim é um _ _ _ _ _ _ _ _ _ porque fabrica seu alimento.

9. O leão é um _ _ _ _ _ _ _ _ porque caça e come sua presa.

10. O que é interdependência?

11. Um consumidor que come plantas e animais é chamado _ _ _ _ _ _ _ _.

RESPOSTAS

CONFIRA AS RESPOSTAS

1. cadeia
2. respiração
3. teia
4. Comensalismo é uma relação simbiótica na qual um organismo se beneficia e o outro não é afetado.
5. fotossíntese
6. Um exemplo de cooperação é o que acontece quando membros de um rebanho alertam seus companheiros sobre a presença de um predador.
7. pirâmide
8. produtor
9. predador
10. Interdependência é a dependência entre populações para a sobrevivência dentro de uma comunidade.
11. onívoro

A questão 6 possui mais de uma resposta correta.

Capítulo 48
SUCESSÃO ECOLÓGICA E BIOMAS

SUCESSÃO ECOLÓGICA

Um terreno está sempre mudando. Um campo que foi vazio pode se tornar uma floresta. Os organismos que vivem numa região também sofrem modificações ao longo do tempo. A mudança de uma região é chamada SUCESSÃO ECOLÓGICA.

Da sucessão primária à comunidade clímax

O processo de sucessão que começa numa região inicialmente inóspita é chamado SUCESSÃO PRIMÁRIA. A sucessão primária, em geral, começa com rochas expostas, como as formadas pelo resfriamento da lava. Os primeiros organismos a se mudarem para a região são chamados **ESPÉCIES PIONEIRAS** (mais ou menos como os pioneiros nos Estados Unidos, que foram os primeiros colonos a se mudar para o Oeste).

Eis algumas espécies geralmente pioneiras:

MUSGOS   **LÍQUENS**   **FUNGOS**

Quando as espécies pioneiras crescem, liberam ácidos que decompõem as rochas, dando origem ao solo. (O solo é feito de partículas de rocha, água, ar e matéria orgânica.) Quando uma espécie pioneira morre, contribui com mais matéria orgânica para o solo. Com o tempo, o solo vai se tornando suficientemente rico, podendo sustentar outras formas de vida vegetal, como capim e ervas.

> **ESPÉCIES PIONEIRAS**: as primeiras espécies a se mudarem para uma região, como musgos, líquens e fungos

A presença de capim e outros vegetais atrai pequenos animais herbívoros para a região. Conforme tais animais pequenos vão se mudando para a região, o mesmo vai acontecendo com animais maiores, que se alimentam dos animais pequenos. Todos esses animais contribuem com nutrientes para o solo por meio de seus excrementos e restos mortais, que por sua vez são decompostos por bactérias do solo. O solo mais rico e antigo pode sustentar plantas maiores, como arbustos. Essas plantas muitas vezes vencem a competição com outras plantas. Com o tempo, o solo vai se tornando cada vez mais rico, até que pode finalmente sustentar árvores. As árvores crescem e se multiplicam, vencendo a competição com outras espécies. Daí amadurecem e atingem um ponto em que poucas espécies novas conseguem COLONIZAR o terreno ou se mudar para a região. Quando uma região alcança essa fase madura, se torna a **COMUNIDADE CLÍMAX**. Mesmo nesse caso, porém, mudanças e perturbações ainda ocorrem o tempo todo. Uma árvore pode morrer ou ser derrubada pelo vento, criando novas oportunidades para outros organismos.

Um riacho pode transbordar ou uma queimada pode começar: tudo isso cria oportunidades para que uma nova espécie colonize a região.

Sucessão secundária

Diferentemente da sucessão primária, na qual os organismos precisam começar do zero, a SUCESSÃO SECUNDÁRIA é o desenvolvimento de uma região que já foi ocupada por seres vivos anteriormente. A sucessão secundária geralmente acontece numa região que sofreu alguma intempérie recentemente, como um incêndio, uma tempestade de vento, um ataque de insetos ou outro tipo de perturbação.

> **COMUNIDADE CLÍMAX**
> uma comunidade de vida vegetal e animal na qual todos os nichos disponíveis estão ocupados. Muito poucas espécies novas conseguem migrar e colonizar a região.

BIOMAS

Os BIOMAS são regiões que apresentam características bióticas e abióticas semelhantes. Em outras palavras, os biomas correspondem a áreas com características relativamente uniformes de ecossistemas, solo, clima, vegetação e fauna.

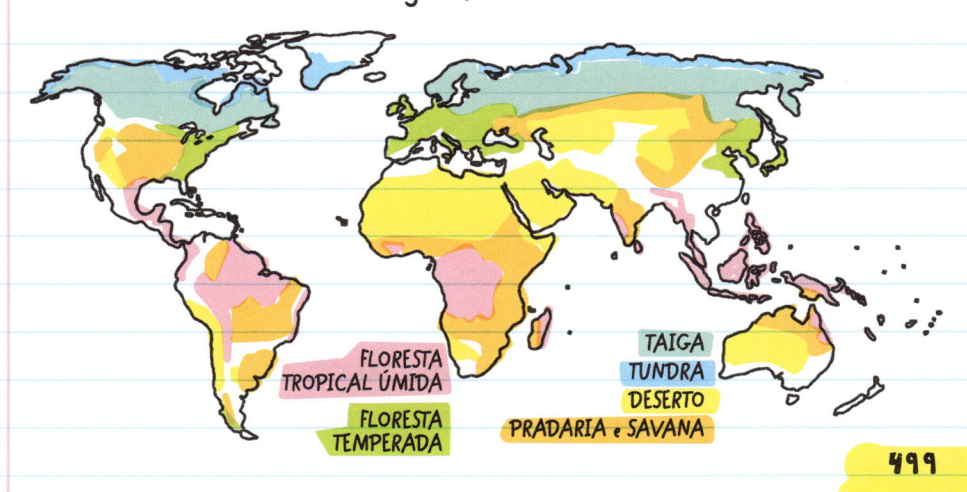

FLORESTA TROPICAL ÚMIDA
FLORESTA TEMPERADA
TAIGA
TUNDRA
DESERTO
PRADARIA e SAVANA

499

Tundra

A **TUNDRA** é uma região fria e com pouca disponibilidade de água, como o Ártico. Os biomas de tundra não costumam ter árvores porque o solo não é suficientemente rico para sustentá-las; como as temperaturas negativas retardam a decomposição, leva mais tempo para os nutrientes penetrarem no solo. As tundras em geral são ocupadas por líquens, musgos, gramíneas e pequenos arbustos.

Abaixo do solo existe uma camada que está sempre congelada chamada PERMAFROST. Durante o curto verão, quando algumas plantas crescem e florescem, a tundra fica cheia de insetos, falcões, corujas, camundongos, pequenos roedores, caribus, renas e bois-almiscarados. A TUNDRA ALPINA é como a TUNDRA ÁRTICA, afora o fato de que é encontrada em lugares de altitudes elevadas, como acima do limite das árvores nas montanhas.

Taiga e florestas de coníferas

A **TAIGA** fica ao sul da tundra no hemisfério norte e ao norte da tundra no hemisfério sul e é uma região fria com florestas. As árvores da taiga são principalmente ÁRVORES CONÍFERAS, que permanecem verdes o ano inteiro.

Na parte da taiga mais próxima do equador, as árvores podem ser tão densas que muito pouca luz solar chega ao solo, de modo que poucas plantas pequenas vivem nessa parte. Dentre os animais que vivem na taiga estão o lobo, a raposa, o lince, o coelho, o alce, o cervo e o porco-espinho.

> O pinheirinho de Natal é uma árvore conífera. As coníferas têm folhas em formato de agulhas cerosas e as sementes ficam dentro de cones.

Floresta temperada decídua

A **FLORESTA TEMPERADA DECÍDUA** é formada principalmente por uma grande variedade de árvores, quase todas decíduas. Isso significa que elas perdem suas folhas anualmente. As florestas decíduas ficam em regiões temperadas, como a costa leste dos Estados Unidos, a Europa Central e regiões da Ásia.

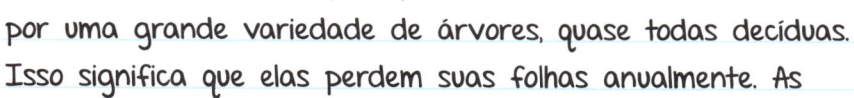

A floresta decídua possui uma longa temporada de crescimento porque recebe bastante chuva e as temperaturas são moderadas. Guaxinins, ursos-negros, pássaros, camundongos, coelhos, pica-paus e raposas são alguns dos animais que vivem nas florestas decíduas.

> **FLORESTA DECÍDUA**
> floresta composta principalmente por árvores que perdem as folhas (nas regiões temperadas)

Floresta temperada perenifólia

As **FLORESTAS TEMPERADAS PERENIFÓLIAS** são florestas em regiões temperadas (com temperaturas em torno de 10°C) que recebem grande quantidade de chuva, como as florestas da Nova Zelândia e de algumas regiões dos Estados Unidos, como no estado de Washington. Ursos-negros, suçuaranas e anfíbios são algumas das espécies que vivem nas florestas tropicais temperadas.

FLORESTA TEMPERADA PERENIFÓLIA
floresta que recebe grande quantidade de chuva (nas regiões temperadas)

Floresta tropical úmida

As **FLORESTAS TROPICAIS ÚMIDAS** ficam perto do equador. Possuem temperaturas elevadas e recebem muita chuva. A floresta tropical úmida é o bioma que abriga o maior número de espécies. Alguns exemplos são macacos, onças-pintadas, leopardos, serpentes, besouros, formigas, grilos, papagaios e tucanos. A Floresta Amazônica é um exemplo dessa categoria.

FLORESTA TROPICAL ÚMIDA
floresta chuvosa e quente situada perto do equador

A floresta tropical úmida se divide em níveis. Cada um deles proporciona um habitat diferente para os animais.

EMERGENTE: alto das árvores mais altas que emergem acima do dossel; abriga aves e insetos

DOSSEL: parte superior da maior parte das árvores da floresta; abriga aves, répteis e mamíferos como macacos

SUB-BOSQUE: abaixo das folhas do dossel, mas sem chegar ao chão; abriga insetos, répteis e anfíbios

SOLO DA FLORESTA: a zona mais baixa; abriga insetos e mamíferos de grande porte

← EMERGENTE →
← DOSSEL →
← SUB-BOSQUE →
← SOLO DA FLORESTA →

OU SEJA, O TAMANHO DE UM CAMPO DE FUTEBOL POR SEGUNDO!

A floresta úmida está diminuindo rapidamente. A cada segundo, 6 mil m² de floresta úmida são derrubados para exploração de madeira e para abrir espaço para a agricultura.

Pradarias e savanas

As **PRADARIAS** e **SAVANAS** ficam em regiões temperadas e tropicais, mas recebem menos chuva do que as florestas úmidas tropicais e temperadas. As pradarias são secas demais para a maioria das árvores, mas são capazes de sustentar várias gramíneas e plantas menores. Muitos animais das pradarias e savanas pastam, como o bisão e o cão-da-pradaria.

> A **SAVANA** é como uma pradaria, porém com poucas árvores. A África tem uma grande savana, chamada Serengeti. Na savana vivem girafas, zebras e elefantes.

> **PRADARIAS**
> zonas em regiões temperadas e tropicais onde não chove muito

Deserto

Os **DESERTOS** são regiões onde chove pouco e as temperaturas costumam ser extremas: em geral, os dias são quentes e as noites são frias. Cactos, arbustos, ratos-cangurus, lagartos, serpentes, abutres e tatus são alguns dos organismos que se adaptaram para viver com pouca água. Com tão pouca umidade no solo, as plantas vivem distantes umas das outras, reduzindo a competição. Muitos animais sobrevivem se escondendo debaixo das pedras durante o dia, para se proteger do calor, e se mantendo em atividade à noite, quando a temperatura é bem mais baixa.

> **DESERTO**
> terra muito seca que apresenta extremos de temperatura

ECOSSISTEMAS de ÁGUA DOCE
Córregos, rios e estuários

Como os córregos mais rápidos geralmente possuem mais oxigênio, podem sustentar muitas espécies de peixes e larvas de insetos. Já córregos mais lentos permitem que mais sedimentos se acumulem no fundo, fornecendo nutrientes para o crescimento de plantas.

As fozes dos rios com um grande volume de água são chamadas ESTUÁRIOS. Os nutrientes depositados nos estuários os tornam muito férteis. Caracóis, camarões e caranguejos são algumas das espécies que vivem nesse meio. Se os sedimentos se acumulam muito num estuário, podem acabar formando um DELTA.

Lagos e lagoas

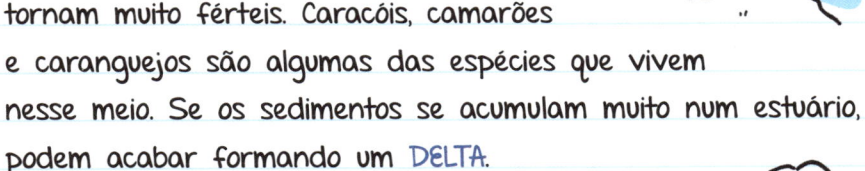

Muitos peixes e plantas vivem em lagos e lagoas. O junco e o amentilho são plantas que vivem nas margens dos lagos. Já as algas e o PLÂNCTON (principalmente algas unicelulares) vivem perto da superfície da água. Como as plantas geralmente sobrevivem melhor em águas rasas, os lagos e lagoas rasos contêm mais vegetação.

Pântanos

SÃO MENOS ASSUSTADORES DO QUE NOS FILMES.

Os PÂNTANOS, também chamados brejos, são ricos em vida animal e vegetal, como castores, jacarés, tartarugas e oxicocos. Também são importantes "filtros" do ecossistema.

ECOSSISTEMAS de ÁGUA SALGADA

A maior parte da água da Terra é salgada. Os ECOSSISTEMAS DE ÁGUA SALGADA ficam principalmente nos oceanos, mas também estão presentes nos lagos de água salgada. O oceano se divide em três zonas:

ZONA ENTREMARÉS

ZONA DE MAR ABERTO

RECIFE DE CORAIS

1. ZONA DE MAR ABERTO: a maior zona do oceano se divide em camadas que dependem da profundidade; organismos diferentes vivem em profundidades diferentes. As larvas de animais e o plâncton, por exemplo, vivem perto da superfície, o nível mais elevado da zona de mar aberto.

2. ZONA ENTREMARÉS: partes do oceano ficam cobertas pela água na maré alta, mas não na maré baixa. Caracóis, cracas, caranguejos e outros moluscos e crustáceos vivem nas zonas entremarés.

3. RECIFES DE CORAIS: o coral é um animal pequeno que cresce entremeado a outros corais e a conchas calcificadas e esqueletos de corais mortos. Recifes de corais são enormes estruturas que servem de habitat para uma grande diversidade de organismos, como estrelas-do-mar, peixes, camarões e esponjas.

COMO UM GIGANTESCO EDIFÍCIO PARA PEQUENOS ANIMAIS

É POR ISSO QUE CHAMAM O RECIFE DE CORAIS DE "FLORESTA TROPICAL ÚMIDA DO MAR".

VERIFIQUE SEUS CONHECIMENTOS

1. A sucessão _____ muitas vezes acontece numa ilha vulcânica recém-formada.

2. O que são espécies pioneiras?

3. Após um incêndio florestal, uma área volta a se desenvolver por meio da sucessão _____.

4. O que é "comunidade clímax"?

5. A _____ _____ _____ é o bioma que abriga o maior número de espécies.

6. Como é um recife de corais?

7. Uma _____ _____ é o tipo de árvore que perde as folhas no outono; e uma _____ _____ permanece verde o ano inteiro.

8. A _____ é o bioma logo ao sul da tundra do hemisfério norte e abriga florestas de coníferas.

9. A maior parte dos organismos de água salgada e água doce vive perto da _____ dos lagos ou oceanos.

10. O que contribui para que nas pradarias não existam muitas árvores?

CONFIRA AS RESPOSTAS

1. primária

2. São as primeiras espécies a ocupar uma região.

3. secundária

4. É um lugar que foi completamente colonizado, para onde poucos organismos novos podem se mudar.

5. floresta tropical úmida

6. Recifes de corais são estruturas submarinas feitas de coral vivo que se fixou em conchas calcificadas e em esqueletos de coral morto.

7. árvore decídua, árvore conífera

8. taiga

9. superfície

10. A relativa escassez de água.

Capítulo 49
RECURSOS NATURAIS E CONSERVAÇÃO

RECURSOS NATURAIS

O RECURSO NATURAL é qualquer coisa existente na natureza que seja útil para nós, humanos. Água, luz solar, alimento, ar, petróleo bruto, algodão, ouro e árvores são todos recursos naturais. Recursos naturais que podem ser reciclados ou substituídos rapidamente pela natureza (em menos de 100 anos) são chamados **RECURSOS RENOVÁVEIS**. Já aqueles que podem levar até milhões de anos para serem substituídos são chamados **RECURSOS NÃO RENOVÁVEIS**. Infelizmente, grande parte da energia que usamos em nossas atividades diárias vem de combustíveis fósseis, um recurso não renovável. O ser humano causa um impacto enorme no ambiente, muitas vezes na forma de poluição.

> **RECURSOS RENOVÁVEIS**
> luz solar, árvores, água, vento
> **RECURSOS NÃO RENOVÁVEIS**
> metais, minerais não metálicos (como o diamante) e combustíveis fósseis como carvão, petróleo bruto e gás natural

POLUIÇÃO do SOLO e EROSÃO

No Brasil, cada pessoa produz, em média, quase 400 quilos de lixo por ano. Grande parte desse lixo vai para LIXÕES, terrenos onde simplesmente depositamos dejetos.

Quando derrubamos árvores e aramos a terra, deixamos o terreno mais suscetível à erosão causada pela água e pelo vento. A erosão ainda cria depósitos de solo nos rios e córregos, onde pode tornar a água turva. Isso impede que organismos como o plâncton recebam luz solar para a fotossíntese, o que, por sua vez, afeta toda a cadeia alimentar! Além disso, por causa da erosão, fertilizantes e herbicidas usados nas fazendas podem ser arrastados para rios e mares, afetando ecossistemas inteiros.

A POLUIÇÃO da ÁGUA

Produtos químicos perigosos usados nas residências, fazendas e fábricas podem contaminar nossas fontes de água potável. Às vezes a água dos esgotos pode escoar para os rios sem ter sido tratada. A água dos oceanos também acaba contaminada quando rios poluídos deságuam no mar. Navios petroleiros às vezes são responsáveis por grandes vazamentos de petróleo que matam milhares e milhares de organismos como aves e peixes.

Zona morta

Contaminantes da água causam problemas sérios para a vida aquática. Fertilizantes e esgotos não tratados causam a proliferação excessiva de algas. Quando as algas morrem, são decompostas por bactérias. Essas bactérias consomem uma quantidade tão grande de oxigênio da água que os peixes e outros organismos aquáticos não conseguem sobreviver; o resultado é uma ZONA MORTA.

> Como cerca de 70% da Terra é coberta de água, é difícil pensar na água como um recurso limitado. Entretanto, apenas uma pequena fração dessa água é do tipo potável, que podemos usar para beber, cozinhar e tomar banho. E nós consumimos **UMA GRANDE QUANTIDADE** dela: cada brasileiro consome, em média, 108,4 litros por dia! Além disso, precisamos tratar e filtrar a água antes que ela possa ser consumida, o que requer muita energia.

POLUIÇÃO do AR

Poluímos o ar quando queimamos madeira e combustíveis fósseis. A luz solar reage com os poluentes do ar, criando o SMOG, uma combinação de fumaça e neblina que pode dificultar a respiração e irritar os olhos. Grande parte da poluição do ar vem dos veículos movidos a gasolina e óleo diesel. Os poluentes também vêm das usinas que queimam carvão, gás natural e biocombustíveis.

O efeito estufa

Alguns gases da atmosfera, como o dióxido de carbono, aprisionam o calor da radiação do Sol, ajudando assim a manter o planeta aquecido. O excesso desses gases, porém, está fazendo o planeta se aquecer demais: é a chamada INTENSIFICAÇÃO DO EFEITO ESTUFA. O aquecimento global está causando o derretimento das calotas polares, a elevação do nível dos mares e a intensificação dos extremos climáticos. Embora não seja possível observar o CO_2 adicional no ar, trata-se de uma poluição muito nociva.

> SÃO OS CHAMADOS GASES DO EFEITO ESTUFA

Chuva ácida

Poluentes do ar, como o enxofre e o óxido de nitrogênio do escapamento dos automóveis, reagem com a água da atmosfera e produzem CHUVA ÁCIDA. Ela destrói a vida vegetal, removendo os nutrientes do solo e podendo tornar ácida a água dos lagos e lagoas, causando a morte de peixes e outros organismos. A chuva ácida pode também danificar edifícios e estátuas, principalmente se forem feitos de calcário ou outras rochas carbonáceas.

Depleção do ozônio

A camada de ozônio é uma camada de gás na atmosfera que protege as pessoas e outros animais de parte dos raios ultravioleta, que causam queimaduras e câncer de pele.

> Não confunda a intensificação do efeito estufa com o buraco na camada de ozônio! A intensificação do efeito estufa afeta o clima global, enquanto o buraco na camada de ozônio nos deixa vulneráveis aos raios ultravioleta.

Os clorofluorcarbonetos (CFCs) são poluentes do ar que destroem a camada de ozônio. Os CFCs eram muito usados em aerossóis, geladeiras e aparelhos de ar condicionado, mas seu uso foi proibido na década de 1990.

> Para estudar o efeito das atividades humanas no ambiente, os cientistas adotam métodos científicos e processos de engenharia, monitorando a qualidade do ar e da água e colhendo amostras representativas de seres vivos.

CONSERVAÇÃO

De que modo você pode ajudar a evitar os trágicos efeitos da poluição? Polua menos e use a energia de forma consciente. Uma boa regra a seguir para a conservação são **Os Três Rs**:

REDUZA: reduza a quantidade de lixo que você produz e a quantidade de energia que consome. Esse é o melhor meio de preservar os recursos naturais e diminuir a poluição.

REUTILIZE: compre produtos que podem ser usados mais de uma vez. Evite artigos descartáveis, que consomem recursos naturais e geram mais lixo.

RECICLE: a reciclagem é um processo que aproveita os componentes de objetos descartados; embora seja necessário usar energia para reciclar materiais, também haverá economia de energia, bem como redução da necessidade de aterros sanitários e do uso de recursos naturais. Muitos materiais podem ser reciclados: plástico, metal, vidro, papel e até adubo.

O QUE PODE SER RECICLADO

PLÁSTICOS: garrafas e recipientes descartados podem ser usados para fabricar muitos produtos, como cordas, tapetes, tecidos (como a lã) e pincéis.

METAIS: o alumínio das latas de alimentos e bebidas, o aço, o ferro e o cobre podem ser fundidos e reutilizados. Grande parte do aço usado na construção civil, nos eletrodomésticos e nos automóveis é reciclada.

VIDRO: garrafas e recipientes descartados podem ser fundidos e usados para fabricar novas garrafas e frascos.

PAPEL: pode ser transformado em outros produtos de papel, como papel higiênico, cartolina, papel toalha, papel de jornal e artigos de papelaria. Reciclar papel poupa energia e água!

MATÉRIA ORGÂNICA: restos de frutas, legumes e verduras, folhas e capim podem ser **COMPOSTADOS** (transformados em solo). A compostagem poupa espaço nos aterros sanitários e produz solo fértil, que pode ser usado para cultivar plantas!

BIODIVERSIDADE é a variedade das formas de vida da Terra e dos ecossistemas relacionados a essas formas de vida. Os SERVIÇOS DOS ECOSSISTEMAS são os benefícios que os seres vivos e os ecossistemas oferecem às pessoas, tais como a formação do solo e a reciclagem de nutrientes. Por exemplo, os pântanos são cruciais para a purificação da água: eles podem filtrar de 20% a 60% dos metais presentes na água e eliminam uma boa parte do nitrogênio. Como a biodiversidade e os serviços dos ecossistemas estão em perigo, os cientistas vêm desenvolvendo meios de equilibrar nossos ecossistemas, por exemplo, restaurando pântanos e criando PARQUES DE BIODIVERSIDADE, ambientes especiais projetados para sustentar diversas formas de vida. Os cientistas precisam apresentar ideias que sejam viáveis, socialmente aceitáveis e cientificamente plausíveis para manter os ecossistemas e a biodiversidade necessários para o planeta e a humanidade!

VERIFIQUE SEUS CONHECIMENTOS

Associe o termo à definição correta:

1. Reciclagem
2. Compostagem
3. Combustíveis fósseis
4. Chuva ácida
5. Gases do efeito estufa
6. Recursos renováveis
7. Lixão
8. Zona morta
9. Recursos não renováveis
10. Os três Rs da conservação
11. Clorofluorcarbonetos (CFCs)

A. Carvão, gás natural e petróleo bruto — todos fontes de energia.

B. A coleta de matéria orgânica para que se decomponha, transformando-se em solo.

C. Gases como o dióxido de carbono, que aprisionam o calor na atmosfera.

D. Um terreno onde o lixo é depositado.

E. Combustíveis fósseis, metais e minerais não metálicos: recursos que podem levar milhões de anos para serem substituídos.

F. Substâncias químicas que eram usadas em aerossóis, geladeiras e aparelhos de ar condicionado e destruíam a camada de ozônio.

G. Uma região aquática desprovida de oxigênio onde quase nenhuma vida aquática consegue sobreviver (devido à presença de fertilizantes e esgoto não tratado na água).

H. O que acontece quando a poluição do ar reage à água na atmosfera, produzindo uma chuva que pode danificar plantas, organismos e até edifícios.

I. O processamento de materiais descartados para serem reutilizados.

J. Recursos que podem ser substituídos ou reciclados, como luz solar, água, vento e árvores.

K. Reduzir, reutilizar, reciclar.

RESPOSTAS

CONFIRA AS RESPOSTAS

1. I
2. B
3. A
4. H
5. C
6. J

7. D
8. G
9. E
10. K
11. F

CONHEÇA OUTROS LIVROS DA COLEÇÃO

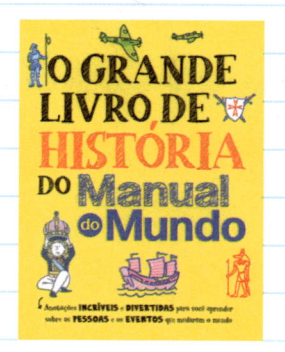

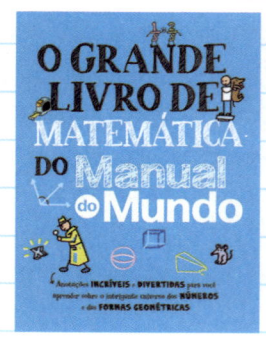

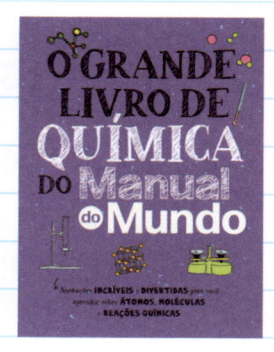

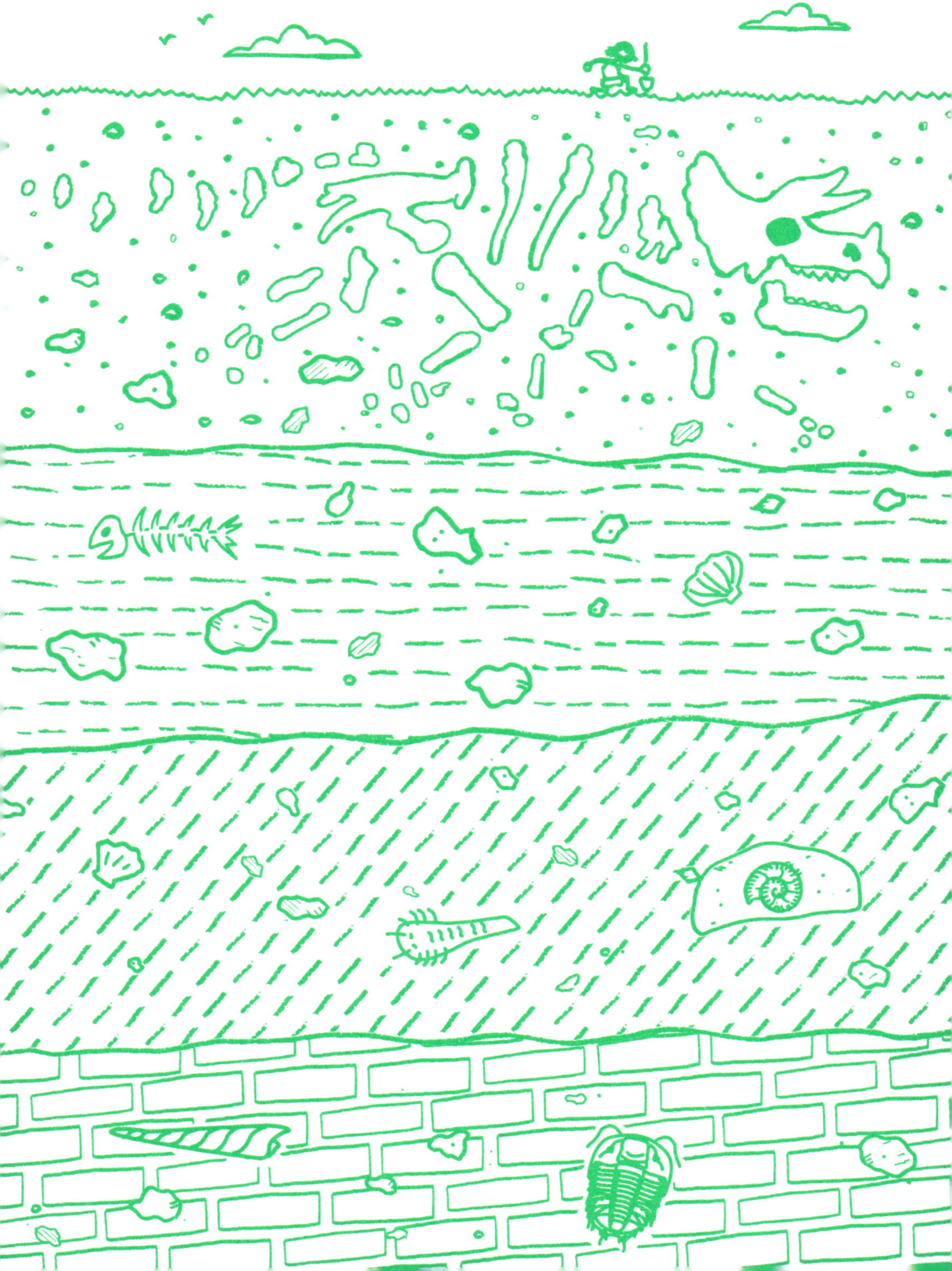

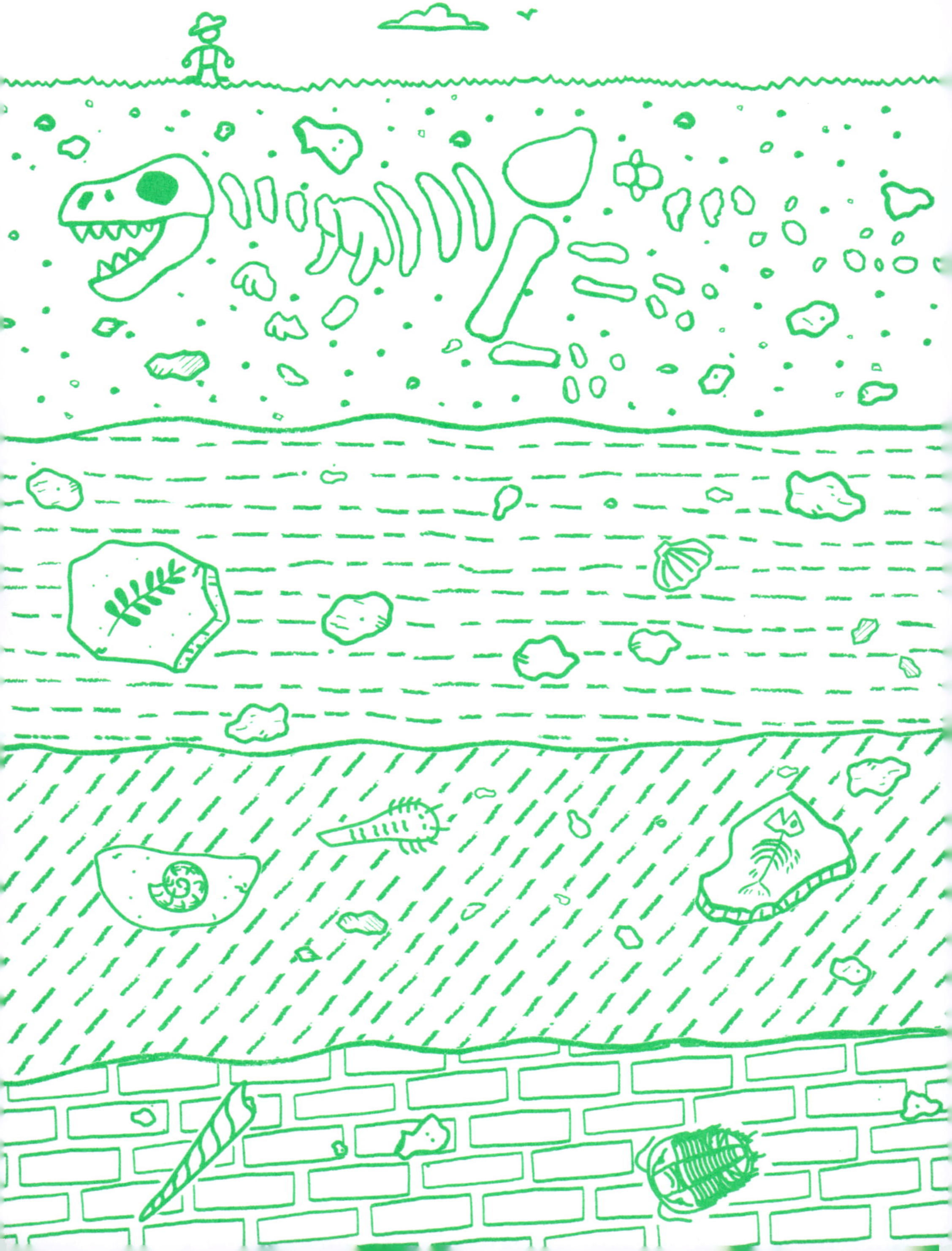